TURING 图灵程序设计丛书

Learning Data Mining with Python, Second Edition

Python数据挖掘入门与实践

(第2版)

[澳] 罗伯特·莱顿 著 亦念 译

人民邮电出版社
北京

图书在版编目（CIP）数据

Python数据挖掘入门与实践 : 第2版 / (澳) 罗伯特·莱顿 (Robert Layton) 著 ; 亦念译. -- 2版. -- 北京 : 人民邮电出版社, 2020.3
(图灵程序设计丛书)
ISBN 978-7-115-52802-5

Ⅰ. ①P… Ⅱ. ①罗… ②亦… Ⅲ. ①软件工具—程序设计 Ⅳ. ①TP311.561

中国版本图书馆CIP数据核字(2019)第290136号

内 容 提 要

本书以实践为宗旨，对数据挖掘进行了详细的入门引导。本书囊括了比赛结果预测、电影推荐、特征提取、好友推荐、破解验证码、作者归属、新闻聚类等大量经典案例，并以此为基础提供了大量练习和额外活动。在练习中，本书介绍了数据挖掘的基本工具和基本方法；在额外活动中，本书为深入了解数据挖掘指明了方向。

本书适合希望用 Python 进行数据挖掘的程序员阅读。

◆ 著　　[澳] 罗伯特·莱顿
译　　亦　念
责任编辑　杨　琳
责任印制　周昇亮

◆ 人民邮电出版社出版发行　　北京市丰台区成寿寺路11号
邮编　100164　　电子邮件　315@ptpress.com.cn
网址　http://www.ptpress.com.cn
三河市祥达印刷包装有限公司印刷

◆ 开本：800×1000　1/16
印张：16.75
字数：396千字　　2020年3月第2版
印数：12 801 - 16 300册　　2020年3月河北第1次印刷

著作权合同登记号　图字：01-2018-8911号

定价：79.00元

读者服务热线：(010)51095183转600　印装质量热线：(010)81055316
反盗版热线：(010)81055315
广告经营许可证：京东工商广登字 20170147 号

译 者 序

随着计算机性能的提升和通信技术的发展，分布式计算、图形处理单元上的通用计算、云计算等领域的产业化日臻成熟，大数据的处理能力已今非昔比。互联网行业依托于服务业的内在属性，因此每时每刻都在产生大量交易、定位、评价等种类繁多的数据。这些数据积累沉淀成体量庞大的信息资产，让我们能理性地洞悉各种现象，给予我们更多探寻其本源的方法，指引我们进行未来的决策。现今，互联网行业蓬勃发展，几乎把我们身边的一切细枝末节都纳入了掌控，现代生活的个体无一例外都成了大数据的一部分，因而无时无刻不在享受着大数据时代的红利。正如马克思·韦伯所言：“只要人们想知道，他们任何时候都能够知道；从原则上说，再也没有什么神秘莫测、无法计算的力量在起作用，人们可以通过计算掌握一切。”可以说，我们已经步入了大数据时代。大数据不仅完成了对世界的祛魅，其本身也逐渐褪去虚无缥缈的概念外衣，回归实用主义的手段与方法，完成了对自身的祛魅。本书就是从这样的实用角度出发，由一系列实战案例入手，来讲解一门能从数据中发现知识与规律的技术——数据挖掘。

数据挖掘是计算机科学的一个分支，也是一个多学科交叉的领域，涉及统计学、语言学、机器学习、神经网络等多学科的知识。在具体的应用实践中，由于我们不仅需要了解具体领域的专业知识，还要应对数据本身的问题所带来的挑战，因而想要取得优异的成果绝非易事。不过不必担心，由于本书是面向程序员群体的，因而将尽量绕开晦涩难懂的数学语言，平铺直叙、化繁为简。本书的各章将以问题为导向，通过实例介绍关联规则学习、分类、聚类等常见的数据挖掘任务。你可以跟随本书实际动手，逐一剖析问题的内核，不断尝试、比较不同的方法，从而体会解决问题的思路，一探数据挖掘的究竟。学完本书，想必你会对数据挖掘的理论和实际应用有清晰而具体的理解。

本书以 Python 为媒介，解析了数据挖掘任务中的各个步骤。Python 是一门解释型的通用编程语言，支持多种编程范式，拥有动态类型系统和简明可读的语法，且易于上手。其自带的标准库功能广泛，可谓“开箱即用”（batteries included）。此外，Python 社区气氛活跃，第三方库不可胜数，能应对各种各样的应用场景。本书采用 Jupyter Notebook 作为开发代码、运行应用、展现结果的环境。与专注于开发的 IDE 不同，它是一个 Web 形式的笔记本，交互性强、灵活性好、易于分享，大大简化了工作流程，因而备受数据挖掘领域的青睐。

本书第 2 版在第 1 版基础上进行了扩充，其章节安排基本一致。除了丰富了动手实验的部分以外，还紧跟技术发展潮流，换用了 3.5 版本的 Python。当然，书中还会出现 Keras 和 TensorFlow 的身影。这两个库在深度学习领域可谓大名鼎鼎。

本书中的示例涵盖了数个行业的应用场景，也引入了结构迥异的不同数据集，其中就包括在数据挖掘领域颇有名气的鸢尾数据集、MovieLens 数据集、CIFAR-10 数据集等。另外，还有从 Twitter、reddit 等网站采集的数据集。你在第 8 章还要动手生成一个数据集。本书各章以数据集为起点，探究数据集的源头与处理方法，解决数据集本身带来的问题，为顺利执行数据挖掘任务打下了坚实的基础。

本书针对商品推荐、结果预测、内容聚类等形形色色的现实问题，不仅运用了包括决策树、朴素贝叶斯、支持向量机、*k*-均值算法在内的经典数据挖掘算法，还跟随时代潮流，利用云计算和 MapReduce 模型带来的性能优势搭建深度神经网络，出色地完成了数据挖掘任务。此外，本书还介绍了多种距离度量、评估指标以及测试方法与工具，并在那些性能攸关的地方给出提示，详细解读了关键代码的工作原理。在本书的最后，作者还不忘为你进一步的学习指明方向。

我与 Python 结缘是在大学时。我虽然不在计算机专业，却因对 Web 开发感兴趣接触了 Django 和 Flask 两个框架。从此，我被 Python 的魅力所吸引，并把它作为我的主力编程语言，帮助我完成了包括通信系统仿真在内的各种任务。我还翻译了 Flask 和相关库的文档，并因翻译中遇到的问题，给 Python 的文档构建工具 Sphinx 提交补丁，成为了 Sphinx 项目的简体中文本地化团队协调员。

虽然我有过翻译技术文档的经历，但总归不够正式，也未尝试过翻译话题如此广泛的图书。在翻译本书的过程中，我得到了身边亲友的大力支持。能完成这样一本书的翻译，实属荣幸。在此，我要感谢南京大学软件学院研究生李雪菲同学，她给了我很多指导和帮助，尤其是提供了一些数据挖掘领域的专业见解。感谢我的好友周慧群全程帮助我审读译稿，排查错误。感谢我的父母给予我莫大的支持和鼓励。衷心感谢图灵公司的各位编辑细致入微的审阅，辛苦了！

书中的部分术语尚无固定译法，我尽量参照了现有的科学技术名词规范或惯用译法，但难免有不当之处。译文中的错误和疏漏之处，敬请批评指正。

亦念

前　言

在本书第 2 版的写作过程中，我时刻以程序员的需要为出发点。本书面向程序员群体，致力于向广大程序员介绍数据挖掘技术。我认为，数据挖掘技术对于计算机科学领域的所有从业人士来说都不可或缺，因为它正迅速成为下一代人工智能系统的基石。你即便不亲自构建人工智能系统，也会使用它们、与它们产生联系、接受它们的指引。人工智能系统的幕后过程是重中之重，理解该过程有助于你发挥这些系统的最大效用。

由于第 2 版在第 1 版的基础上编写，因而许多章节和练习与第 1 版中类似，但是第 2 版中引入了一些新的概念，扩大了练习所涉及的范围。第 1 版的读者应该能迅速读完本书，轻松掌握新的知识，然后参加本书建议的额外活动。而新读者则可以多花一些时间，解答习题并动手实验。你可以随意拆解本书中的代码以加深理解。如有疑问，可以联系我寻求帮助。

由于本书是面向程序员群体的，因此我假定你已经掌握了关于编程与 Python 的知识。有鉴于此，除非 Python 代码的意义不明确，否则本书将不会详细解释其工作机制。

本书内容

第 1 章，数据挖掘入门，介绍本书中将会用到的技术，并从实现两个基础算法入手。

第 2 章，用 scikit-learn 估计器解决分类问题，介绍一种重要的数据挖掘形式——分类。此外，你还可以了解一些数据结构，这有助于你顺利完成数据挖掘实验。

第 3 章，用决策树预测获胜球队，介绍决策树和随机森林这两个新算法，然后创建有用的特征，并将其交由算法来预测获胜的球队。

第 4 章，用亲和性分析推荐电影，着眼于根据既往经验推荐产品的问题，并介绍 Apriori 算法。

第 5 章，特征与 scikit-learn 转换器，介绍更多类型的特征，以及如何处理不同的数据集。

第 6 章，用朴素贝叶斯算法探索社交媒体，利用朴素贝叶斯算法在社交媒体网站 Twitter 上自动解析文本信息。

第 7 章，用图挖掘实现推荐关注，应用聚类分析和网络分析的方法，在社交媒体中找出适合关注的人。

第 8 章，用神经网络识别验证码，介绍如何提取图像中的信息，用以训练神经网络，使其能从图像中识别单词和字母。

第 9 章，作者归属问题，抽取文本特征，然后用支持向量机（support vector machine，SVM）判断文档的作者。

第 10 章，聚类新闻文章，用 *k*-均值（*k*-means）聚类算法，根据内容对新闻文章分组。

第 11 章，用深度神经网络实现图像中的对象检测，应用深度神经网络，判定图像中显示对象的类型。

第 12 章，大数据处理，关注在大数据场景中应用数据挖掘算法的工作流，以及如何从中获取有用的见解。

附录 A，下一步工作，回顾之前的每一章，并提供扩展学习资源，帮助读者加深对前述概念的理解。

阅读前提

毋庸置疑，你需要有一台计算机，或者至少能接触到一台计算机，才能完成对本书内容的学习。计算机的配置要比较新，但也不必过高，只要配备任意一款现代处理器（大概产于 2010 年以后）和 4 GB 内存就可以了。即便是在性能差一些的系统上，也几乎可以运行本书中的全部代码。

但最后两章是例外。在这两章中，我用 AWS（Amazon Web Services）运行代码。这很可能会产生一些花费，不过比起在本地运行代码，少了一些配置系统的工作。如果你不想使用付费的 AWS，本书用到的工具也可以在本地计算机上安装，不过这样，对计算机的配置要求会较高：它必须具备 2012 年以后出厂的处理器和 4 GB 以上的内存。

我推荐使用 Ubuntu 操作系统。尽管本书中的代码在 Windows、Mac 和其他 Linux 发行版中均可正常运行，但是如果你使用 Ubuntu 以外的操作系统，可能需要在配置或安装依赖时查阅相关文档。

本书使用 `pip` 来安装代码，它是安装 Python 库的命令行工具。另一个选项是 Anaconda，你可以从http://continuum.io/downloads下载它。

我在 Python 3 中测试过本书中的全部代码，多数示例代码无须修改即可在 Python 2 中运行。如遇到无法自行处理的问题，可以通过邮件联系我解决。

读者对象

本书是数据挖掘的入门读物，写给注重从应用上手的程序员。

如果你从未涉足编程，我强烈建议你在阅读本书之前至少了解一下编程的基础知识。本书不会介绍编程技巧，也不会花太多篇幅论述代码实现细节。这就是说，虽然你无须成为编程专家，但需要具备编程的基础知识才能顺畅地阅读本书。

我强烈建议你在阅读前积累一些 Python 编程经验。如果没有也没关系，请尽管阅读，只不过你需要先熟悉一下 Python 代码，比如看看用 Jupyter Notebook 编写的教程。在 Jupyter Notebook 中编写代码会与其他方式（比如在成熟且功能完备的 IDE 中编写 Java 程序）有些不同。

排版约定

你会在本书中发现一些不同的文本样式，它们区分了不同类型的内容。下面的示例解释了不同样式的意义。

文本中的代码、数据库表名、文件夹名、文件名、文件扩展名、路径名、用户输入和 Twitter 手柄均以如下形式呈现：“下一行代码读取链接，并传给 `dataset_filename()` 函数。”

代码块的样式如下。

```
import numpy as np
dataset_filename = "affinity_dataset.txt"
X = np.loadtxt(dataset_filename)
```

命令行输入和输出的样式如下。

```
$ conda install scikit-learn
```

新术语和**重要词汇**会以黑体字标明。而在屏幕上显示的词语（比如菜单和对话框中的词语）会采用这样的样式：“为了下载新模块，请点击**文件|设置|项目名称|项目解释器**。”

此图标表示警告和重要注解。

此图标表示提示与技巧。

读者反馈

我们非常乐于接受读者的反馈。请告诉我们，你觉得本书如何，喜欢或不喜欢哪些内容。我们重视读者的反馈，这有助于我们写出真正对大家有帮助的图书。

一般的反馈可以直接发邮件到 feedback@packtpub.com，记得在邮件主题中注明书名。

如果你专精于某个主题，并且有兴趣撰写图书或供稿，请参看我们的作者指南：https://www.packtpub.com/authors。

客户支持

请为拥有一本 Packt 出版的书而骄傲吧！我们的许多服务会让你觉得物有所值。

下载示例代码

你可以在 http://www.packtpub.com 登录账号，下载本书的示例代码。如果你是从别处购买本书的，那么请在 http://www.packtpub.com/support 注册，我们会通过电子邮件把示例代码文件发送给你。

下载示例代码文件的步骤如下：

(1) 访问我们的网站，用邮箱和密码登录或注册账号；
(2) 把鼠标指针放置在顶部的 SUPPORT 标签上；
(3) 点击 Code Downloads & Errata；
(4) 在 Search 框中输入本书名称；
(5) 选择本书以下载示例代码文件；
(6) 在下拉菜单中选择本书的购买途径；
(7) 点击 Code Download。

文件下载完成之后，请确保用最新版本的解压工具来解压缩，解压工具如下。

- Windows：WinRAR / 7-Zip
- Mac：Zipeg / iZip / UnRarX
- Linux：7-Zip / PeaZip

本书的代码包也托管在 GitHub 上：https://github.com/PacktPublishing/Learning-Data-Mining-with-Python-Second-Edition。

GitHub 仓库的好处是可以记录下任何与代码相关的问题（包括软件版本变化带来的问题），还可以让全世界的读者参与代码的修改工作。我们的许多其他图书和视频的代码包也托管在了 GitHub 上，欢迎访问：https://github.com/PacktPublishing/。

为了避免缩进出现问题，不要直接从 PDF 复制代码，请运行代码包中的文件。

勘误

尽管我们全力确保内容准确无误，但出错在所难免。如果你能把书中的错误反馈给我们，哪怕只是文字或代码上的错误，我们都将感激不尽。如此义举不仅能使其他读者受益，也能帮助我们在本书的后续版本中改正错误。如果你发现任何错误，请访问 http://www.packtpub.com/submit-errata 反馈给我们，只需选择书名，并点击 Errata Submission Form 链接，然后输入勘误建议。[①] 你提交的勘误建议通过验证后将被采纳，然后会被上传到我们的网站，或添加到现有勘误表中。

要查阅之前提交的勘误，请访问 https://www.packtpub.com/books/content/support，然后在搜索栏中输入书名，之后在 Errata 部分就可以找到勘误信息。

反盗版

现今，所有类型的媒体都面临互联网侵权问题。在 Packt，版权和许可证受到严格保护。如果你在互联网上遇到任何形式的盗版 Packt 作品，请立即向我们提供地址或网站名称等线索，以帮助我们采取补救措施。

问题

如果你对本书有任何方面的问题，请联系 questions@packtpub.com，我们会尽全力解决。

电子书

扫描如下二维码，即可购买本书电子版。

① 本书中文版勘误请到 http://www.ituring.com.cn/book/2652 查看和提交，本书彩色图片也请到该网址查看和下载。
——编者注

致　谢

感谢我的家人在本书写作期间的支持，感谢第 1 版所有读者的厚爱与青睐，还要感谢 Matty 在幕后为本书所做的贡献。

目　　录

第1章

数据挖掘入门

1

我们正在以人类历史上前所未有的规模收集现实世界的数据。伴随着这种趋势，日常生活对于这些信息的依赖也与日俱增。我们现在期待计算机能够完成各种工作——翻译网页、精准地预报天气、推荐我们可能感兴趣的书、诊断健康问题。这种期待在未来会对应用的广度和效率有更高的要求。**数据挖掘**是一套用数据来训练计算机做出决策的方法论。它已经成为支撑当今许多高科技系统的骨干技术。

Python 在当下大为流行不无原因。它既给予开发人员相当大的灵活性，还包含执行各种任务的众多模块，并且 Python 代码比用其他语言编写的代码更为简洁可读。Python 在数据挖掘领域也形成了规模庞大、气氛活跃的社区，容纳了初学者、从业者、学术研究人员等各种身份的人士。

本章会介绍如何用 Python 进行数据挖掘工作，其中包含以下几个话题。

- 什么是数据挖掘？数据挖掘的适用场景有哪些？
- 搭建用于数据挖掘的 Python 环境。
- 亲和性分析示例：根据消费习惯推荐商品。
- 分类问题示例：根据尺寸推断植物种类。

1.1 什么是数据挖掘

数据挖掘提供了一种让计算机基于数据做出决策的方法。所谓的决策可以是预测明天的天气、拦截垃圾邮件、识别网站的语种和在交友网站上找到心仪人选。数据挖掘的应用场景有很多，而且人们还在不断地发掘扩充。

数据挖掘涉及众多领域，包括算法设计、统计学、工程学、最优化理论和计算机科学。尽管数据挖掘结合了这些领域的基础技能，但我们在特定领域中应用数据挖掘时，仍需要结合相应的**领域知识**（即**专业知识**）。领域知识会在数据挖掘中起到画龙点睛的作用。要想提升数据挖掘的效益，免不了要把领域知识与算法相结合。

虽然数据挖掘的应用实现细节通常差异很大，但从同样的高度来看，它们都是用一部分数据训练模型，然后再把模型应用到其他数据中。

数据挖掘的应用包含创建数据集和算法调参两部分工作，步骤如下。

(1) 首先创建数据集，用来描述现实世界中的某一方面。数据集由两个方面组成。

- **样本**，现实世界中的对象，比如一本书、一张相片、一只动物、一个人。在其他命名规范中，样本也可能被称为观测（observation）、记录或行。
- **特征**，数据集中样本的描述或测量值。特征可以是长度、词频、动物身上腿的数量、样本的创建日期等。在其他命名规范中，特征也可能被称为变量、列、属性或共变（covariant）。

(2) 接下来是算法调参。每个数据挖掘算法都有参数，要么是算法自带的，要么是用户提供的。调整参数即影响算法基于数据做出决策的过程。

举个简单的例子，假设我们希望计算机可以把人按身高分成两类：高与矮。一开始要采集数据集，这个数据集应包含不同人的身高以及判定高矮的条件，如表1-1所示。

表　1-1

人　员	身　高	高还是矮
1	155 cm	矮
2	165 cm	矮
3	175 cm	高
4	185 cm	高

接下来则是算法调参。此处使用一种简单的算法：如果身高大于 x，则判定此人高；否则判定此人矮。该训练算法会依数据为 x 取一个合适的值。对于表中的数据而言，合理阈值应是170 cm。算法会把身高170 cm以上的人判定为高，而把身高低于此值的人判定为矮。这样，我们的算法就可以为新数据分类。假如有一个身高为167 cm的人，尽管之前在数据集中并没有见到这样的人，但算法依然可以对其分类。

表1-1中数据的特征显然是身高。要确定人的高矮，就要采集身高数据。特征工程（feature engineering）是数据挖掘中的一个关键问题。在后面的章节里，我们会讨论如何选择适宜采集到数据集中的特征。这个步骤往往最终需要引入领域知识，或者至少要经过反复尝试才能取得成效。

本书用Python来介绍数据挖掘。为便于理解，本书有时更加关注代码和工作流程是否清晰易懂，而不是所采用的方法效率是否最优。因此，我们有时会跳过提高算法速度或效率的细节。

1.2 使用 Python 和 Jupyter Notebook

本节会介绍如何安装 Python 和本书大部分内容所需的 Jupyter Notebook 环境。除此之外，我们还会安装 NumPy 模块。它将被用于第一组数据。

就在不久前，Jupyter Notebook 的名字还是 IPython Notebook。你会在搜索引擎页面中见到该项目搜索词的变化。Jupyter 是新的名字，表示该项目外延扩大，不再局限于 Python。

1.2.1 安装 Python

Python 是一门出色的编程语言，功能全面，易于上手。

本书使用 Python 3.5，在 Python 的官方网站上可以找到对应你的操作系统的版本。不过我还是推荐用 Anaconda 安装 Python。

这时你会面临两个主版本 Python 的选择：Python 3.5 和 Python 2.7。请下载并安装 Python 3.5，因为这是本书测试过的版本。请按照网站上相应操作系统的指南完成安装。如果你足够充分的理由选择 Python 2，那么请下载 Python 2.7。不过要小心，本书中的某些代码可能需要一些额外的处理才能正常运行。

本书假定你已具备编程和 Python 的相关知识。虽然掌握一定程度的相关知识会加快你的学习进度，但你无须成为 Python 专家。除非出现不同于一般 Python 的编码实践，否则本书不会解释代码的总体架构和语法。

如果你没有任何编程经验，那么我建议你先看一下 Packt 出版的 *Learning Python*，或是 www.diveintopython3.net 上的 *Dive into Python*。

此外，你还可以在线阅览由 Python 社区维护的两份 Python 入门教程。

- 给没有编程经验的人准备的入门教程：https://wiki.python.org/moin/BeginnersGuide/NonProgrammers。
- 给不了解 Python 的程序员准备的入门教程：https://wiki.python.org/moin/BeginnersGuide/Programmers。

Windows 用户需要设置环境变量才能在命令行中使用 Python，而其他系统的用户通常可以直接使用 Python。按照下面的步骤设置环境变量。

(1) 找出 Python 3 的安装位置，默认位置是 `C:\Python35`。

(2) 接下来在命令行（cmd 程序）中输入：set PATH=%PATH%;C:\Python35[①]。

如果你把 Python 安装到了别的目录，那么请记得把上文中的 C:\Python35 替换成这个目录的路径。

安装好 Python 之后，你就可以在命令行中运行下面的代码来检验是否正确安装。

```
$ python
Python 3.5.1 (default, Apr 11 2014, 13:05:11)
[GCC 4.8.2] on Linux
Type "help", "copyright", "credits", or "license" for more information.
>>> print("Hello, world!")
Hello, world!
>>> exit()
```

注意美元符号（$）后的命令才是你要输入到终端（即 Mac 或 Linux 中的 shell，或 Windows 中的 cmd）中的内容。美元符号（和其他已经显示在你屏幕上的内容）是不需要输入的，你只需要输入后面的部分然后按回车键。

成功运行上面的“Hello, world!”示例后退出程序，接下来安装一个用于运行 Python 的更为先进的环境：Jupyter Notebook。

Python 3.5 包含了 pip 程序，这是一个包管理器，有助于在系统上安装新的 Python 库。运行 **pip freeze** 命令即可验证 pip 是否可用，这个命令也会列出系统上已经安装的包。Anaconda 也自带了包管理器 conda。要是不确定用哪个包管理器，请先用 conda，运行失败的话再用 pip。

1.2.2 安装 Jupyter Notebook

Jupyter 是一个 Python 开发平台，包含了一些运行 Python 的工具和环境，功能较标准 Python 解释器更为丰富。它包含了功能强大的 Jupyter Notebook，让你可以在 Web 浏览器中编写程序。它还会格式化代码、展示输出、给代码添加注释。这是一种探索数据集的绝佳工具，本书中会将它作为编写、运行代码的主要环境。

要安装 Jupyter Notebook，请在命令行窗口（而不是 Python）中输入下面的命令。

```
$ conda install jupyter notebook
```

这样安装 Jupyter Notebook 时，Anaconda 会把包存放在用户目录下，因此不需要管理员权限。

安装好 Jupyter Notebook 之后，像下面这样运行它。

① 因为这个方法设置的环境变量会在 cmd 程序关闭后失效，所以推荐使用官方文档中的方法：https://docs.python.org/3.5/using/windows.html#finding-the-python-executable。——译者注

```
$ jupyter notebook
```

这条命令会做两件事：一是在后台创建一个 Jupyter Notebook 实例，它会在你刚才开启的命令行中运行；二是如图 1-1 所示，打开 Web 浏览器访问这个实例。这之后你就可以创建新笔记本（notebook），不过你需要用当前的工作目录取代`/home/bob`。

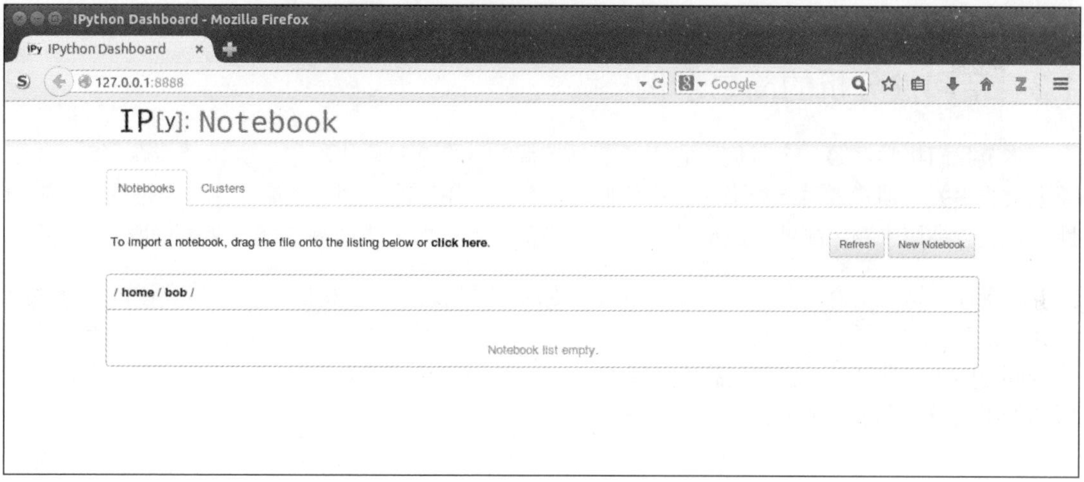

图 1-1

要终止 Jupyter Notebook 的运行，需要打开运行 Jupyter Notebook 实例（之前运行过 `jupyter notebook` 命令）的命令行窗口，然后按 Ctrl+C。这样就能看到 `Shutdown this notebook server(y/[n]?)`的提示。此时输入 **y** 并按回车，就可以关闭 Jupyter Notebook 了。

1.2.3 安装 scikit-learn

`scikit-learn` 包虽然是一个用 Python 编写的机器学习库，但也包含其他语言的代码。它包含数目众多的用于机器学习的算法、数据集、工具和框架。`scikit-learn` 基于 Python 科学计算领域的技术栈构建，其中包括 NumPy 和 SciPy 这样的高性能库。`scikit-learn` 性能极佳，可扩展到多个节点，适合从新手到高级研究员等各种水平的用户使用。第 2 章会详细介绍 `scikit-learn` 的用法。

要安装 `scikit-learn`，请使用 Anaconda 自带的 `conda` 工具。如果缺少 NumPy 和 SciPy 库，它会替你一并安装。打开终端，输入下面的命令。

```
$ conda install scikit-learn
```

主要 Linux 发行版（比如 Ubuntu 或 Red Hat）的用户可能会希望通过系统的包管理器安装官方包。

本书所需的最低版本是 0.14，但不是每个发行版都提供最新版本的 `scikit-learn`，因此在安装前请留意其版本。我建议用 Anaconda 安装、管理 `scikit-learn`，而不是用系统的包管理器。

若想从源码编译安装最新版本的 `scikit-learn`，或是需要一份详细的安装说明，请参考官方文档。

1.3　亲和性分析的简单示例

本节我们将学习第一个示例，它也是数据挖掘的一个常见应用场景。在消费者购买商品时，商家会收集关于消费者对同类商品的喜好倾向的信息，用以改进销售策略。在这个过程中，亲和性分析就会被用来判定哪些商品应该同时展现给消费者，即分析商品之间的相关程度。

在统计学课堂上有一句名言：**相关不蕴含因果**。因此亲和性分析的结果不能解释该现象的成因。在接下来的例子中，我们会对一些产品进行亲和性分析。在这个例子里，即使结果表明消费者会同时购买某些商品，也不能据此推断只要卖出某一商品，就能卖出另一商品。在用亲和性分析的结果指导业务流程的时候，这一差异尤为重要。

什么是亲和性分析

亲和性分析（affinity analysis）是一种用于计算样本（对象）相似度的数据挖掘方法。这个相似度可以出自下面几种场景：

- **网站的用户**，扩展服务项目或定向投放广告；
- **销售的商品**，推荐电影或其他商品；
- **人类基因**，寻找拥有共同祖先的人们。

计算亲和性的方法有好几种。比如在记录两件商品同时售出的频率的同时，记录预测消费者购买商品 1 和购买商品 2 的准确率。我们也可以计算样本间的相似度，后面的章节中将会阐述这个方法。

1.4　商品推荐

传统业务向线上转移时，免不了要把像追加销售（up-selling，向消费者销售商品的升级品和附加品）这样的人工任务交由计算机自动完成，因为只有这样才能顺利扩张业务，与竞争对手分庭抗礼。用数据挖掘实现的商品推荐已经成为电子商务革命的强大推力，为企业增添了数以亿计的年利润。

本例的基础商品推荐服务遵循这样的思路：以前就能一并售出的商品，以后更可能一并售出。其实无论是在线上还是线下，很多商品推荐服务是基于这样的思路。

这样的商品推荐算法可以只简单检索用户购买商品的历史案例，并向用户推荐其历史上一并购买的其他商品。即使使用这样的简单算法，其效果也比随机推荐商品要好得多。不过这样的算法还有很大的改进余地，而这就是数据挖掘的用武之地。

为简化代码，这里只考虑同时购买两件商品的情况，比如用户在超市同时购买了面包和牛奶。从本例入手，我们希望能够得出以下这种形式的简易规则：

用户如果购买了商品 X，那么也倾向于购买商品 Y。

像“买香肠和汉堡的人更愿意再买一份番茄酱”这样的复杂规则涉及两件以上的商品，本例中不会介绍这种复杂情况。

1.4.1 用 NumPy 加载数据集

你可以在本书提供的代码包中找到本例用到的数据集，也可以从官方 GitHub 仓库中下载该数据集：https://github.com/PacktPublishing/Learning-Data-Mining-with-Python-Second-Edition。

请下载文件并将其保存在你的计算机中。注意数据集保存的路径。虽然我们可以从任何位置加载数据集，但把数据集与代码放在同一目录下会更方便。

本例中，我建议你为数据集和代码创建一个新文件夹，然后打开 Jupyter Notebook，导航到该文件夹，并创建新的笔记本。

本例的数据集是一个 NumPy 二维数组，本书的示例大多使用这种格式。这个二维数组与表类似，里面的行表示样本，列表示特征，单元格表示样本的特征值。为了展示这种结构，请用下面的代码加载这个数据集。

```
import numpy as np
dataset_filename = "affinity_dataset.txt"
X = np.loadtxt(dataset_filename)
```

在笔记本中的第一个框中输入上面的代码，然后按 **Shift 加回车键**运行代码（这样也会在下面新增一个框，用来输入下一节代码）。代码运行完成后，会被分配一个序号，该序号会被填入到第一个框左边的方括号中。出现这个序号意味着代码运行完成了。第一个框如图 1-2 所示。

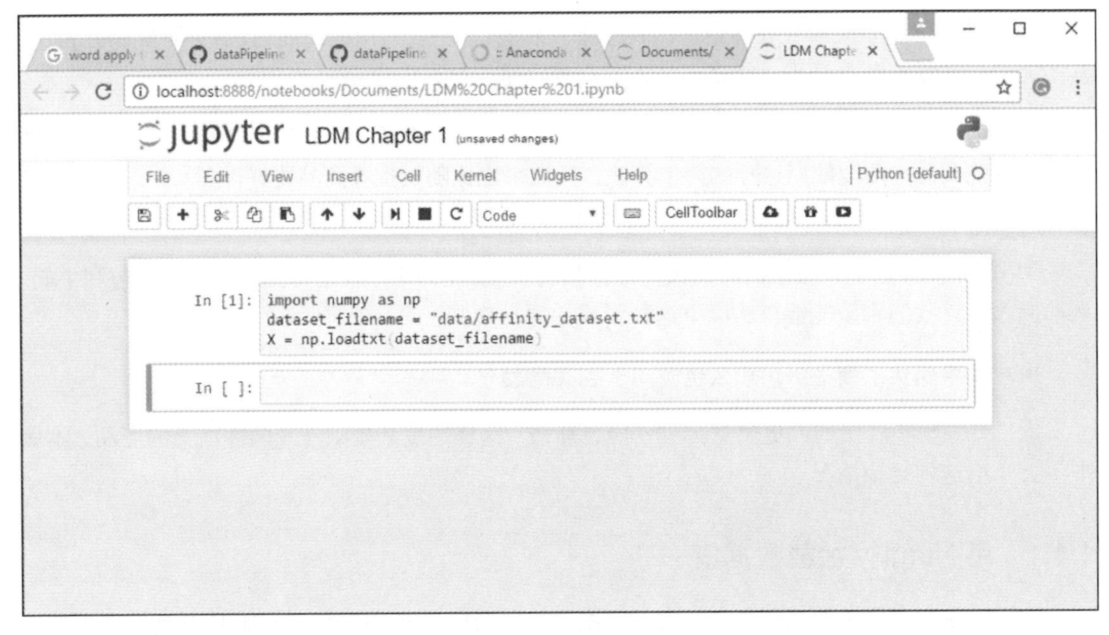

图　1-2

在代码运行时间较长的情况下，当代码处于运行中或计划运行的状态时，方括号中会是一个星号（*）。当代码运行完成后，方括号中就会出现序号，即便代码运行失败也是如此。

这个数据集包含 100 个样本和 5 个特征，而后面的代码会用到这两个值。为了提取这两个值，运行以下代码。

```
n_samples, n_features = X.shape
```

如果你的数据集与这个笔记本不在同一目录，那么你需要把 dataset_filename 换成相应的路径。

下面展示数据集中的几行以便于加深理解。在下一个框中输入下面的这行代码，即可输出数据集的前 5 行。

```
print(X[:5])
```

输出结果列出了前 5 次交易中购买的商品。

```
[[ 0.  1.  0.  0.  0.]
 [ 1.  1.  0.  0.  0.]
 [ 0.  0.  1.  0.  1.]
 [ 1.  1.  0.  0.  0.]
 [ 0.  0.  1.  1.  1.]]
```

下载示例代码

只要是 Packt 出版的书，都可以通过在 https://www.packtpub.com/登录账号来下载相应的示例代码。如果你是在别处购买的本书，那么你也可以访问 http://www.packtpub.com/support 并注册账号，我们将用邮件把示例代码发给你。我也创建了一个 GitHub 仓库，用于托管在线版本的代码，其中包含补丁、更新等。在这个仓库中可以找到示例代码和数据集。仓库地址为：https://github.com/PacktPublishing/Learning-Data-Mining-with-Python-Second-Edition。

横向看，第一行(0, 1, 0, 0, 0)显示首次交易中的商品。纵向看，各列代表不同的商品：面包、牛奶、奶酪、苹果、香蕉。可以看出在这次交易中，消费者只购买了牛奶，而没有买别的东西。在下一个输入框中输入下面这行代码，把特征值转换成对应的单词。

```
features = ["bread", "milk", "cheese", "apples", "bananas"]
```

该数据集中的特征用二进制值表示，只能表明交易中是否购买了该特征对应的商品，而不能表明购买的数量。如果值是 **1**，那么交易中购买了**至少 1 份**该商品，而值为 **0** 则表示没有购买该商品。而现实中的数据集会需要采用精准数值或更高的阈值。

1.4.2 实现规则的简单排序

我们希望找出**消费者如果购买了商品 X，那么也倾向于购买商品 Y** 这样的规则。虽然在数据集中找出所有同时购买两件商品的情况并列出所有规则很容易，但我们需要区分规则的优劣，才能最终确定要推荐的商品。

规则的评价方法有多种，这里我们选定这两种：**支持度**（support）和**置信度**（confidence）。

支持度是规则在数据集中出现的次数，即匹配规则的样本数。有时我们会对其进行归一化处理，即将其除以该规则中的前提（premise）成立的总次数。方便起见，此处我们采用未归一化的数值。

前提（premise）是规则匹配的必要条件。**结论**（conclusion）则是规则的输出。以前文的规则“消费者如果购买了苹果，那么也倾向于购买香蕉”为例，该规则只有在满足消费者购买了苹果的前提时才能匹配。此时规则的结论为这位消费者也会购买香蕉。

支持度衡量规则匹配的频度，而置信度则衡量规则匹配的准确度。当满足前提时，规则匹配的情况的占比即为置信度。我们首先统计规则匹配数据的次数，然后除以满足前提的样本数（会用到 if 语句）。

下面以“消费者如果购买了苹果，那么也倾向于购买香蕉”为例，计算支持度和置信度。

如下例所示，取由二维数组表示的矩阵中的一行作为样本，即 sample[3]。它的值就表示交易中是否购买了苹果。

```
sample = X[3]
```

同样，我们也可以通过 sample[4]获知交易中是否购买了香蕉（以此类推）。现在可以计算规则在数据集中出现的次数，并由此推出支持度和置信度。

现在我们要从数据集中计算出所有规则的统计量。因此，我们需要创建两个字典，分别用于**匹配的规则**（valid rules）和**失配的规则**（invalid rules）。字典的键是由前提和结论组成的元组（tuple）。元组的值是特征的数组下标，而非实际的特征名。对于前文的规则“消费者如果购买了苹果，那么也倾向于购买香蕉”而言，这个值是 3 和 4。如果前提和结论都符合，那么就认为规则匹配；如果只有前提符合，那么对这个样本而言，规则失配。

下面逐步计算支持度和置信度。以下步骤适用于所有可能的规则。

(1) 首先，创建多个存放结果用的字典并将其初始化，以记录匹配的规则、失配的规则和前提的出现次数。此处用到了 defaultdict，它可以设定访问不存在的键时返回的默认值。

```
from collections import defaultdict
valid_rules = defaultdict(int)
invalid_rules = defaultdict(int)
num_occurences = defaultdict(int)
```

(2) 接下来在一个大循环中计算这些值。在迭代数据集中的每个样本时，不仅要迭代作为前提的特征，还要同时迭代作为结论的特征。这样就能映射出前提和结论之间的关系。如果样本的前提和结论都与规则匹配，那么把前提和结论的元组记录到 valid_rules 中；如果规则失配，则记录到 invalid_rules 中。

(3) 以数据集 *X* 中的样本为例。

```
for sample in X:
    for premise in range(n_features):
        if sample[premise] == 0: continue
    # 记录另一交易中购买的“前提”
    num_occurences[premise] += 1
        for conclusion in range(n_features):
            # 当“前提”和“结论”均为同一件商品时，计算没有意义
            if premise == conclusion:
                continue
            if sample[conclusion] == 1:
                # 如果消费者也购买了“结论”
                valid_rules[(premise, conclusion)] += 1
            else:
                # 如果消费者只购买了“前提”，而没有购买“结论”
                invalid_rules[(premise, conclusion)] += 1
```

代码会记录样本满足前提（特征值为 1）的情况，然后检查各个结论是否匹配规则，并且跳过前提和结论相同的情况，因为这将匹配："消费者如果购买了苹果，那么也倾向于购买苹果"。这显然是毫无意义的。

至此用于计算**支持度**和**置信度**的统计量已经备齐。如前文所述，本例采用未归一化的支持度，即直接取 valid_rules 的值。

```
support = valid_rules
```

置信度的计算方法也是一样，只是要迭代规则。

```
confidence = defaultdict(float)
for premise, conclusion in valid_rules.keys():
    rule = (premise, conclusion)
    confidence[rule] = valid_rules[rule] / num_occurences [premise]
```

现在我们就有了分别包含规则支持度和置信度的两个字典。创建一个能把规则输出成可读格式的函数，它可以接受 5 个参数：前提和结论的数组下标、刚才计算好的支持度和置信度字典，以及特征名称列表。这样我们就可以输出规则的支持度和置信度了。

```
def print_rule(premise, conclusion, support, confidence, features):
    for premise, conclusion in confidence:
        premise_name = features[premise]
        conclusion_name = features[conclusion]
        print("Rule: If a person buys {0} they will also
              buy{1}".format(premise_name, conclusion_name))
        print(" - Confidence: {0:.3f}".format
              (confidence[(premise,conclusion)]))
        print(" - Support: {0}".format(support[(premise, conclusion)]))
        print("")
```

之后，你就可以像这样随意替换前提和结论，调用这个函数测试代码功能。

```
premise = 1
conclusion = 3
print_rule(premise, conclusion, support, confidence, features)
```

1.4.3 挑选最佳规则

我们已经计算出所有规则的支持度和置信度。为了挑选出**最佳**的规则，我们现在为规则排名，并输出排名最高的规则，排名将按照支持度和置信度进行。

为了找出支持度最高的规则，首先要对支持度字典排序。由于字典默认不支持排序，因而可以先用字典的 items()方法生成字典内容的列表，然后再用 itemgetter(1)取出的字典的值作为排序键进行排序。就像本例中这样，itemgetter 类可以用于嵌套列表的排序。参数 reverse=True 表示从高到低排序。

```
from operator import itemgetter
sorted_support = sorted(support.items(), key=itemgetter(1), reverse=True)
```

然后就可以输出前 5 名的规则。

```
for index in range(5):
    print("Rule #{0}".format(index + 1))
    (premise, conclusion) = sorted_support[index][0]
    print_rule(premise, conclusion, support, confidence, features)
```

输出的结果会是下面这样。

```
Rule #1
Rule: If a person buys bananas they will also buy milk
- Support: 27
- Confidence: 0.474
Rule #2
Rule: If a person buys milk they will also buy bananas
- Support: 27
- Confidence: 0.519
Rule #3
Rule: If a person buys bananas they will also buy apples
- Support: 27
- Confidence: 0.474
Rule #4
Rule: If a person buys apples they will also buy bananas
- Support: 27
- Confidence: 0.628
Rule #5
Rule: If a person buys apples they will also buy cheese
- Support: 22
- Confidence: 0.512
```

同样，代码也可以输出置信度前 5 名的规则。我们首先按置信度对规则进行排序，然后用同样的方法输出结果。

```
sorted_confidence = sorted(confidence.items(), key=itemgetter(1), reverse=True)
for index in range(5):
    print("Rule #{0}".format(index + 1))
    premise, conclusion = sorted_confidence[index][0]
    print_rule(premise, conclusion, support, confidence, features)
```

可以发现“消费者如果购买了苹果，那么也倾向于购买奶酪”和“消费者如果购买了奶酪，那么也倾向于购买香蕉”这两条规则，在两份排名中都位居前列。这两条规则也就可以作为销售经理调整商品摆放策略或价格策略的参考。比如，如果本周苹果特价出售，就把奶酪放在苹果附近。而香蕉和奶酪同时促销就没什么意义，因为在购买了香蕉的消费者中，有 66%的人会同时购买奶酪，因此这样的促销对提升香蕉销量并没有多少助益。

Jupyter Notebook 可以在笔记本中展示内联的图表。不过有的时候默认不启用这个功能。可以用这行代码启用该功能：`%matplotlib inlne`。

用 `matplotlib` 库可以展示可视化结果。

下面按置信度的顺序，用折线图展示各条规则的置信度。`matplotlib` 可以轻松实现这一需求：只需传入数值，它就能画出一张简单实用的折线图（见图 1-3）。

```
from matplotlib import pyplot as plt
plt.plot([confidence[rule[0]] for rule in sorted_confidence])
```

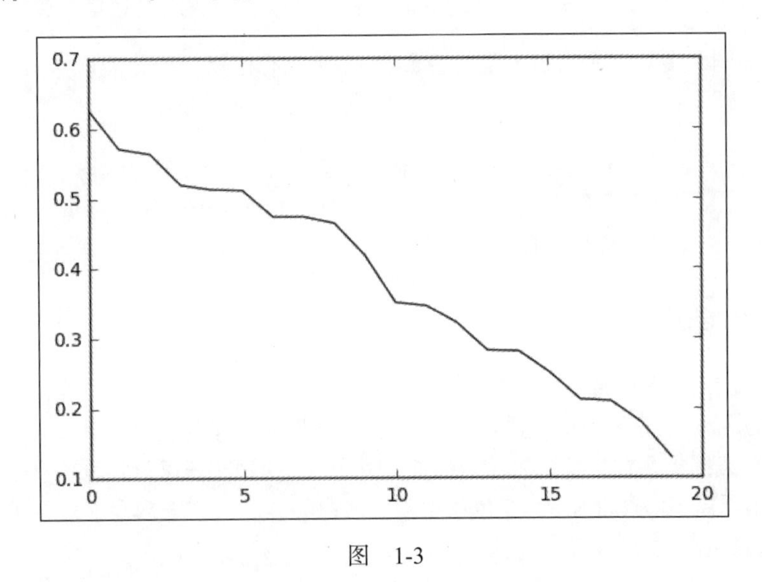

图 1-3

从图 1-3 中可以看出，前 5 条规则的置信度相当优秀，而后面的规则置信度则快速跌落。此迹象表明，仅前 5 条规则可以用于指导经营决策。从根本上讲，像这样的数据挖掘技术，其实结果是取决于用户的。

本例展示了数据挖掘技术在数据集中探究关系、洞察现象的强大能力。下一节将介绍数据挖掘技术的另外两个用途：预测和分类。

1.5 分类的简单示例

在前面的亲和性分析示例中，如果想让消费者购买更多苹果，那么就要研究关联苹果的规则，以制定销售策略。这时，我们关注的是数据集中不同变量的相关性。而在分类问题中，我们只关注一个变量，也就是**类别**（class），有时也称作目标（target）。

1.6 什么是分类

无论在研究中还是在实际应用中，分类都是数据挖掘相当常见的用法。如前面的内容一样，我们分类的对象是代表现实事物的样本集合。不同的是，在分类问题中我们要维护一个新的数组——类别值，它表示样本的归类情况。什么时候会用到分类呢？可以举几个例子。

- 根据植物的尺寸辨别物种。这里的类别值是**物种**。
- 判断图像中是否有一只狗。这里的类别值是**是否有狗**。
- 根据特定的实验结果，诊断病人是否罹患癌症。这里的类别值是**是否患癌症**。

虽然上面的例子多是二元问题（是与否），但其实也有植物物种分类这样的分类问题。本节就会解决这一问题。

分类的应用目标是用类别已知的样本集合训练一个模型，然后让该模型来处理类别未知的样本集合。例如，基于历史邮件（其中垃圾邮件已标出）训练一个垃圾邮件分类器，然后用该分类器自动判断以后收到的邮件是不是垃圾邮件。

1.6.1 准备数据集

本例中，我们用著名的**鸢尾数据集**（Iris database）来给植物分类。这个数据集包含多达150个植物样本，以厘米（cm）为单位描述了植物的4项尺寸，**花萼长度**、**花萼宽度**、**花瓣长度**和**花瓣宽度**。这个数据集在数据挖掘领域很经典，其首次使用可以追溯到1936年。这个数据集包含3个类别：**山鸢尾**（Iris Setosa）、**变色鸢尾**（Iris Versicolour）和**维吉尼亚鸢尾**（Iris Virginica）。下面我们将通过检视植物的4项尺寸来判断物种。

`scikit-learn`库自带这个数据集，直接加载即可。

```
from sklearn.datasets import load_iris
dataset = load_iris()
X = dataset.data
y = dataset.target
```

你可以用`print(dataset.DESCR)`查看数据集的大体情况，里面会有特征的详细说明。

该数据集的特征是连续值，也就是说可以取任意范围的值。尺寸就是一个不错的连续特征，尺寸可以取1、1.2、1.25等这样的值。连续特征的另一个性质是，两个特征值的差值可以体现样本的相似程度，差值越小则越相似。花萼宽度1.2 cm的植物与花萼宽度1.25 cm的植物很可能是同一物种。

与之相反的是分类特征（categorical feature），它通常以数字形式表示，不能比较差值。鸢尾数据集中的类别值就是分类特征。类别0代表山鸢尾，类别1代表变色鸢尾，类别2代表维吉尼亚鸢尾。分类特征的差值不能体现相似程度，即此处不能由数值推出“比起维吉尼亚鸢尾，山鸢尾与变色鸢尾较为相似”这样的结论。数值只代表分类，我们只能说类别是否相同。

特征的类型不止这两种，还包括像素灰度、词频和 n 元语法分析，我们会在后面的章节中介绍。

下面用到的算法需要分类特征，而鸢尾数据集的特征却是连续的，这就需要我们把连续特征转换成分类特征，这个过程被称为离散化。

最简单的离散化方法就是取一个阈值，低于阈值返回 0，反之则返回 1。这里我们取特征的均值作为阈值。下面先计算各个特征的均值。

```
attribute_means = X.mean(axis=0)
```

这行代码的结果是个数组，数组的长度就是特征的数量，在本例中是 4。数组的第一个值就是第一个特征的均值，以此类推。然后把这些值一一转换为离散的分类特征。

```
assert attribute_means.shape == (n_features,)
X_d = np.array(X >= attribute_means, dtype='int')
```

之后就可以用新数据集 `X_d`（X discretized 的缩写，表示“离散化的 X”）进行训练和测试，而不用原始数据集 X。

1.6.2 实现 OneR 算法

OneR 是一种简单预测样本类别的算法，它能为每一特征值找出最常见的类别。OneR 是 One Rule 的缩写，意为选择最显著的特征作为分类的唯一规则。虽然后文将介绍的算法会比它复杂得多，但对于某些现实中的数据集，这个算法的效果已经足够好了。

这个算法从迭代每个特征的每个取值开始，求出在各个类别中具有该特征值样本的数量，并记录特征值最常见的类别和预测错误的情况。

例如，如果某特征可以取 0 和 1 两个值，则首先找出所有该特征为 0 的样本。该特征为 0 的所有样本中，归类为 A 的样本有 20 个，归类为 B 的有 60 个，归类为 C 的有 20 个。那么类别 B 是该特征为 0 时最常见的类别，此时还有 40 个样本被归为其他的类。在该特征为 0 时，预测其类别为 B，就会有 40 个样本与预测相悖，即错误率是 40%。然后为该特征值为 1 的情况重复这一过程，再将之推广到其他特征中。

完成这一步后，求出错误累计数：对分布在错误类别中的各个特征值的样本数量求和。由此找出累计错误最少的特征，而它就是前面提到的 One Rule，之后就可以用它为新样本分类。

在本例代码中，我们用一个函数来预测类别、计算特征值的错误累计值。实现这个函数需要导入两个依赖：`defaultdict` 和 `itemgetter`，在之前的代码中介绍过它们的用法。

```
from collections import defaultdict
from operator import itemgetter
```

然后我们创建函数定义，把数据集、所有样本的类别数组、指定特征的索引值和特征值作为参数。这个函数会迭代样本，然后统计每一特征值对应到指定类别的次数。再选出对于当前这对特征和值而言最常见的类别。

```
def train_feature_value(X, y_true, feature, value):
    # 创建一个字典，统计预测为各个类别的频次
    class_counts = defaultdict(int)
    # 迭代样本，统计类别/值对的频次
    for sample, y in zip(X, y_true):
        if sample[feature] == value:
            class_counts[y] += 1
    # 从高到低排序，选择排名第一的类别
    sorted_class_counts = sorted(class_counts.items(), key=itemgetter(1),
                                 reverse=True)
    most_frequent_class = sorted_class_counts[0][0]
    # error 是特征值与 feature 一致但没有归入最常见类的样本的数目
    n_samples = X.shape[1]
    error = sum([class_count for class_value, class_count in class_counts.items()
                 if class_value != most_frequent_class])
    return most_frequent_class, error
```

最后一步是计算错误累计值。因为样本如果有上面指定的特征值，则会被 OneR 算法预测为最常见的类别，所以我们汇总所有归到其他类别（即非最常见类别）的情况作为错误累计值，用以指示训练样本分类错误的情况。

用这个函数迭代所有指定特征的值，汇总错误，记录每一个值的预测类别，然后就能计算出某特征的错误累计值。

这个函数以数据集、所有样本的类别数组和指定特征的索引值为参数，迭代所有特征值，然后找出最准确的特征值作为 OneR。

```
def train(X, y_true, feature):
    # 检查 feature 变量是否为有效值
    n_samples, n_features = X.shape
    assert 0 <= feature < n_features
    # 列出这个特征的所有可能取值
    values = set(X[:,feature])
    # 存储函数返回的预测器数组
    predictors = dict()
    errors = []
    for current_value in values:
        most_frequent_class, error = train_feature_value
        (X, y_true, feature, current_value)
        predictors[current_value] = most_frequent_class
        errors.append(error)
    # 汇总用 feature 分类产生的错误
    total_error = sum(errors)
    return predictors, total_error
```

接下来详细看一下这个函数。

首先校验变量是否有效，然后列出指定特征的所有可能取值。下一行中的索引值从数据集中取出指定的特征列，并以数组形式将其返回。然后用集合函数去重。

```
values = set(X[:,feature_index])
```

然后创建一个存放预测器的字典，该字典以特征值为键，类别为值。比如键为 1.5 且值为 2，表示当该特征的值为 1.5 时，样本会被分类为类别 2。还要创建一个存放各类别累计错误值的列表。

```
predictors = dict()
errors = []
```

这个函数的主要功能是迭代特征的所有可能取值，传给之前所定义的 train_feature_value()函数，计算出特征最常见的类别和错误值并保存在上面的字典或列表中。

最后，汇总这条规则的累计错误值，并与预测类别一起作为返回值。

```
total_error = sum(errors)
return predictors, toral_error
```

1.6.3 测试算法功能

亲和性分析算法旨在探究数据集中内含的关联。而分类算法则旨在构建一个模型，使其能通过与已知样本比较给未知样本分类。两个算法用途迥异，评估方法也不一样。

为此，机器学习的工作流程会被划为两个阶段：训练阶段和测试阶段。在训练中，我们用数据集中的一部分样本训练模型。在测试中，我们要评估模型在数据集上的分类效果。因为模型是用来给未知样本分类的，若用测试数据训练模型会导致**过拟合**（overfitting），所以应该避免这一情况。

模型在训练数据集中表现优异，而在新样本中表现较差的情况就属于过拟合。只要记住一个原则，即可避免这一问题：不要用训练数据集测试算法。在后面的章节中，我们会介绍这个原则的复杂变体；而目前，评估 OneR 算法，只需要把数据集分成两小份，一份用于训练，另一份用于测试。本节的工作流程就是这样。

scikit-learn 库自带了一个可以把数据集按训练和测试目的分割成两份的组件。

```
from sklearn.cross_validation import train_test_split
```

该函数会按指定比例（默认比例是测试数据集占总体的 25%）随机分割数据集，让分类算法更准确，即使在（总会服从某种随机分布的）现实数据中也能表现良好。

```
Xd_train, Xd_test, y_train, y_test = train_test_split(X_d, y,
    random_state=14)
```

这样就有了两小份数据集：Xd_train 训练数据集和 Xd_test 测试数据集。y_train 和 y_test 分别对应两份数据集中的所有样本的类别数组。

然后指定 random_state。指定 random_state 可以使我们在输入同样的值时得出同样的划分。尽管这种划分看起来是随机的，然而其算法是确定的，输出的结果也是一致的。我建议你使用本书所取的 random_state 值，这样你的结果才能与本书中的一致，这有助于你核对结果。如果你想使每次运行结果都不一样，那么把 random_state 设为 None 即可。

接下来，算出数据集中所有特征的预测器。注意此步只能使用测试数据集。迭代数据集中的所有特征，然后用之前定义好的函数训练预测器并汇总错误累计值。

```
all_predictors = {}
errors = {}
for feature_index in range(Xd_train.shape[1]):
    predictors, total_error = train(Xd_train,
                                    y_train,
                                    feature_index)
    all_predictors[feature_index] = predictors
    errors[feature_index] = total_error
```

挑选出累计错误最低的特征作为 One Rule。

```
best_feature, best_error = sorted(errors.items(), key=itemgetter(1))[0]
```

然后取这个特征的预测器作为 model。

```
model = {'feature': best_feature,
         'predictor': all_predictors[best_feature]}
```

这里的模型是一个字典，表示作为 One Rule 的特征和基于该特征值的预测器是哪个。我们可以用这个模型选择未知样本中指定特征的值，然后再使用预测器，这样就得到了该样本的类别。下例代码即为这个过程。

```
variable = model['feature']
predictor = model['predictor']
prediction = predictor[int(sample[variable])]
```

为了一次预测多个样本的类别，我们可以把这个功能写成函数。我们还是用上面的这段代码，只不过要迭代数据集中的所有样本，以获取每个样本的预测类别。

```
def predict(X_test, model):
    variable = model['feature']
    predictor = model['predictor']
    y_predicted = np.array([predictor
                            [int(sample[variable])] for sample
                            in X_test])
    return y_predicted
```

把测试数据集传给这个函数进行预测。

```
y_predicted = predict(Xd_test, model)
```

与已知的样本类别相比较，计算模型的命中率。

```
accuracy = np.mean(y_predicted == y_test) * 100
print("The test accuracy is {:.1f}%".format(accuracy))
```

这个只有一条规则的算法命中率达到了 65.8%，还算不赖！

1.7 本章小结

本章概述了用 Python 进行数据挖掘的一些概念与方法。如果你运行了本章示例中的代码（本书提供的代码包中包含了完整示例代码），那么其实你已经配置好了本书大多数示例代码所需的运行环境。然而术业有专攻，后面的章节也会用到其他的 Python 库，以执行特定领域的任务。

在本章中，我们用 Jupyter Notebook 运行代码，以即时展示小段代码的结果。它也是全书中都会用到的一种实用工具。

本章介绍了亲和性分析，并用它找出经常一起售出的商品。这种探究数据集内在关联的分析方法让我们可以洞察某套业务流程、某种环境或是某个场景中的现象。这种分析得出的信息会成为业务流程、医药研发和下一代人工智能的关键突破点。

另外，本章还以 OneR 算法为例介绍了分类问题。这个算法很简单，它只是从训练数据集中挑选出最佳特征值，并以此值的最常见类别作为预测类别。

想想如何实现一种 OneR 算法的变体，而该变体能同时考虑多对特征与值。请尝试实现并评估这种变体算法，以加深对本章内容的理解。注意，要把测试数据集和训练数据集隔离开来，否则会出现过拟合问题。

接下来的几章会展开介绍分类问题与亲和性分析中的概念，我们会用 `scikit-learn` 包中的分类器进行机器学习，而不是亲自动手写算法。

第2章

用 scikit-learn 估计器解决分类问题

scikit-learn 是一个用 Python 编写的数据挖掘算法集合，它提供了通用编程接口。用它不仅可以轻松尝试不同的算法，它自带的标准工具还能帮助你完成有效性测试和参数搜索等工作。scikit-learn 包含的算法和工具数目众多，其中不乏现代机器学习领域中常用的算法。

本章重点介绍如何搭建一套运行数据挖掘任务的框架。后面的章节也会沿用这套框架，这让我们可以专注于数据挖掘技术及其应用。

本章引入了 3 个关键概念。

- **估计器**：执行分类、聚类、回归分析任务。
- **转换器**：完成数据的预处理与修改工作。
- **流水线**：用于组合工作流程，便于复用。

2.1 scikit-learn 估计器

估计器在设计时考虑了诸多算法的标准化实现和测试方法，并形成了一套可以用来构建分类器的通用轻量接口。分类器只要实现了这个接口，就可以与 scikit-learn 自带的工具配套使用，而无须关心具体算法的实现。

估计器一定包括下述两个关键函数。

- fit()：训练模型的内部参数。它接受两项输入：训练样本数据集以及样本对应的类别。
- predict()：预测测试样本的类别。仅以测试集类别为输入，该函数会返回一个内容为测试样本预测类别的 NumPy 数组。

尽管大多数 scikit-learn 估计器的输入参数和输出结果是 NumPy 数组或与其相关的格式，然而这只是惯例，而非必需。

scikit-learn 中实现了许多估计器，其他开源项目中还会有更多使用相同接口的估计器，包括支持向量机（SVM）、随机森林等。后面的内容会用到这些算法，而本章用的是最近邻算法（nearest neighbor algorithm）。

本章需要安装 matplotlib 图形工具库。与第 1 章中安装 scikit-learn 时一样，用 pip3 即可安装 matplotlib。

```
$ pip3 install matplotlib
```

如果你在安装 matplotlib 时遇到问题，请参看官方安装说明。

2.1.1 最近邻算法

本节将介绍一种新算法——**最近邻算法**。我们取最相近的样本，并预测大多数邻近的样本所归属的类别。尽管可以用更复杂的方法来选出这个类别，比如加权投票，然而此处为方便起见，只用简单计数的方法。

如图 2-1 所示，要预测三角形的类别，就要看它与哪个类别更近（在图中，距离越近，形状越相似）。查找距离最近的 3 个相邻样本，得到图中圈内的两个菱形和一个圆形。因为圈内的菱形比圆形多，所以这个三角形的预测类别就是菱形的类别。

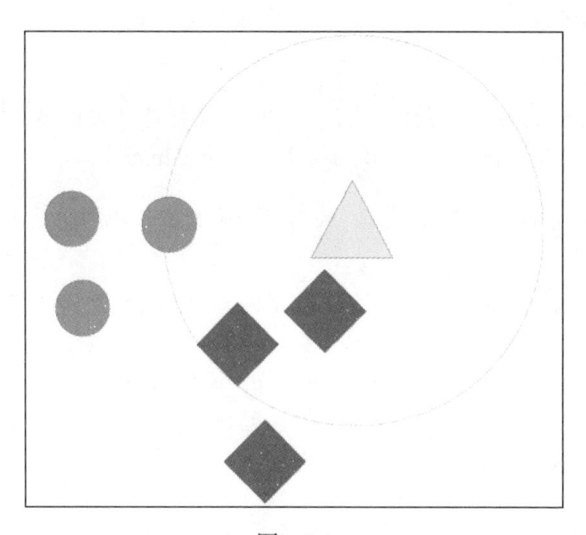

图 2-1

最近邻算法几乎适用于任何数据集，只不过若要计算每对样本间的距离，计算成本会很高。假设数据集中有 10 个样本，那么需要计算 45 个不同的距离；而当数据中有 1000 个样本的时候，就要计算近 500 000 个距离。因此，可以用多种方法提升最近邻算法的速度，例如用树形结构来完成距离的计算。改进后的算法可能会相当复杂，不过，好在 scikit-learn 已经实现好了一种最近邻算法，由此我们可以对大规模数据集进行分类。而且在 `scikit-learn` 中，这种树形结构无须配置即可使用。

另外，最近邻算法不能直接在**基于分类的数据集**（categorical-based dataset）中使用。这种数据集的特点是包含分类特征，而最近邻算法不能有效比较分类特征值之间的差异，因此这种数据集的分类问题应换用其他算法来解决，而且这种算法最好能根据特征的重要程度为其设置合适的权重。距离度量（distance metric）或像独热编码（one hot encoding）这样的预处理技术可以用于解决分类特征的比较问题，这在后面的内容中将会一一介绍。根据实际任务选取正确的算法是数据挖掘中的难题。最简单的方法通常是测试一组不同算法，并从中挑选出在实际任务中表现最好的算法。

2.1.2　距离度量

数据挖掘中的一个关键基础概念就是**距离**（distance）。如何判断**某两个样本之间是否比其他两个样本之间更具相似性**呢？这一问题的答案会是数据挖掘效果好坏的关键。

解决这一问题最常用的是**欧几里得**（Euclidean）距离，它是**现实世界**中的距离。如果你在图表中绘制两点，并用直尺测量两点间距离，那么这个距离即欧几里得距离。

更严格地讲，样本点 a 到样本点 b 的欧几里得距离是其每个特征间距离的平方和的平方根。

欧几里得距离虽然较为直观，但在某些特征的值比其他特征大很多的情况下和特征值中 0 值多的情况下精度较差。0 值多的矩阵叫作稀疏矩阵（sparse matrix）。

除此之外，还有其他的距离度量方法。曼哈顿距离和余弦距离是其中两种常用方法。

曼哈顿（Manhattan）距离是各个特征的差的绝对值之和（不涉及平方距离）。

假如国际象棋中的棋子“车”（因其形状也称作“城堡”）每次只能走一格，那么它在移动到棋盘某一位置时所需的步数即曼哈顿距离。尽管如果某些特征的值明显大于其他特征，曼哈顿距离也会受到影响，然而这种影响没有欧几里得距离在相同情况下受到的影响显著。

在某些特征的值明显大于其他特征或数据集中的 0 值特征较多时，**余弦**（cosine）距离更为适用。

直观来说，在样本点和坐标原点间连线，这些线之间的夹角的余弦值即各点间的余弦距离。图 2-2 直观展示了这几种距离度量方式的差异。

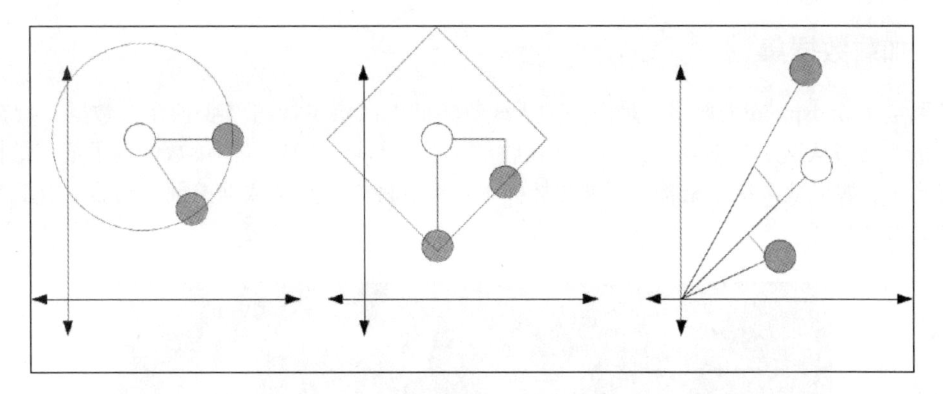

图 2-2

在每幅图中，两个灰色圆形到白色圆形的“距离”相同。左图展示的是欧几里得距离，因此两个灰色圆形落在以白色圆形为中心的圆的圆周上。用尺子也可以量出该距离。中间的图展示的是曼哈顿距离，也叫作城市街区（City Block）距离。像国际象棋中棋子车（城堡）在棋盘上行和列中的路径一样，从灰色圆圈到白色圆圈经过的横向距离与纵向距离之和即曼哈顿距离。右图展示的是余弦距离，它是样本向量之间的夹角的余弦值，与实际线条的长度无关。

距离度量方法的选择对最终结果的影响非同小可，可谓牵一发而动全身。

比如在特征数量很多的情况下，任意样本间的欧几里得距离几乎相同，这就会导致著名的**维数灾难**（curse of dimensionality）问题，因为高维特征空间中的欧几里得距离不能体现样本间的差异。

而用曼哈顿距离则很少会出现这一问题，只是在某些特征的值明显大于其他特征的情况下，这些特征会**否决**（overrule）其他特征体现的相似度。例如，特征 A 的值在 1 到 2 之间，而特征 B 的值在 1000 到 2000 之间，那么特征 A 对结果的影响就微乎其微。对特征进行归一化处理即可解决这一问题。归一化处理后的曼哈顿距离和欧几里得距离在面对不同特征时会变得更为可靠，本章的后续内容会介绍这一方法。

余弦距离适合用于比较特征数量较多的样本。虽然某些应用场景会用到样本向量的长度信息，但余弦距离舍弃了这些信息。余弦距离通常用在文本挖掘中，因为文本固有的特征数量很多。

究其根本，选择距离度量时，要么从理论角度出发分析推断，要么从实证角度出发测试效果。虽然我个人倾向于实证方法，但其实两种方法都可以得出正确的结论。

本章只介绍欧几里得距离，其他距离度量方法会在后面的章节中用到。如果你愿意动手实验，可以尝试换用曼哈顿距离来测试分类结果。

2.1.3 加载数据集

电离层（ionosphere）数据集是由高频天线收集的电离层（如图 2-3 所示）数据，旨在探究如何用神经网络从这个数据集中分辨雷达接收信号的好与坏。如果样本读数体现了某个结构，则视为好样本；如果缺失这个结构，则视为坏样本。本节将构建一个数据挖掘分类器，用于判断雷达图像是好还是坏。

图 2-3[①]

你可以搜索“UCI Machine Learning Repository: Ionosphere Data Set”为不同的数据挖掘应用下载电离层数据集。点击 **Date Folder** 链接，然后把 `ionosphere.data` 文件和 `ionosphere.names` 文件下载到同一文件夹中。本例假定你把数据集存放在 `home` 文件夹中的 `Data` 目录下。你也可以将数据放在别的地方，只是要把代码中的数据集文件夹路径改为实际路径（此处如此，后续章节中亦如此）。

`home` 文件夹的位置与操作系统有关。Windows 中该位置通常是 `C:\Documents and Settings\username`；Mac 和 Linux 中通常是`/home/username`。在 Jupyter Notebook 中运行下面这行代码即可获取 `home` 文件夹路径。

```
import os
print(os.path.expanduser("~"))
```

数据集的每行都有 35 个值。前 34 个值是由 17 架天线测量出的数据（每个天线一对值）[②]。

① 图像已经作者授权。

② 该数据集出自论文：Sigillito, V. G., Wing, S. P., Hutton, L. V. et al. Classification of radar returns from the ionosphere using neural networks[J]. Johns Hopkins APL Technical Digest, 1989, 10, 262-266。论文作者从一个 16 天线相控阵雷达接收电离层中自由电子的反向散射信号，并用一个离散自相关函数 $R(t,k)$ 对原始数据做了处理。其中 k 是脉冲序号，对于这个雷达而言是 0~16。对于这 17 个 k 的取值，函数会返回一个复数域的离散值。该数据集的前 34 个特征即这 17 对函数值的实部与虚部。——译者注

最后一个值是'g'或'b'，分别代表好与坏。

打开 Jupyter Notebook 服务器，然后创建一个名为 Ionosphere Nearest Neighbors 的笔记本。首先导入依赖：NumPy 和 csv，然后用变量表示数据集的文件名。

```
import numpy as np
import csv
data_filename = "data/ionosphere.data"
```

创建用于存储数据集的 NumPy 数组 X 和 y。数组大小是数据集中已知的。要是不知道数据集大小也没关系，在后面的章节中会介绍无须给定大小就能加载数据集的方法。

```
X = np.zeros((351, 34), dtype='float')
y = np.zeros((351,), dtype='bool')
```

该数据集是**逗号分隔值**（CSV，comma-separated values）格式的，这个格式的数据集很常见。这里我们用 csv 模块加载该文件。导入文件并配置好 csv 读取对象，然后循环数据集文件，以在 X 中填入合适的行数据，在 y 中填入各行的类别值。

```
with open(data_filename, 'r') as input_file:
    reader = csv.reader(input_file)
    for i, row in enumerate(reader):
        # 取出数据，转换为浮点类型
        data = [float(datum) for datum in row[:-1]]
        # 向 X 中填入合适的行
        X[i] = data
        # 如果类别是'g'则为 1，否则为 0
        y[i] = row[-1] == 'g'
```

如此一来，X 的内容就是数据集中的样本和特征，而 y 则是对应的类别值，就像第 1 章中的分类示例一样。

首先尝试在这个数据集中应用第 1 章的 OneR 算法，然而因为该数据集中的信息分布在特定特征的关联中，所以效果很不理想。OneR 算法只关注单一特征的值，而不能充分利用复杂数据集中的信息。像最近邻算法这样能够合并多个特征的信息算法虽然适用于更多场景，但是也会带来更高的计算成本。

2.1.4 形成标准的工作流程

scikit-learn 估计器有两个主要函数：fit()和 predict()。我们应在训练数据集中用 fit()训练模型，而在测试数据集中用 predict()测试模型。

(1) 首先分割出训练数据集和测试数据集。导入并运行之前介绍过的 train_test_split()函数。

```
from sklearn.cross_validation import train_test_split
X_train, X_test, y_train, y_test = train_test_split(X, y,
                                                    random_state=14)
```

(2) 导入 nearest_neighbor 类，然后用默认参数创建一个实例。此时算法选取最近的 5 个相邻样本，以此预测样本的类别。本章中后续会测试这个类的其他参数。

```
from sklearn.neighbors import KNeighborsClassifier
estimator = KNeighborsClassifier()
```

(3) 创建估计器 estimator 后，应把训练数据集传给它的 fit()方法。它会记录训练数据集中的样本，比较新样本与训练数据集，在训练数据集中找出新样本的最近邻。

```
estimator.fit(X_train, y_train)
```

(4) 之后用测试数据集评估算法效果。

```
y_predicted = estimator.predict(X_test)
accuracy = np.mean(y_test == y_predicted) * 100
print("The accuracy is {0:.1f}%".format(accuracy))
```

这个仅有几行代码且采用默认算法的模型取得了 86.4%的准确率，这个结果令人欣慰。由于 scikit-learn 中大多数算法的默认参数在选取时经过了慎重考量，因而它们在许多数据集中表现良好。尽管如此，你仍应该致力于根据具体实验背景挑选适当的参数值。在后续章节中会介绍**参数搜索**（parameter search）的一系列策略。

2.1.5　运行算法

之前在测试数据集中取得的运行结果已经相当不错，那么问题来了。这会不会是因为恰巧取到了对模型友好的测试数据集呢？反之，如果挑中了情况最差的数据集呢？那么我们很可能因为运气不好而导致模型运行结果很差，进而错失正确的模型。

交叉验证（cross-fold validation）框架是一种标准的**最佳实践**方法论，用以在数据挖掘中解决测试数据集的选取问题。它能够通过多次分割数据集，实验多对训练数据集和测试数据集，而且每个作为测试数据集成分的样本只会用到一次。具体过程如下。

(1) 把整个数据集分割为几个片段，这些片段被称为**折**（fold）。

(2) 对数据集中的每个折执行如下步骤。

- 把这个折作为测试数据集。
- 在其余的折上训练算法。
- 在当前的测试数据集上评估模型。

(3) 汇总评估分值，计算平均分。

在该过程中，每个作为测试数据集成分的样本只会用到一次，以减少（而非消除）运气对结果的影响。

除非特别声明，全书中每章的代码都是一个整体，建议读者将代码按章组织成 Jupyter Notebook 文件。

scikit-learn 库自带了一些交叉验证方法，其中的一个辅助函数就能执行上述过程。下面我们在 Jupyter Notebook 中导入这个辅助函数。

```
from sklearn.cross_validation import cross_val_score
```

cross_val_score 默认用**分层 *K* 折**（Stratified K-Fold）方法把数据集分割成多个折。在这个方法分割出的每个折中，不同类别所占比例几乎相同，进一步减少了选取最坏情况的可能。默认使用这个方法即可取得不错的效果，目前我们不必深究其原理。

接下来，调用这个函数，用交叉验证方法评估模型。

```
scores = cross_val_score(estimator, X, y, scoring='accuracy')
average_accuracy = np.mean(scores) * 100
print("The average accuracy is {0:.1f}%".format(average_accuracy))
```

这段代码对模型的评估结果较之前略差了一些，只有 82.3%。不过考虑到我们尚未调优参数，这个结果依然算是良好的。下一节将介绍如何调整算法参数以取得更理想的结果。

在数据挖掘中，重复实验却得到不同结果是很正常的。折的创建方式和某些分类算法固有的随机性都会导致结果发生变化。在后面的章节中，我们会在实验开始前设置一个随机起始状态，这样一来，就可以重现实验结果。在实践中，多次重复实验并分析所有结果的平均值和离散程度（均值和标准差）是一种不错的思路。

2.1.6 设置参数

大体来讲，用户能调整的参数都可以让算法更专注于特定的数据集，而不是只适用于特定范围内的问题。选取合格的参数并不是一件容易的事，而且这种选择通常与数据集的特征息息相关。

在最近邻算法的几个参数中，最重要的就是预测未知属性类别时纳入考虑的最近邻的数量。在 scikit-learn 中，这个参数名为 n_neighbors。图 2-4 展示了该参数值过低或过高的两种情况：过低时，随机标记的样本会导致分类错误；过高时，结果中不能体现出实际相似的样本。

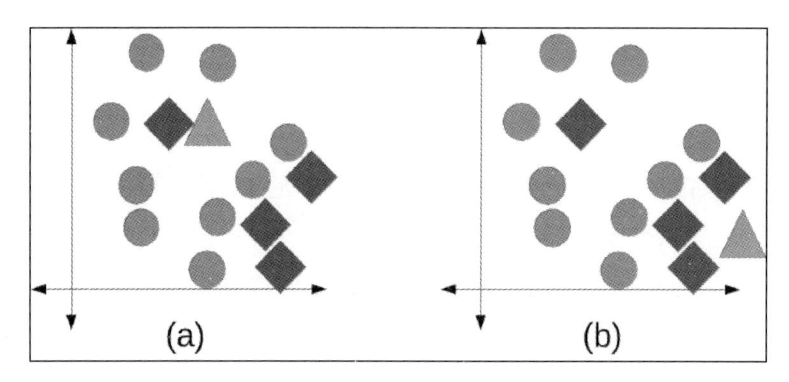

图　2-4

图(a)中，尽管原本应把测试样本（三角形）归类为圆形，然而如果此时 n_neighbors 为 1，那么算法只会选中最近的红色菱形（即噪声样本），这样预测结果就会是菱形。虽然在图(b)中，测试样本本应被归类为菱形，但在 n_neighbors 为 7 时，由于距离最近的 3 个邻近样本（都是菱形）被数量更多的圆形所覆盖，因而正确类别的邻近样本没有起到应有的效果。参数的选取是最近邻算法的一大难题，因为由参数不同而导致的差异可能相当大。幸运的是，大多数情况下特定的参数值并不会过多影响最终结果。一般而言，使用标准的参数值（通常是 5 或 10）就能取出足够的相邻样本。

根据这个思路，我们可以测试一系列 n_neighbors 的取值，以研究该参数对算法效果的影响。假如为了选取 n_neighbors 的参数值，要对很多值进行测试，这些值的取值范围为 1 到 20，那么就可以为每次实验选取不同的 n_neighbors 值，并观察重复实验的结果。下面的代码就是这样做的，其中的 avg_scores 和 all_scores 列表是用来存储实验结果的。

```
avg_scores = []
all_scores = []
parameter_values = list(range(1, 21)) # 包括20
for n_neighbors in parameter_values:
    estimator = KNeighborsClassifier(n_neighbors=n_neighbors)
    scores = cross_val_score(estimator, X, y, scoring='accuracy')
avg_scores.append(np.mean(scores))
all_scores.append(scores)
```

这时，我们就可以画出表示 n_neighbors 取值和算法准确率之间关系的折线图。首先，让 Jupyter Notebook 以内联方式展示图表。

```
%matplotlib inline
```

然后从 matplotlib 库中导入 pyplot，分别以 n_neighbors 参数值为横轴，以算法的平均分数为纵轴画图，如图 2-5 所示。

```
from matplotlib import pyplot as plt
plt.plot(parameter_values, avg_scores, '-o')
```

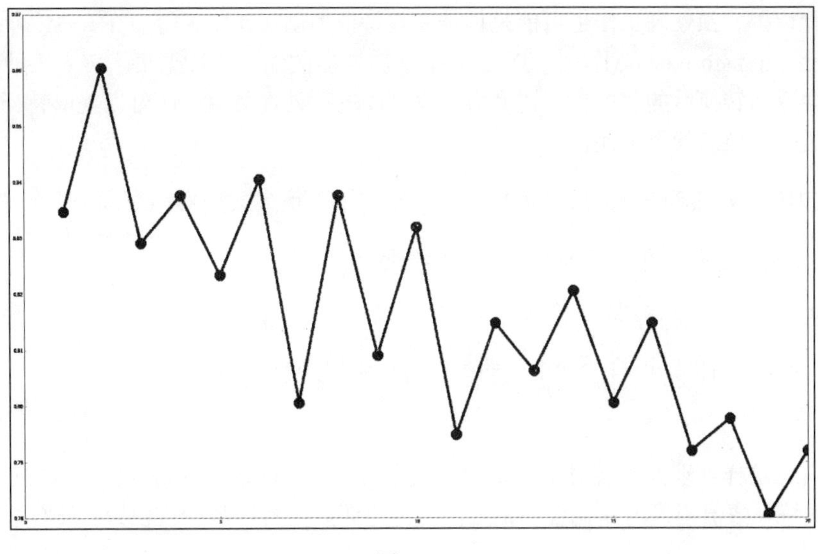

图 2-5

虽然图像多有曲折，但从该折线图中仍可看出参数值与算法准确率的关系：选取的近邻数量越多，算法的准确率越低。要想抹平折线图中的曲折变化，更恰当地体现这一规律，在进行评估时就应把足够多的差异纳入考虑。你可以采取增加测试次数的方法，比如对每个 n_neighbors 值运行 100 次测试代码。

2.2 预处理

在测量现实世界对象时，我们得出的特征数值范围往往千差万别。比如对动物的测量可以得出下面几个特征。

- **腿的条数**：大多数动物有 0~8 条腿，不过也有些动物拥有更多条腿。
- **重量**：轻的可能只有几微克，重的如蓝鲸，可能有 190 000 千克。
- **心脏的个数**：对于蚯蚓而言，这个值可以是 0~5[①]。

因为算法是基于数学原理设计的，所以算法在比较特征时，难以解释特征在规模、范围、单位上的差异。对于很多算法而言，上述特征中对结果影响最显著的是重量，而这仅仅是因为重量的数值大，而与特征的实际效果无关。

归一化（normalize）就是一种解决方法。它会把特征的数值调整到相同的区间，或者转化为如小、中、大这样的分类。这样就减轻了数值较大的特征对算法结果带来的负面影响，从而大大提升了算法的准确率。

① 蚯蚓的“心脏”并不具有心脏的完整结构，其实只是主动脉弓。——译者注

除归一化以外，预处理工作也可能是挑选有效特征、创建新特征等。在 scikit-learn 中，可以用**转换器**（transformer）对象来实现预处理。转换器的输入是数据集。传入某种形式的数据集，转换器会返回转换后的数据集。转换器不仅可以进行处理数值，还可以提取特征。不过，本节只围绕预处理介绍转换器的用法。

这里以**破坏**前文用到的电离层数据集为例。现实中，很多数据集存在例子中的这类问题。

(1) 首先复制一份数据集，以避免修改原始数据集。

```
X_broken = np.array(X)
```

(2) 然后**破坏**数据集，把每个样本中偶数位特征除以 10。

```
X_broken[:,::2] /= 10
```

理论上讲，这样处理并不会对结果带来多大影响，毕竟修改后的特征值仍与之前相对一致。主要问题是，特征数值规模的变化会使奇数位特征比偶数位特征数值规模大。我们重新计算准确率看一下效果。

```
estimator = KNeighborsClassifier()
original_scores = cross_val_score(estimator, X, y, scoring='accuracy')
print("The original average accuracy for is
      {0:.1f}%".format(np.mean(original_scores) * 100))
broken_scores = cross_val_score(estimator, X_broken, y,
                                scoring='accuracy')
print("The 'broken' average accuracy for is
      {0:.1f}%".format(np.mean(broken_scores) * 100))
```

之前，算法在原始数据集中的准确率高达 82.3%。而在我们人为破坏的数据集中，准确率跌到了 71.5%。归一化处理所有特征，使其值均落在 0~1 区间，即可解决这个问题。

2.2.1　标准预处理

这里我们将用 scikit-learn 的 MinMaxScaler 类进行预处理。该实验被称为基于特征的归一化。在此，我们沿用本章之前的 Jupyter 笔记本，并首先导入这个类。

```
from sklearn.preprocessing import MinMaxScaler
```

这个类把特征值线性映射到 0~1 区间。该预处理器使特征的最小值为 0，最大值为 1，而其他值在 0~1 取值。

要应用该预处理器，就要在其上运行 transform()方法。不过转换器与分类器一样，通常要在使用前进行训练。通过调用 fit_transform()方法，可以合并上述步骤。

```
X_transformed = MinMaxScaler().fit_transform(X)
```

X_transformed 虽然与 X 的形状一样，但其各列数值变成了 0~1 的值。

针对其他应用场景和特征类型，还有更多归一化方法。

- ❑ sklearn.preprocessing.Normalizer：让样本的各特征值之和为 1。
- ❑ sklearn.preprocessing.StandardScaler：让特征值均值为 0，方差为 1。这通常是归一化处理的第一步。
- ❑ sklearn.preprocessing.Binarizer：把数值特征转换成二值特征，数值在阈值之上取 1，反之则取 0。

后续章节会组合运用这些预处理器，也会介绍其他类型的转换器。

2

预处理是数据挖掘中的关键环节，直接影响结果的好坏。

2.2.2 组装成型

现在我们可以把之前几节的代码组装成一套工作流程，然后在遭到我们破坏的数据集上进行计算。

```
X_transformed = MinMaxScaler().fit_transform(X_broken)
estimator = KNeighborsClassifier()
transformed_scores = cross_val_score(estimator, X_transformed, y,
                                     scoring='accuracy')
print("The average accuracy for is
     {0:.1f}%".format(np.mean(transformed_scores) * 100))
```

结果喜人，这次算法准确率重回 82.3%。既然 MinMaxScaler 统一了特征的数值规模，那么由部分特征数值过大导致的对算法的不利影响也就不复存在了。最近邻算法容易被数值较大的特征误导，而其他一些算法则可以更好地处理特征的数值规模差异。与此相反，还有一些算法对数值规模更为敏感。

2.3 流水线

随着我们数据挖掘实验的逐渐深入与展开，操作的复杂程度也不可同日而语。我们会涉及分割数据集、特征二值化、执行特征或样本的数值缩放等种种操作。

全凭脑力来记住这些步骤很容易出岔子。忘记某个步骤、在错误的时机转换数据集或者做了多余的转换等，都会导致无法重现正确的结果。

另外我们也要注意代码的顺序。在上一节中，我们创建了 X_transformed 数据集和一个用于交叉验证的估计器。如果步骤更多，我们就要回过头在代码中寻找这些数据集的变化。

流水线这种结构就是用来解决这些问题的（其解决范围不仅限于这些问题，后面的章节中会继续介绍）。流水线把各个步骤整合成一套数据挖掘的流程。如果把原始数据集作为流水线的输入，流水线就会在数据集上执行所有必要的转换，然后生成预测结果。这样我们就可以向 cross_val_score() 这样的函数传入流水线，此处的流水线就将作为参数所需的估计器。首先，导入 Pipeline 对象。

```
from sklearn.pipeline import Pipeline
```

流水线的输入是一系列步骤，它会将这些数据挖掘应用串联在一起。最后一个步骤应是估计器，而估计器之前的步骤都是转换器。在使用流水线时，这些转换器会依次应用到输入的数据集上，以修改数据集的内容。而其中每一步的输出都会作为下一步的输入。最后，用估计器给样本分类。在我们的流水线中只有两个步骤。

(1) 使用 MinMaxScaler 缩放特征值，把特征值映射到 0~1 区间。

(2) 采用 KNeighborsClassifier 作为分类算法。

之后，我们用 ('name', step) 形式的元组表示步骤，并创建流水线。

```
scaling_pipeline = Pipeline([('scale', MinMaxScaler()),
                             ('predict', KNeighborsClassifier())])
```

这里的关键参数就是这个元组的列表。第一个元组代表特征数值归一化的步骤，第二个元组代表分类的预测步骤。我们给步骤命名，作为元组的第一个元素：第一个步骤命名为 scale，第二个步骤命名为 predict。你也可以自行为步骤取名。元组的第二个元素是实际的 Transformer 对象或者 estimator 对象。

运行这个流水线，就能执行之前我们写过的交叉验证代码。

```
scores = cross_val_score(scaling_pipeline, X_broken, y, scoring='accuracy')
print("The pipeline scored an average accuracy for is
       {0:.1f}%".format(np.mean(transformed_scores) * 100))
```

因为实际运行的还是之前的步骤，只是改进了接口的调用方式，所以得出的准确率与之前一样，都是 82.3%。

在后续的章节中，我们会使用更高级的测试方法。同样，我们也会为测试工作设置流水线，以避免代码复杂度不可控地增长。

2.4　本章小结

本章中，我们用 scikit-learn 中的几个方法构建了一套用于评估数据挖掘模型的工作流程。另外，我们还介绍了最近邻算法，并在 scikit-learn 中将该算法作为估计器实现。这个类的使用很简单：首先在测试样本集上调用 fit() 函数训练模型，然后用 predict() 函数来预测测试样本的类别。

然后我们用 Transformer 对象和 MinMaxScaler 类对数据进行了预处理，修正了特征数值规模不一致的问题。这两个对象或类上都有 fit()和 transform()方法，后者在输入某种形式的数据集后，会返回转换后的数据集。

读者可以尝试用前文提到的其他转换器替代 MinMaxScaler，以深入了解转换器的工作机制，探究转换器的适用场景及它适用的原因。

除此之外，本书稍后还会用到 scikit-learn 中其他的转换器，比如 PCA。读者可以参考内容详实的 scikit-learn 文档，测试其他转换器。

在下一章中，我们会在规模更大的示例中运用这些概念：用现实世界中的数据预测体育比赛结果。

第3章 用决策树预测获胜球队

本章将用一类全新的算法来预测体育赛事中的获胜方，这类算法就是**决策树**（decision tree）。这类算法与其他算法相比有许多优点，其主要的优点之一就是可读性好，因此适用于人工决策。这样，决策树可以用来学习一套过程，而这套过程在需要时也可交由人工执行。决策树的另一个优点是，它适用于包括分类特征在内的各种特征。本章会展示决策树的这一优点。

本章内容涵盖以下主题：

- 用 `pandas` 库加载、操作数据；
- 用决策树解决分类问题；
- 在决策树的基础上构建随机森林，改进算法效果；
- 在数据挖掘中应用现实世界的数据集；
- 创建新的特征，并在一个稳健的框架中进行测试。

3.1 加载数据集

本章着眼于预测美国国家篮球协会（NBA）比赛冠军。由于 NBA 比赛的赛况通常紧张胶着，在最后的几分钟才能决出胜负，因而预测获胜队伍着实不是一件易事。不过许多体育项目有一个共同的特征：若恰逢天时，弱队也能打败综合实力更强的队伍。

诸多关于预测获胜队伍的研究表明，预测赛事结果的准确率存在一个上限。这个上线取决于体育项目，一般在 70%~80%。虽然关于预测体育赛事的研究有很多，但其方法不外乎两种：数据挖掘或是基于统计的方法。

本章将以预测篮球比赛获胜队伍为例，介绍一种入门级的决策树算法。限于篇幅，这里介绍的算法并不能达到体育博彩机构所用算法的水平。他们使用的算法更高级、更复杂，最终也更准确。

3.1.1 收集数据

这里我们将用到 NBA 在 2015~2016 赛季的比赛数据。Basketball-Reference 网站积累了数量可观的 NBA 以及其他联赛的资源和统计数据。请按照下面的步骤，从该网站下载我们需要的数据集。

(1) 在 Web 浏览器中访问 http://www.basketball-reference.com/leagues/NBA_2016_games.html。
(2) 点击 Share & more。
(3) 点击 Get table as CSV (for Excel)。
(4) 复制包括表头在内的数据，粘贴到名为 `basketball.csv` 的文本文件中。
(5) 选择其他月份，重复上述步骤，只是不要复制表头。

然后你就得到了一份 NBA 该赛季比赛结果的 CSV 文件，其中有 1316 次比赛，算上表头在内共有 1317 行。

CSV 文件是文本文件，文件中的每行代表数据的一行，行中的各个值由逗号分隔（正如 CSV 其名）。我们可以用文本编辑器手动创建 CSV 文件，只要在文本编辑器内输入内容，然后将其保存为扩展名为`.csv` 的文件即可。CSV 文件可以在任何能读取文本文件的程序中打开，而 Excel 还可以把 CSV 文件作为工作表打开。Excel，或其他支持工作表的程序，还可以把工作表文件转换成 CSV 文件。

下面我们用 `pandas` 库来加载这个 CSV 文件。`pandas` 库的数据操作功能相当实用。虽然 Python 本身也有一个内置的 `csv` 库，提供了 CSV 文件的读写功能，但此处我们要采用 `pandas` 库。`pandas` 提供了更多功能强大的函数，在后面的章节中我们会用这些函数创建新特征。

本章需要你安装 `pandas` 库。最简单的方法就是用 Anaconda 的 `conda` 包管理器安装，方法同第 1 章安装 `scikit-learn` 一样。

```
$ conda install pandas
```

如果在安装 `pandas` 时遇到困难，请访问“Get panda!”网站，查阅针对你所用的操作系统的安装说明。

3.1.2 用 `pandas` 加载数据集

`pandas` 库专精于加载、管理、操作数据，它可以在幕后处理各种数据结构，还提供了与数据分析相关的函数，比如计算均值的函数或按值为数据分组的函数。

在数据挖掘实验中，你会发现自己一遍又一遍地编写相同的函数，比如读取文件或提取特征的函数。每重新实现一次这些功能，就增大了引入 bug 的风险。使用高质量的 `pandas` 库，将大大减少重复实现这些功能的工作。而且 `pandas` 库中的代码有成熟的测试流程保障，能为程序打下坚实的基础。

本书将充分使用 pandas，并由实际案例入手介绍所涉及的函数。

我们可以用 read_csv() 函数加载数据集。

```
import pandas as pd
data_filename = "basketball.csv"
dataset = pd.read_csv(data_filename)
```

其结果是 pandas 的一个 DataFrame 对象。DataFrame 对象上有许多有用的函数，我们在后面的内容中会用到它们。从这份返回的数据集中，我们可以看出几处问题。输入并运行下面的命令，可以查看数据集的前 5 行。

```
dataset.head(5)
```

输出如图 3-1 所示。

```
In [2]: dataset.head()
Out[2]:
```

	Date	Start (ET)	Visitor/Neutral	PTS	Home/Neutral	PTS.1	Unnamed: 6	Unnamed: 7	Notes
0	Tue Oct 27 2015	8:00 pm	Detroit Pistons	106	Atlanta Hawks	94	Box Score	NaN	NaN
1	Tue Oct 27 2015	8:00 pm	Cleveland Cavaliers	95	Chicago Bulls	97	Box Score	NaN	NaN
2	Tue Oct 27 2015	10:30 pm	New Orleans Pelicans	95	Golden State Warriors	111	Box Score	NaN	NaN
3	Wed Oct 28 2015	7:30 pm	Philadelphia 76ers	95	Boston Celtics	112	Box Score	NaN	NaN
4	Wed Oct 28 2015	7:30 pm	Chicago Bulls	115	Brooklyn Nets	100	Box Score	NaN	NaN

图　3-1

我们没有配置任何参数，只通过读取数据就能展现这样一份直观实用的表格。不过这其中有一些问题，我们将在下一节中解决。

3.1.3　清洗数据集

仔细查看上述的输出结果，会发现下面这些问题：

- 日期列的内容是字符串，而不是日期对象；
- 用肉眼观察即可发现表头不完整或不正确。

因为这些问题是由数据本身导致的，所以通过相应地修改数据即可解决。不过，如果在修改时忘记或误用某些步骤，就会导致结果无法重现。在前面的几节中，我们用流水线记录数据集的转换过程，而这里我们将用 pandas 直接转换原始数据本身。

我们既可以在用 pandas.read_csv() 函数加载文件时，指定两个参数[①]来解决上面的两个

① parse_dates 指定需要进行日期转换的列，header 指定表头。——译者注

问题。也可以在文件加载完成后手动修改表头。

```
dataset = pd.read_csv(data_filename, parse_dates=["Date"])
dataset.columns = ["Date", "Start (ET)", "Visitor Team", "VisitorPts",
                   "Home Team", "HomePts", "OT?", "Score Type", "Notes"]
```

输出更正后的 DataFrame，结果焕然一新（见图 3-2）。

```
dataset.head()
```

In [4]: dataset.head()

Out[4]:

	Date	Start (ET)	Visitor Team	VisitorPts	Home Team	HomePts	OT?	Score Type	Notes
0	2015-10-27	8:00 pm	Detroit Pistons	106	Atlanta Hawks	94	Box Score	NaN	NaN
1	2015-10-27	8:00 pm	Cleveland Cavaliers	95	Chicago Bulls	97	Box Score	NaN	NaN
2	2015-10-27	10:30 pm	New Orleans Pelicans	95	Golden State Warriors	111	Box Score	NaN	NaN
3	2015-10-28	7:30 pm	Philadelphia 76ers	95	Boston Celtics	112	Box Score	NaN	NaN
4	2015-10-28	7:30 pm	Chicago Bulls	115	Brooklyn Nets	100	Box Score	NaN	NaN

图 3-2

如图 3-2 所示，即便是像这样归整好的数据源，也需要做适当调整才能投入使用。不同系统之间的细微差异也会体现在其生成的数据文件中，这导致这些数据文件的格式不能完全互相兼容。在首次加载数据集时，一定要检查所加载的数据，即使已知数据集的格式也要如此。另外，也要留意数据类型。pandas 中有检查数据集格式的办法，代码如下。

```
print(dataset.dtypes)
```

既然数据集的格式已经与预想中的一致，我们就可以开始计算**基线**（baseline）了。基线是一种针对给定问题的简单方法，其准确率比较高。任何一个恰当实现的数据挖掘解决方案都应该超过基线。

对于商品推荐系统而言，**推荐最热门的商品**就是一条合适的基线。对于分类任务而言，基线既可以是**总是预测为出现最频繁的分类**，也可以是像 OneR 这样的简单算法。

在本章的比赛数据集中，每场比赛都有主队和客队两支队伍参赛。最明显的基线就是“正确预测获胜队伍的概率是 50%”，即随机猜测的准确率。换言之，如果一直随机选择队伍作为所预测的获胜队伍，且时间足够久的话，预测的准确率就会趋近 50%。然而，在对领域知识有了一点了解后，我们可以为这个预测任务指定一条更合适的基线。下一节将会介绍这部分内容。

3.1.4 提取新特征

我们将通过组合、比较现有数据来提取新的特征。首先指定类别值，以便于分类算法据此比较预测结果的对错。类别值的编码方式有多种。不过针对本章的应用场景，我们会将主队获胜的情况编码为1，将客队获胜的情况编码为0。在篮球比赛中，得分最多的队伍获胜。因此，虽然数据中没有直接体现获胜队伍，但我们可以自行从得分中计算。

我们可以这样指定数据集。

```
dataset["HomeWin"] = dataset["VisitorPts"] < dataset["HomePts"]
```

接下来，把这些值复制到一个NumPy数组中，以供scikit-learn的分类器稍后使用。现下，虽然pandas和scikit-learn并没有真正地集成到一起，但因为它们都使用NumPy数组，所以实际上这两个库很容易搭配使用。这里我们用pandas提取特征，然后再把这些特征值交由scikit-learn计算。

```
y_true = dataset["HomeWin"].values
```

现在，上述数组以scikit-learn能读取的格式存储类值。

顺便一提，在预测获胜队伍的问题中，总是预测主队为获胜队伍其实是一种更好的基线。在全世界范围内，几乎所有体育项目中都存在主场优势。我们可以看看这个优势能有多大。

```
dataset["HomeWin"].mean()
```

结果大约是0.59，这表示主队赢得了59%的比赛。这高于随机选择的50%，而且这种规律也适用于其他大多数体育项目。

我们还可以创建新的特征，并将其用于决策树的输入值（也就是X数组）。虽然有时我们可以直接把原始数据输入到分类器中，但通常要从数据中衍生出连续的数值特征或离散的分类特征。

针对当前数据集，我们不能直接采用当前形式的现有特征来预测比赛结果。这是因为在需要做出预测时，我们不可能提前得知最终比分，因此这些特征不能直接用于决策树。尽管这显而易见，然而在实践中却容易被忽略。

要预测本场比赛的胜负，就要先创建两个特征，而这两个特征表示这两支队伍是否赢得了之前的比赛。我们通常认为赢得之前比赛的队伍就是强队。

接下来我们要计算新特征，方法是按顺序迭代各行，并记录获胜队伍。每迭代到一行新数据，就去查找当前两支队伍上一次交手的结果。

首先，创建一个带默认值的字典，用来存储队伍上一次比赛的结果。

```
from collections import defaultdict
won_last = defaultdict(int)
```

然后在数据集上创建新的特征列，为存储新特征值做准备。

```
dataset["HomeLastWin"] = 0
dataset["VisitorLastWin"] = 0
```

该字典的键为队伍，值为两支队伍是否赢得比赛。接下来迭代各行，以按比赛结果更新各行中的特征值。

```
for index, row in dataset.iterrows():
    home_team = row["Home Team"]
    visitor_team = row["Visitor Team"]
    row["HomeLastWin"] = won_last[home_team]
    dataset.set_value(index, "HomeLastWin", won_last[home_team])
    dataset.set_value(index, "VisitorLastWin", won_last[visitor_team])
    won_last[home_team] = int(row["HomeWin"])
    won_last[visitor_team] = 1 - int(row["HomeWin"])
```


此处要注意，上述代码依赖于数据集在时间上有序这一性质。这里用到的数据集是有序的，但其他数据集未必。要是遇到了无序的数据集，你就需要用 `dataset.sort("Date").iterrows()` 替换此处的 `dataset.iterrows()`。

最后两行代码根据队伍是否赢得当前比赛更新字典值为 `1` 或 `0`。在处理两支队伍的后续比赛时会用到这两个值。

运行上述代码后，我们就计算出了两个新的特征值：`HomeLastWin` 和 `VisitorLastWin`。用 `dataset.head(6)` 查看最近的主客队战况以将其作为示例。用 `pandas` 的索引查看数据集中的其他部分。

```
dataset.ix[1000:1005]
```

本节在迭代数据集时，在首次迭代到任何队伍时，都会默认其输了上一场比赛，即便首次迭代到前一年的冠军队伍时也是如此。要完善补充此步所生成的特征，你可以把去年的数据加入计算，不过本章不会就此展开论述。

3.2 决策树

决策树是一类有监督学习算法，形式类似于流程图，也包含一串有序节点。其中下一节点的选择取决于上一个节点的样本值。

图 3-3 直观展示了决策树是一类有监督学习算法的原因。

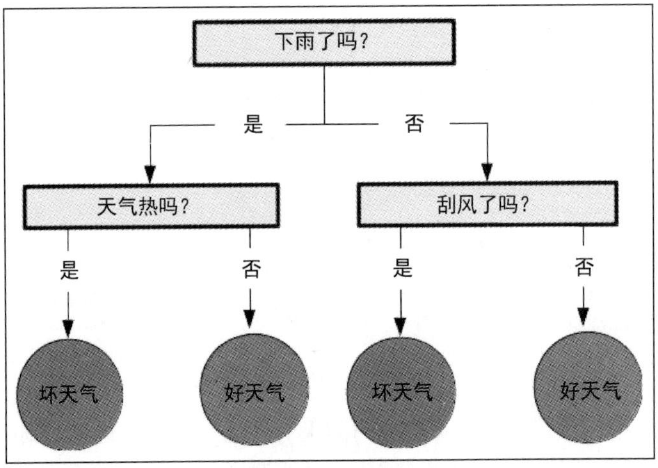

下雨了吗？
是　否
天气热吗？　刮风了吗？
是　否　是　否
坏天气　好天气　坏天气　好天气

图 3-3

像大多数分类算法一样，决策树的工作机制也可以分为两个阶段。

- 第一个阶段是**训练**，即用训练数据生成决策树。虽然上一章提到的最近邻算法是没有训练步骤的，但对于决策树而言，训练步骤是必需的。最近邻算法只在需要预测的时候才开始读取样本参与计算。这样的处理方式就是惰性学习（lazy learning）；相反，像大多数分类算法一样，决策树在训练时就开始计算，从而减少了预测阶段的工作量。这样的处理方式就是急切学习（eager learning）。
- 第二个阶段是**预测**，即用训练好的决策树给新样本分类。在图 3-3 中的决策树中，值为`["is raining", "very windy"]`的样本就会归类为**坏天气**。

生成决策树的算法有多种，其中大多是迭代方法。迭代方法从根节点开始，选出最适合首个决策的特征，然后在下一个节点上选出下一个最合适的特征，以此类推。当扩展决策树的节点不能再带来收益时，算法退出。

`scikit-learn`包所实现的默认决策树类就是**分类回归树**（CART，classification and regression tree），这个类既支持连续特征，也支持分类特征。

3.2.1　决策树的参数

决策树最重要的参数之一就是**停止准则**（stopping criterion）。在即将完成决策树的构建时，最后几项决策通常仅依赖于一小撮样本，随意性很强。如果把这样的节点纳入决策树，会导致其在训练数据上严重过拟合。为了避免这种过拟合，就需要引入停止准则。

如果不引入停止准则，那么我们可以在生成完整的决策树之后修剪它。这个修剪过程会移除那些在整个过程中贡献较少信息的节点。这个修剪过程叫作**剪枝**（pruning）。剪枝能通过避免决策树在训练数据中过拟合，改善其在新数据集中的表现。

scikit-learn 中的决策树实现提供了几个选项，可以指定停止决策树生成的时机。

- min_samples_split 指定创建决策新节点所需的最低样本数量。
- min_samples_leaf 指定保留节点所需的最低返回样本数量。

第一个参数决定是否创建决策节点，而第二个参数决定是否保留决策节点。

决策树还有指定决策创建条件的参数，其中最常见的是**基尼不纯度**（Gini impurity）和**信息增益**（information gain）。

- **基尼不纯度** 关注决策树节点错误预测样本分类的概率。
- **信息增益** 用计算信息论熵的方式来衡量决策节点带来的额外信息量。

这两个参数如出一辙，都能选取恰当的规则或值作为分割决策节点到子节点的触发条件。尽管这个值本身只关乎划分所用的指标，然而它对最终的模型有十分重要的影响。

3.2.2 决策树的使用

让我们导入 scikit-learn 中的 DecisionTreeClassifier 类，以创建一棵决策树。

```
from sklearn.tree import DecisionTreeClassifier
clf = DecisionTreeClassifier(random_state=14)
```

这里再次用 14 作为 random_state，本书大多数时候也是如此，因为只有使用一致的随机种子才能重现实验结果。不过在以后自行实验的时候，你应该选取不同的随机状态，以确保算法性能不与特定随机种子绑定。

现在我们要从 pandasDataFrame 中提取数据集，并将其用于 scikit-learn 分类器。因此我们选取所需的列，并使用 DataFrame 视图的值参数。下面这行代码用主队和客队的上一次比赛结果形成数据集。

```
X_previouswins = dataset[["HomeLastWin", "VisitorLastWin"]].values
```

决策树类也是第 2 章介绍的估计器的一种，它也提供了 fit()和 predict()方法，并且可以用 cross_val_score()来计算平均性能评分（跟前面的估计器用法是一样的）。

```
from sklearn.cross_validation import cross_val_score
import numpy as np
scores = cross_val_score(clf, X_previouswins, y_true,
                         scoring='accuracy')
print("Accuracy: {0:.1f}%".format(np.mean(scores) * 100))
```

其准确率达到了 59.4%，比随机选择要准得多！不过这个成绩没有打破只押主队获胜的基线水平。事实上，现在我们做的跟只押主队获胜也没什么两样，不过我们还可以继续改进算法。**特征工程**（feature engineering）是数据挖掘中最为棘手的工作之一，而且**特征**选取的好坏是结果好坏的关键——这比算法的选取还要重要。

3.3　体育赛事结果预测

我们已经有了测试模型准确率的方法，也就可以尝试其他特征的效果会不会更好。用 `cross_val_score` 测试模型的准确度，并尝试选用新的特征。

可以选用的特征有很多，但我们从以下问题入手。

- 哪支队伍一般被认为更强？
- 双方队伍上次交手时，其中的哪支队伍获胜了？

我们也可以把新队伍的战况交由算法计算，以检验算法是否能够训练出描述各队伍交手时表现差异的模型。

组装成型

针对第一个问题，我们可以利用上一赛季的积分榜（其他体育项目中可能称为天梯榜）数据创建一个用于指示强队的特征。上一赛季（2014~2015）中排名较高的队伍即可视为强队。

按照以下步骤获取积分榜数据。

(1) 在 Web 浏览器中访问 https://www.basketball-reference.com/leagues/NBA_2015_standings.html。
(2) 点击 Expanded Standings，可以看到整个 NBA 的赛况总表。
(3) 点击 Export 链接。
(4) 复制数据并保存到你数据文件夹下的 CSV/文本文件 `standing.csv` 中。

回到 Jupyter Notebook 中，在新的输入框里输入下列代码。要注意数据文件是否确实保存在 `data_folder` 变量指向的路径下。

```
import os
standings_filename = os.path.join(data_folder, "standings.csv")
standings = pd.read_csv(standings_filename, skiprows=1)
```

运行下面这行代码查看天梯榜数据。

```
standings.head()
```

输出如图 3-4 所示。

In [20]: `standings.head()`

Out[20]:

	Rk	Team	Overall	Home	Road	E	W	A	C	SE	...	Post	≤3	≥10	Oct	Nov	Dec	Jan	Feb	Mar	Apr
0	1	Golden State Warriors	67-15	39-2	28-13	25-5	42-10	9-1	7-3	9-1	...	25-6	5-3	45-9	1-0	13-2	11-3	12-3	8-3	16-2	6-2
1	2	Atlanta Hawks	60-22	35-6	25-16	38-14	22-8	12-6	14-4	12-4	...	17-11	6-4	30-10	0-1	9-5	14-2	17-0	7-4	9-7	4-3
2	3	Houston Rockets	56-26	30-11	26-15	23-7	33-19	9-1	8-2	6-4	...	20-9	8-4	31-14	2-0	11-4	9-5	11-6	7-3	10-6	6-2
3	4	Los Angeles Clippers	56-26	30-11	26-15	19-11	37-15	7-3	6-4	6-4	...	21-7	3-5	33-9	2-0	9-5	11-6	11-4	5-6	11-5	7-0
4	5	Memphis Grizzlies	55-27	31-10	24-17	20-10	35-17	8-2	5-5	7-3	...	16-13	9-3	26-13	2-0	13-2	8-6	12-4	7-4	9-8	4-3

图 3-4

接下来，创建新特征。方法与之前一样：迭代数据集中的各行，查找客队和主队的积分。其代码如下。

```
dataset["HomeTeamRanksHigher"] = 0
for index, row in dataset.iterrows():
    home_team = row["Home Team"]
    visitor_team = row["Visitor Team"]
    home_rank = standings[standings["Team"] == home_team]["Rk"].values[0]
    visitor_rank = standings[standings["Team"] == visitor_team]["Rk"].values[0]
    row["HomeTeamRanksHigher"] = int(home_rank > visitor_rank)
    dataset.set_value(index, "HomeTeamRanksHigher", int(home_rank <
                                                  visitor_rank))
```

之后用 `cross_val_score()`函数测试结果。首先，提取数据集。

```
X_homehigher = dataset[["HomeLastWin", "VisitorLastWin",
                        "HomeTeamRanksHigher"]].values
```

然后，创建 `DecisionTreeClassifier` 并评估模型。

```
clf = DecisionTreeClassifier(random_state=14)
scores = cross_val_score(clf, X_homehigher, y_true, scoring='accuracy')
print("Accuracy: {0:.1f}%".format(np.mean(scores) * 100))
```

现在，我们得到了 60.9%的准确率，不仅比上次的结果要好，还超过了只押主队获胜的水平。还有更好的办法吗？

下一步，我们看看双方队伍上一次交手时，哪支队伍取得了胜利。尽管积分榜可以在某种程度上给出有关胜方的提示（高排名的强队取胜概率大），不过有时弱队也能打败强队。有很多原因可以导致这种情况，比如采用具有针对性的战术或球员，就能获得相当不错的成效。此处还是沿用之前的方法：创建存储以往比赛胜方的字典，并在 `DataFrame` 中创建新特征。代码如下。

```
last_match_winner = defaultdict(int)
dataset["HomeTeamWonLast"] = 0

for index, row in dataset.iterrows():
    home_team = row["Home Team"]
    visitor_team = row["Visitor Team"]
```

```
    teams = tuple(sorted([home_team, visitor_team])) # 排序以保证顺序一致
    # 在当前行中记录上次交手的胜方
    home_team_won_last = 1 if last_match_winner[teams] == row["Home Team"] else 0
    dataset.set_value(index, "HomeTeamWonLast", home_team_won_last)
    # 本次比赛的胜方
    winner = row["Home Team"] if row["HomeWin"] else row["Visitor Team"]
    last_match_winner[teams] = winner
```

这个特征跟之前基于榜单的特征很类似，只不过这次是创建了名为 teams 的元组，并把结果存储在前面的字典中，而不是检视积分榜。双方队伍下一次交手时，该特征会重新创建这个元组，然后查找上一次比赛的结果。我们的代码将不再区分比赛在主场还是客场进行，这也是实现中的一处改进。

然后，我们要评估算法。评估过程与之前并没有什么区别，只不过要把新特征加入到所提取的值中。

```
X_lastwinner = dataset[["HomeTeamWonLast", "HomeTeamRanksHigher",
                        "HomeLastWin", "VisitorLastWin",]].values
clf = DecisionTreeClassifier(random_state=14, criterion="entropy")

scores = cross_val_score(clf, X_lastwinner, y_true, scoring='accuracy')
print("Accuracy: {0:.1f}%".format(np.mean(scores) * 100))
```

这次的准确率是 62.2%。我们的结果逐步提升。

最后，我们要检验把这么多数据导入决策树之后，能否训练出有效的模型。我们将把新队伍输入到决策树中，来看看它是否能吸收这些信息。

虽然决策树可以用分类特征训练模型，但是 scikit-learn 中的决策树实现不支持字符串格式的特征值，因此在使用它之前需要把特征值编码为数值。用 LabelEncoder 转换器可以把以字符串形式表示的队伍名转换成整型数。代码如下。

```
from sklearn.preprocessing import LabelEncoder
encoding = LabelEncoder()
encoding.fit(dataset["Home Team"].values)
home_teams = encoding.transform(dataset["Home Team"].values)
visitor_teams = encoding.transform(dataset["Visitor Team"].values)
X_teams = np.vstack([home_teams, visitor_teams]).T
```

在主队和客队上应该应用相同的转换器，以保证编号一致。虽然这种做法在该应用场景中并不能提升多少性能，却是重要的一步，因为如果不这样做，就可能降低未来其他模型的性能。

之后这些整型数就可以交由 DecisionTreeClassifier 使用了，但 DecisionTreeClassifier 仍会按照连续特征来理解它们。例如，若队伍编号是 0~16 的整型数，那么算法会认为队伍 1 和队伍 2 水平相近，队伍 4 与队伍 10 相差较远，但是这样的比较方式毫无意义，因为所有队伍都是独立个体，双方队伍要么是同一支队伍，要么截然不同。

OneHotEncoder 转换器可以修正这种特征转换带来的不一致。它会把整型数的特征值转换成数值型的二元特征值，每个二元特征值对应一个整型数的特征值。比如 LabelEncoder 给芝加哥公牛队分配的是整型数 7，那么 OneHotEncoder 处理芝加哥公牛队时，返回的第 7 位特征就是 1，而对应其他队伍的特征位则是 0。每个可能的取值都会做这样的转换，而这也会让数据集变得更大。代码如下。

```
from sklearn.preprocessing import OneHotEncoder
onehot = OneHotEncoder()
X_teams = onehot.fit_transform(X_teams).todense()
```


接下来，在现在的数据集上运行之前的决策树算法。

```
clf = DecisionTreeClassifier(random_state=14)
scores = cross_val_score(clf, X_teams, y_true, scoring='accuracy')
print("Accuracy: {0:.1f}%".format(np.mean(scores) * 100))
```

尽管只使用了参赛队伍这一数据，然而这次 62.8%的准确率比之前要好。但是，如果特征的数量进一步增加，那么决策树可能不能妥善处理数据。鉴于此，我们将尝试更换算法并验证结果。在数据挖掘中，以迭代的方式不断尝试换用新算法和新特征这一做法屡见不鲜。

3.4 随机森林

单棵决策树虽然能学习相当复杂的函数，但很容易出现过拟合，即训练出的规则只在特定的数据集中奏效，而不能推广到新数据中。

解决上述问题的一种方法是限制决策树要学习的规则的数量。比如，我们可以做出限制，使决策树最多只能有 3 层。这样的决策树可以学习到在全局层面上最优的数据集分割规则，但是丧失了学习到能把数据集精准分割到正确分组的高精度规则的能力。采取这种权宜之计的决策树或许能适用于大多数情况，但在训练数据集上的总体表现较之前略有退步。

不过，我们可以创建多棵**限制了规则数量**的决策树，并让每棵决策树都参与类别的预测，从而抵消限制带来的不良影响。我们可以根据“少数服从多数”原则，选出总体的预测结果。随机森林这一算法就是由此思路发展而来。

上述的过程中仍有两个问题尚待解决。一是决策树的生成是非常具有确定性的过程，即相同的输入总会得到相同的输出。在只有一份数据集的情况下，创建多棵决策树时的输入总是相同的（因而输出也是一样的）。为了解决这个问题。我们可以在现有数据集中随机采样，生成多份新的数据集。这个生成新数据集的过程叫作**装袋**（bagging）[①]算法，它在数据挖掘的许多场景下均有应用。

① bagging 是 bootstrap aggregating（引导聚集）的缩写。——译者注

二是如果用相似的数据生成许多决策树，那么前几个决策节点选取的特征也会差不多。即便采用训练数据集的随机采样，所生成的多棵决策树也仍可能近乎相同。为此，在分割数据集时还要随机选取特征子集，以避免在不同决策树中出现相同的特征。

这样一来，我们就要随机地对数据集采样，随机地生成决策树，并选用（近乎）随机的特征。这就是**随机森林**（random forest）的思路。虽然不太直观，但它无须调优参数，就能在很多数据集中奏效。

3.4.1　集成学习的原理

随机森林所固有的随机性不禁让人觉得其所生成算法的结果优劣全凭运气。不过，通过对近乎随机地生成的决策树取平均值，我们可以降低算法的方差。

方差（variance）是由算法所用的训练数据集的样本间差异引入的那部分误差（error）。算法本身的方差越大（比如决策树），它受训练集中样本间差异的影响就越大。方差体现在模型中，就是过拟合的程度。与之形成对比的是，偏差（bias）是由算法中的假设引入的，而与数据集无关。比如某算法假定所有的特征均服从正态分布，在实际情况与此不符时，算法的偏差会很高。

通过分析数据集并检验实际数据是否满足分类器的模型要求，就可以减小偏差带来的负面影响。

举个极端的例子，如果无论输入的数据是什么，分类器永远返回同一个结果，那么这个分类器的偏差就会相当高。而如果分类器永远随机抽选类别作为预测结果，那么这个分类器的方差就会特别大。虽然这两个分类器的错误率都会大得惊人，但两者原理迥然不同。

通过对大量决策树的结果取平均，可以大大减小方差。这样得到的模型通常有更高的总体准确率和更强的预测能力，但也增加了计算时间，并给算法带来了更高的偏差。

总而言之，集成学习基于这样一种假设：预测中的错误足够随机，而且各个分类器所返回的错误也迥然不同。通过对众多模型的结果取平均，就能去伪存真，消除错误的预测结果。在本书的后续内容中，还会有更多用到集成学习的内容。

3.4.2　设置随机森林的参数

`scikit-learn` 中的随机森林实现是 `RandomForestClassifier` 类，而它的参数数量不少。随机森林会生成多个 `DecisionTreeClassifier` 实例，这些实例共用像 `criterion`（基尼不纯度/熵增/信息增益）、`max_features`、`min_samples_split` 这样的参数。

在集成学习过程中，还会用到下面几个新参数。

- n_estimators：指定生成的决策树数量。决策树的数量越多，运行时间就越长，但结果也越准确。
- oob_score：如果结果为 True，那么该方法会在其他样本上进行测试，而不用训练决策树时所使用的那部分数据集。
- n_jobs：指定参与并行计算生成决策树的 CPU 核心数量。

scikit-learn 包内置的并行计算功能是由 Joblib 实现的。这个参数可以决定要使用的核心的数量。如果没有给定 n_jobs，那么该参数默认只使用 1 个 CPU 核心。你可以根据实际情况使用更大的值，或者直接将该参数设置成–1 以使用全部的 CPU 核心。

3.4.3 应用随机森林

scikit-learn 中的随机森林也实现了**估计器**的接口，这样我们就可以使用与之前基本一样的代码进行交叉验证。

```
from sklearn.ensemble import RandomForestClassifier
clf = RandomForestClassifier(random_state=14)
scores = cross_val_score(clf, X_teams, y_true, scoring='accuracy')
print("Accuracy: {0:.1f}%".format(np.mean(scores) * 100))
```

这回准确率提高到了 65.3%，其效果立竿见影——仅仅把分类器换成随机森林就使准确率提升了 2.5%之多。

由于随机森林的输入是特征子集，因而在处理数量更多的子集时，它应该会比普通的决策树更高效。这里向随机森林输入更多的特征，测试一下效果。

```
X_all = np.hstack([X_lastwinner, X_teams])
clf = RandomForestClassifier(random_state=14)
scores = cross_val_score(clf, X_all, y_true, scoring='accuracy')
print("Accuracy: {0:.1f}%".format(np.mean(scores) * 100))
```

这次的准确率是 63.3%，回落了一点点。究其原因，一是随机森林本身是随机的，在特征选取上有运气因素。更进一步讲，X_teams 的特征数量远多于 X_lastwinner，而且多出的特征没有带来更多的相关信息。即便如此，你也不要为准确率的小幅波动患得患失，因为比起随机状态的变化对准确率的影响，由特征选取导致的差异就小巫见大巫了。与之相反，你应该在不同随机状态下进行反复测试，这样才能得出准确率的均值和分布情况。

我们也可以尝试 GridSearchCV 类中的其他参数。

```
from sklearn.grid_search import GridSearchCV

parameter_space = {
    "max_features": [2, 10, 'auto'],
    "n_estimators": [100, 200],
    "criterion": ["gini", "entropy"],
```

```
    "min_samples_leaf": [2, 4, 6],
}

clf = RandomForestClassifier(random_state=14)
grid = GridSearchCV(clf, parameter_space)
grid.fit(X_all, y_true)
print("Accuracy: {0:.1f}%".format(grid.best_score_ * 100))
```

这次的准确率提升显著，达到了67.4%！

我们可以输出网格搜索（grid search）找到的最佳模型，来看看到底使用了什么样的参数。代码如下。

```
print(grid.best_estimator_)
```

输出结果会展示得分最高的模型使用了什么样的参数。

```
RandomForestClassifier(bootstrap=True, class_weight=None, criterion='entropy',
    max_depth=None, max_features=2, max_leaf_nodes=None,
    min_samples_leaf=2, min_samples_split=2,
    min_weight_fraction_leaf=0.0, n_estimators=100, n_jobs=1,
    oob_score=False, random_state=14, verbose=0, warm_start=False)
```

3.4.4 创建特征

从之前的几个例子中，我们可以看出特征选取对算法性能有相当大的影响。我们只在特征上做文章，且仅仅经过几轮测试就得到了10%以上的性能提升。

用pandas中一个很简单的函数就可以创建新特征，操作如下。

```
dataset["New Feature"] = feature_creator()
```

这个feature_creator()函数会返回一个特征值列表，而列表中的值与数据集中的样本一一对应。一般我们以该数据集作为这个函数的参数。

```
dataset["New Feature"] = feature_creator(dataset)
```

你也可以直接把所有的特征值都设置为一个默认值。比如在下面这行行代码中，特征值就被设置为0。

```
dataset["My New Feature"] = 0
```

之后你就可以迭代数据集中的各行，以计算出特征值。本章中所用到的许多特征就是用这种方法创建的。

```
for index, row in dataset.iterrows():
    home_team = row["Home Team"]
    visitor_team = row["Visitor Team"]
    # 此处计算特征值，并修改该行
    dataset.set_value(index, "FeatureName", feature_value)
```

不过要注意，这种迭代的方法效率不高。如果你确实需要这样做，那么最好在一次迭代中设置好所有特征值。

一种常见最佳实践即尽可能少地访问每个样本，如果一定要访问，那么最好只访问一次。

这里给出了一些特征作为示例，你可以尝试实现一下。

- 队伍上一次比赛距离这场比赛有多少天？如果短时间内参赛过于频繁，队伍就可能疲于应付将来的比赛。
- 双方队伍在最近的 5 场比赛中获胜了几场？我们之前从数据集中提取出了 `HomeLastWin` 和 `VisitorLastWin` 特征，此特征会比它们更加稳定，而且提取方法也基本一样。
- 队伍是否会在客场与特定队伍交手时取得好成绩？例如某个队伍在某个场馆比赛就会顺风顺水，即使是作为客队出场。

如果你在提取这些特征时遇到问题，可以查阅 `pandas` 的文档，看看有没有需要的内容。也可以到 Stack Overflow 这样的在线论坛寻求帮助。

如果要细致入微地研究，你可以把球员的数据纳入考量，以评估双方队伍的战斗力，预测比赛结果。提取这样复杂的特征对于体育博彩机构和赌徒而言只是家常便饭，而且只有这样才能把对比赛结果的预测转化成真金白银的利润。

3.5　本章小结

本章展开介绍了 `scikit-learn` 分类器的用法，并引入了 `pandas` 来管理数据。我们分析了真实的 NBA 比赛数据，着手解决了一些即便是在规整的数据中也会遇到的格式问题，并且还为后续分析创建了新特征。

我们还研究了特征对分类算法性能的影响，并使用了一种集成学习算法来提升算法的准确率。这个算法就是随机森林。你可以在此基础上创建更多的特征并测试其效果，找出能提升算法性能的特征。如果这些特征没能奏效，那么你可以考虑加入其他数据集。例如，关键球员负伤就可能会让强队失利，输掉整场比赛。

第 4 章会扩展第 1 章介绍的亲和性分析的用法，构建一个查找相似电影的程序，还会展示如何使用算法排序，以及如何用近似法改善数据挖掘的可伸缩性。

第4章

用亲和性分析推荐电影

本章，我们将着眼于**亲和性分析**（affinity analysis），这个方法可以找出事物间的频繁共现关系。亲和性分析俗称购物篮分析（market basket analysis），这是因为它最常用于找出经常一起售出的商品。

在第3章中，我们关注某件事物并用特征来描述它。而在本章，数据的形式有所不同。我们有一些交易数据，其中包含消费者可能感兴趣的物品（本章中是电影）。通过某种方式，我们可以利用这些物品的交易数据来找出物品间的共现规律。如此，就可以用亲和性分析来找出某两部电影由同一名用户推荐的情况。

本章的关键概念如下：

- 用亲和性分析做商品推荐；
- 用Apriori算法挖掘特征关联；
- 推荐系统和内在挑战；
- 稀疏数据格式及其用法。

4.1 亲和性分析

亲和性分析可以确定事物同时出现的情境。在上一章中，我们以篮球比赛为例，关注事物（比赛）本身是否相似。亲和性分析通常在某种形式的交易数据中使用。直观上，交易数据可以来自于商店中的交易：只要找出常常同时售出的商品，就能向消费者推荐他们可能感兴趣的商品。

不过，亲和性分析也可以用于非交易场景，比如：

- 欺诈检测；
- 客户细分；
- 软件优化；
- 商品推荐。

亲和性分析从现象中发现关联的能力远强于分类。在亲和性分析中，我们通常可以对结果进行简单排序，然后取前5位（更多或更少都行）推荐给用户，而不是让算法给出单一、明确的结果。

另外，许多分类算法需要完整的数据集。但事与愿违，我们手上的数据集通常不够完整。例如，在电影推荐问题中，虽然我们可以拿到不同人对不同电影的评论数据，但要让每个观众都对数据库中的所有电影发表评论就不太现实了。这也给亲和性分析任务埋下了一个重要且难以解决的问题：如果用户没有在某部电影下发表评论，那么这能说明什么呢？是他们对电影不感兴趣（因而不推荐这部电影），还是他们还没看过电影？

仔细思考你的数据集中有哪些不足会导致这样的问题。反过来，这些问题的答案也是提升分析方法效率的线索。作为一名刚入门的数据挖掘工作者，了解你的模型和方法论中有哪些可以改进之处是取得良好成效的关键。

4.1.1 亲和性分析算法

第1章介绍了亲和性分析的一种基础方法。该方法检验了所有可能的规则组合，并计算了每条规则的置信度和支持度，以此对规则进行排序，从而找出最佳规则。

不过这个方法效率堪忧。第1章的数据集中只有5种在售商品。然而，不难想象，即便是小型商店也有数百种在售商品，而在线商店更是有数千甚至数百万种在售商品。如果使用第1章中那样朴素的规则创建方法，计算时间就会呈指数级增长。商品品种越多，计算时间就增加得越快。具体来讲，所有可能规则的总数是 2^n-1。对于有5种商品的数据集，共有31条可能的规则。对于有10种商品的数据集，则有1023条规则。而仅仅当商品增加到100种时，其规则条数就是一个30位的大数了。随着在线商店中商品种类的增加，规则的数量迅猛增长，即使计算机运算能力增长速度如此之快，也无法应对。因此，我们需要更智能的算法，而不是运算速度更快的计算机来扭转这种局面。

Apriori 算法就是亲和性分析的一种经典算法。它可以从数据集中找出频繁出现的项，并创建集合，以规避指数级的复杂计算。这些频繁出现项的集合叫作**频繁项集**（frequent itemset）。找出这些频繁项集，就可以创建关联规则，这个步骤将在稍后介绍。

Apriori 算法的直观原理简单而精巧。首先，确保规则在数据集中有足够的支持度。Apriori 中的关键参数是最小支持度。频繁项集由更小的频繁项集组合而成。假设要求项集(A, B)的支持度至少达到30，那么A和B在数据集中出现的次数都要至少达到30。这个性质也可以推广到更大的项集中。如果项集(A, B, C, D)是频繁项集，那么项集(A, B, C)肯定也是频繁项集。同样，D也一定是频繁项集。

这样，既构建出了频繁项集，也区分出了非频繁项集。非频繁项集的数量比频繁项集要多得多，但算法不会在非频繁项集中检验规则，这样就节省了大量的时间。

亲和性分析中的其他典型算法，包括 **Eclat 算法**和 **FP-growth 算法**在内，也基于上文所述的这种概念或类似的概念。在有关数据挖掘的文献中，可以见到这些算法的许多改良版本，它们大幅提升了这种方法的性能。不过本章只就基本的 Apriori 算法进行阐述。

4.1.2　总体方法

为了执行亲和性分析中的关联规则挖掘，首先需要用 Apriori 算法生成频繁项集。然后，要在这些频繁项集中测试前提和结论组合，以创建关联规则（比如**用户如果推荐了电影 X，那么也会推荐电影 Y**）。

(1) 第一阶段，为 Apriori 算法指定一个最小支持度，以此判别频繁项集。低于此支持度的项集将被视为非频繁项集。

最小支持度设置过低会导致 Apriori 在过多的项集中测试规则，这会严重影响算法性能；而设置过高，则会导致被标记为频繁项集的项集数量过少。

(2) 第二阶段，在找出频繁项集后，以置信度为指标，测试关联规则。这时既可以选取一个最低置信度，以返回一定数量的规则；也可以返回全部规则，让用户来决定如何处理。

本章只让算法返回给定置信度以上的规则。为此，我们需要设置一个最小置信度。如果设置的最小置信度过低，那么尽管算法返回的规则支持度会很高，但并不准确；而设置得过高，则返回的规则虽然更准确，但数量更少，占总体比例也更低。

4.2　电影推荐问题

商品推荐是一门大生意。在线商店会通过推荐消费者可能会购买的其他商品，对其进行追加销售。而更精准的推荐会更好地促进销量增长。在每年有数百万消费者在线购物的今天，追加销售的潜在利润不可小视。

商品推荐，包括电影和图书推荐，已经不是新问题了。尽管已有多年的研究历史，但它并没有受到特别关注。然而，在 2007 年至 2009 年间，Netfilx 设立了 Netflix Prize 奖项后，这个领域得以迅速发展。这个奖项致力于发掘比 Netflix 现有算法更优秀的电影评分预测算法。只要新算法的性能超出 Netflix 现有算法 10%，参与者即可摘取 Netflix Prize 桂冠。这种提升幅度虽不大，却可以使 Netflix 提供更好的电影推荐服务，从而带来数百万的年利润。

获取数据集

自 Netflix Prize 设立以来，明尼苏达州大学的一个研究小组 Grouplens 就发布了几份常用于测试电影推荐算法的数据集，其中包括多个版本的、大小不同的电影评分数据集，其评论数据数量从 10 万、100 万到 1000 万条不等。

你可以从 https://grouplens.org/datasets/movielens/下载这些数据集，本章中选用的是包含 10 万条评论的 MovieLens 100K 数据集。请下载这个数据集并在数据文件夹中解压。然后打开一个新的 Jupyter Notebook，并输入下面的代码。

```
import os
import pandas as pd
data_folder = os.path.join(os.path.expanduser("~"), "Data", "ml-100k")
ratings_filename = os.path.join(data_folder, "u.data")
```

注意要把 ratings_filename 指向解压后的目录下的 u.data。

1. 用 pandas 加载数据集

虽然 MovieLens 数据集是已经规整好的，但是，我们还是要调整一下 pandas.read_csv 中的默认选项。首先，这份数据是用制表符分割的，而不是逗号。其次，这份数据没有表头，也就是说第一行就是实际的数据，因此我们需要手动设置列名。

在加载文件时，我们不仅需要把分隔符参数设置为制表符，还要让 pandas 跳过表头识别（header=none），并手动将列名设置为给定值。代码如下。

```
all_ratings = pd.read_csv(ratings_filename, delimiter="t", header=None,
                          names=["UserID", "MovieID", "Rating", "Datetime"])
```

你可以用下面这行代码把时间戳转换为正确的日期对象，不过本章的分析中不考虑时间因素。在电影推荐预测中，评论的时间是一个重要的特征，因为相较于分别评论的电影，一同评论的电影评分会更相近。根据这个思路，可以大大提升模型的性能。

```
all_ratings["Datetime"] = pd.to_datetime(all_ratings['Datetime'], unit='s')
```

在新的输入框中运行下面的代码，就可以检视数据集中的前几行数据。

```
all_ratings.head()
```

结果如表 4-1 所示。

表　4-1

	UserID	MovieID	Rating	Datetime
0	196	242	3	1997-12-04 15:55:49
1	186	302	3	1998-04-04 19:22:22
2	22	377	1	1997-11-07 07:18:36
3	244	51	2	1997-11-27 05:02:03
4	166	346	1	1998-02-02 05:33:16

2. 稀疏数据格式

本章用的数据集是稀疏格式的。可以这样理解，每一行都代表前几章中用到的那种大型特征矩阵中的一个元素，其中行表示用户，列表示电影。这个数据集的第一列是每个用户对第一部电影的评论，第二列是每个用户对第二部电影的评论，以此类推。

数据集中大约有 1000 个用户和 1700 部电影，因此整个矩阵会相当大（大概 200 万个元素）。把这么大的一个完整矩阵存放到内存中并对其进行计算困难重重。好消息是利用这个矩阵本身的性质就可以解决这一问题。矩阵中有很多空元素，也就是说，大多数电影下的评论不多，而且大多数用户评论的电影数量也很少。在本章的数据集中，213 号用户没有就 675 号电影发表评论，而这样没有产生评论的用户–电影组合还有很多。

这里，数据集的格式是以紧凑形式展示的完整矩阵。第一行表示 196 号用户在 1997 年 12 月 4 日就 242 号电影发表了评论，并为电影打出了 3 分（5 分制）。

将数据集中没有评论的用户–电影组合视为不存在，而不是在内存中存储一大串 0，会节省相当大的空间。这种格式就是稀疏矩阵格式。关于稀疏矩阵有一条经验法则：如果数据集中空值或零值占 60%以上，就可以用稀疏矩阵来降低存储空间需求。

用稀疏矩阵进行计算通常是为了避免处理矩阵中不存在的数据，即不与零值进行比较，而是关注已有数据并互相比较。

4.3　Apriori 算法的原理与实现

本章的目标是产生这样的规则：**用户如果推荐了某些电影，那么也会推荐这部电影**。本章也会扩展讨论“推荐某些电影的用户也倾向于推荐另外一部电影”的情况。

首先判断用户是否推荐了某部电影。创建一个名为 `Favorable` 的特征。如果用户针对电影发表了正面评论，则该特征值为 `True`。

```
all_ratings["Favorable"] = all_ratings["Rating"] > 3
```

检视数据集，查看我们新增加的特征。

```
all_ratings[10:15]
```

结果见表 4-2。

表　4-2

	UserID	MovieID	Rating	Datetime	Favorable
10	62	257	2	1997-11-12 22:07:14	False
11	286	1014	5	1997-11-17 15:38:45	True

（续）

	UserID	MovieID	Rating	Datetime	Favorable
12	200	222	5	1997-10-05 09:05:40	True
13	210	40	3	1998-03-27 21:59:54	False
14	221	29	3	1998-02-21 23:40:57	False

之后，在数据集中采样，形成训练数据。这也会减小要搜索的数据集的大小，从而提升 Apriori 算法的运行速度。这里我们获取前 200 个用户的所有评论。

```
ratings = all_ratings[all_ratings['UserID'].isin(range(200))]
```

接下来，为本例创建只包含正面评论的数据集。

```
favorable_ratings_mask = ratings["Favorable"]
favorable_ratings = ratings[favorable_ratings_mask]
```

然后，搜索用户的正面评论以找出项集。所以，我们接下来需要找出每个用户给出正面评价的电影。可以这样操作：根据 `UserID` 对数据集进行分组，并迭代每个分组中的电影。

```
favorable_reviews_by_users = dict(
    (k, frozenset(v.values)) for k, v in
    favorable_ratings.groupby("UserID")["MovieID"])
```

在上面的代码中，我们将值存储为 `frozenset`。这样可以快速检测某部电影下是否有某个用户的评论。

这种类型的操作，在集合中比在列表中快得多。因而我们会在之后的代码中继续使用集合。

最后，为了计算每部电影的好评频度，我们创建 `DateFrame`。

```
num_favorable_by_movie = ratings[["MovieID", "Favorable"]].groupby("MovieID").sum()
```

运行下面的代码，即可展示排名前 5 的电影的好评情况。

```
num_favorable_by_movie.sort_values(by="Favorable", ascending=False).head()
```

在排名前 5 的电影的列表中，现在只有电影的 ID（见表 4-3）。在本章后续内容中，我们会把电影的标题加入进来。

表 4-3

MovieID	Favorable
50	100
100	89
258	83
181	79
174	74

4.3.1　Apriori 算法的基本思路

Apriori 算法是亲和性分析方法论的一部分，专门用于找出数据中的频繁项集。Apriori 算法的基本流程是：从发现的前一个频繁项集中构建新的候选项集，并且检查这些候选项集是否为频繁项集，之后算法就会如下所述这样迭代下去。

(1) 将各项单独作为集合，作为初始的频繁项集。这一步中只会选用满足最小支持度要求的项。

(2) 通过找出现有频繁项集的超集，从最后发现的频繁项集创建新的候选项集。

(3) 检验所有候选项集是否为频繁项集。如果候选项集不是频繁项集，则丢弃。如果此步没有确认新的频繁项集，则直接进入最后一步。

(4) 记录新发现的频繁项集，然后回到第(2)步。

(5) 返回发现的所有频繁项集。

图 4-1 展示了上述过程。

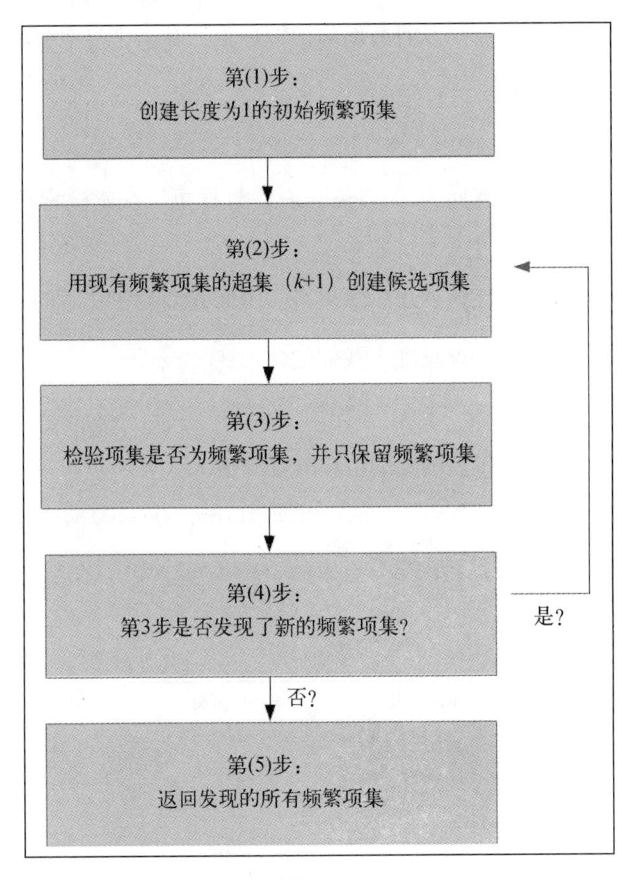

图　4-1

4.3.2 实现 Apriori 算法

在 Apriori 算法第一次迭代时，新发现的项集长度为 2，这个项集是第(1)步创建的初始项集的超集。在第二次迭代时（包括在第(4)步中回到第(2)步的情况），新发现的项集长度为 3。我们可以利用这个性质快速甄别新发现的项集，为第(2)步所用。

可以把项集的长度作为键，在字典中存放发现的频繁项集。这样就可以快速访问指定长度的项集，因而也可以访问最后发现的频繁项集。可以用下面的代码实现这个字典。

```
frequent_itemsets = {}
```

我们还需要定义最小支持度，用于判断项集是否为频繁项集。这个值的选取应基于数据集，不过你也可以尝试不同的值，研究它对结果的影响。我建议以 10%的幅度调整最小支持度，因为即使这样算法的运算时间变化也会很大。下面设置最小支持度。


```
min_support = 50
```

在实现 Apriori 算法的第一步时，要创建一个包含每部电影的项集，并检验这个项集是否为频繁项集。这里我们用到了 frozenset，这种数据结构可以快速执行集合运算，并可以作为计数字典的键（一般的集合是做不到的）。

下面来看看 frozenset 的示例代码。

```
frequent_itemsets[1] = dict((frozenset((movie_id,)), row["Favorable"])
    for movie_id, row in num_favorable_by_movie.iterrows()
    if row["Favorable"] > min_support)
```

方便起见，我们在这里创建一个函数，以同时实现第(2)步和第(3)步。这个函数接受新发现的频繁项集，创建超集，并检验项集是否为频繁项集。首先，按照下面的步骤定义函数。

```
from collections import defaultdict

def find_frequent_itemsets(favorable_reviews_by_users, k_1_itemsets,
                           min_support):
    counts = defaultdict(int)
    for user, reviews in favorable_reviews_by_users.items():
        for itemset in k_1_itemsets:
            if itemset.issubset(reviews):
                for other_reviewed_movie in reviews - itemset:
                    current_superset = itemset |
                        frozenset((other_reviewed_movie,))
                    counts[current_superset] += 1
    return dict([(itemset, frequency) for itemset, frequency in
                counts.items() if frequency >= min_support])
```

这个函数坚持了之前提到的一条经验法则：尽可能少地读取数据。每次调用这个函数只会迭代一次数据集。虽然这对该实现影响并不大（此处的数据集对于一般的计算机而言非常小），但在更大规模的应用中，这样的**单遍法**（single-pass）正是最佳做法。

我们来探究该函数。它迭代各个用户以及之前所发现的每一个项集，并检查它是否是当前评论集合的子集。而该集合存放于 k_1_itemsets（注意此处的 k_1 代表 $k-1$）之中。如果答案是肯定的，就代表用户评论过项集中的每一部电影。对于当前电影，会有 k 个候选频繁项集。该步骤可以通过 itemset.issubset(reviews)一行来实现。

然后，处理用户评论过的每部（项集中没有的）电影，并把项集和新电影组合作为超集，在计数字典中记录该超集出现的次数。这里会有 k 个候选的频繁项集。

我们在函数的结尾检验候选项集的支持度，并只返回那些支持度大于 min_support 的项集，即频繁项集。

这个函数已经实现了 Apriori 算法的核心。然后我们创建循环，迭代算法外层的步骤，计算 k 从 1 到最大值的不同结果并存储起来。在循环里，k 代表将要发现的频繁项集长度，因此访问 frequent_itemsets 字典的 k-1 键就能获取最后发现的频繁项集。我们创建频繁项集，然后以长度为键将其存储到字典中。代码如下。

```
for k in range(2, 20):
    # 从长度为 k-1 的频繁项集生成长度为 k 的候选项集，且只保留频繁项集
    cur_frequent_itemsets = find_frequent_itemsets(
        favorable_reviews_by_users, frequent_itemsets[k-1], min_support)
    if len(cur_frequent_itemsets) == 0:
        print("Did not find any frequent itemsets of length {}".format(k))
        sys.stdout.flush()
        break
    else:
        print("I found {} frequent itemsets of length {}".format(len(
            cur_frequent_itemsets), k))
        sys.stdout.flush()
        frequent_itemsets[k] = cur_frequent_itemsets
```

如果发现了频繁项集，我们就打印一条消息，以示循环会继续运行。如果在当前的 k 值下没有发现频繁项集，那么长度为 $k+1$ 的频繁项集就不存在，这时我们停止迭代，并结束算法。

此处用到了 sys.stdout.flush()，它可以确保代码在运行中也能实时输出所打印的消息。在特定输入框中运行大型循环时，有时代码在结束运行后才会输出打印的消息。以这种方式刷新输出可以保证所打印的消息在预期时刻输出，而不是让接口自行分配打印输出的时间。不过刷新输出也不宜太频繁，因为刷新不但会带来计算成本（与普通的打印一样），而且会拖慢程序的运行速度。

现在你就可以运行上面的代码了。上面的代码会返回大约 2000 个不同长度的频繁项集。你会注意到项集数量先是随着长度增长而增加，之后又随之下降。最初，项集数量因为可能的规则变多而增长；但要不了多久，许多组合的支持度就不足以使其归为频繁项集了，项集数量也就随之缩减。这个缩减过程就是 Apriori 算法的优点。如果我们在所有可能的项集中（而不是仅在频繁项集的超集中）查找频繁项集的话，查找操作的次数会是项集数目的数千倍。

就算没有这个缩减过程，当包含所有电影的组合的规律被发现时，算法也会退出计算过程。因此，Apriori 算法总是会终止的。

这次的代码可能要运行几分钟。如果你的硬件配置较为老旧，那么运行时间可能还会更长。如果在运行示例代码时遇到问题，可以考虑利用在线云服务的算力来加快运行速度。关于如何在云中完成实验，请参看附录。

4.3.3 提取关联规则

在 Apriori 算法运行完成后，我们会得到一个频繁项集的列表。虽然这些频繁项集并不是关联规则，但很容易转换为关联规则。频繁项集是满足最小支持度要求的项的集合，而关联规则是前提和结论的组合。二者其实是同一份数据的不同表现形式。

把项集中的某部电影作为结论，其他电影作为前提，即可从频繁项集生成关联规则。关联规则的形式会是这样：**用户如果推荐了前提中的所有电影，那么也会推荐结论中的电影**。

把项集内各部电影作为结论，其他电影作为前提推广到每个项集中，就能生成很多关联规则。

为了将其落实到代码中，我们首先生成一个列表，用于保存每个频繁项集的规则。迭代所发现的各种长度的频繁项集，然后在其中迭代项集中的每一部电影，将它们分别作为结论。

```
candidate_rules = []
for itemset_length, itemset_counts in frequent_itemsets.items():
    for itemset in itemset_counts.keys():
        for conclusion in itemset:
            premise = itemset - set((conclusion,))
            candidate_rules.append((premise, conclusion))
```

这会返回相当多的候选规则。可以把列表中的前几条规则打印出来看一下。

```
print(candidate_rules[:5])
```

获取的规则会展示在输出结果中。

```
[(frozenset({79}), 258), (frozenset({258}), 79), (frozenset({50}), 64),
 (frozenset({64}), 50), (frozenset({127}), 181)]
```

这些规则的第一部分（`frozenset`）是作为前提的电影的列表，随后的第二部分则是结论。比如第一条规则就是：用户如果推荐了 79 号电影，那么也会推荐 258 号电影。

接下来，用类似第 1 章中的方法计算每条规则的置信度，并根据新的数据格式做一些必要的调整。

计算置信度要先创建一个字典，其中既保存前提推出正确结论的情况（规则匹配）出现的次数，也保存结论不符的情况（规则失配）出现的次数。然后迭代所有评论和规则，以计算规则前提是否有效。如果有效，那么检查结论是否准确。

```
correct_counts = defaultdict(int)
incorrect_counts = defaultdict(int)
for user, reviews in favorable_reviews_by_users.items():
    for candidate_rule in candidate_rules:
        premise, conclusion = candidate_rule
        if premise.issubset(reviews):
            if conclusion in reviews:
                correct_counts[candidate_rule] += 1
            else:
                incorrect_counts[candidate_rule] += 1
```

用正确情况的计数除以规则出现的总数就是规则的置信度。

```
rule_confidence = {candidate_rule:
                   (correct_counts[candidate_rule] /
                   float(correct_counts[candidate_rule] +
                   incorrect_counts[candidate_rule]))
                   for candidate_rule in candidate_rules}
```

现在对置信度字典排序，然后打印前5条规则。

```
from operator import itemgetter
sorted_confidence = sorted(rule_confidence.items(), key=itemgetter(1),
                           reverse=True)
for index in range(5):
    print("Rule #{0}".format(index + 1))
    (premise, conclusion) = sorted_confidence[index][0]
    print("Rule: If a person recommends {0} they will also recommend {1}"
          .format(premise, conclusion))
    print(" - Confidence: {0:.3f}".format(
          rule_confidence[(premise, conclusion)]))
    print("")
```

打印输出的结果中只显示电影ID，不如显示电影名称直观。数据集中有一个`u.items`文件，这个文件包含电影的名称和与之对应的`MovieID`（以及电影类型等其他信息）。

可以用`pandas`从这个文件中加载电影的标题。文件和类别的更多详情，见数据集中的README文件。这个文件中的数据是CSV格式的，但要注意其分隔符是“|”符号，并且没有表头，还需要注明编码信息。在README文件中可以找到各列的名称。

```
movie_name_filename = os.path.join(data_folder, "u.item")
movie_name_data = pd.read_csv(movie_name_filename, delimiter="|",
                              header=None, encoding = "mac-roman")
movie_name_data.columns = ["MovieID", "Title", "Release Date",
                           "Video Release", "IMDB", "<UNK>",
                           "Action", "Adventure", "Animation",
                           "Children's", "Comedy", "Crime", "Documentary",
```

```
                    "Drama", "Fantasy", "Film-Noir", "Horror",
                    "Musical", "Mystery", "Romance", "Sci-Fi",
                    "Thriller", "War", "Western"]
```

因为我们需要经常查找电影标题，所以应该把这个操作写成函数，以避免重复编写操作的代码。我们要创建这样一个函数，它接受 MovieID 为参数，返回对应的电影标题。代码如下所示。

```
def get_movie_name(movie_id):
    title_object = movie_name_data[movie_name_data["MovieID"] ==
        movie_id]["Title"]
    title = title_object.values[0]
    return title
```

在新的 Jupyter Notebook 输入框中，对之前输出前几条规则的代码做出适当调整，以把电影标题纳入到结果中来。

```
for index in range(5):
    print("Rule #{0}".format(index + 1))
    premise, conclusion = sorted_confidence[index][0]
    premise_names = ", ".join(get_movie_name(idx) for idx in premise)
    conclusion_name = get_movie_name(conclusion)
    print("Rule: If a person recommends {0} they will also recommend{1}"
          .format(premise_names, conclusion_name))
    print(" - Confidence: {0:.3f}".format(rule_confidence[(premise,
                                                           conclusion)]))

    print("")
```

这样一来就大大改善了结果的可读性（虽然仍有一些问题，不过先不去管它们）。

```
Rule #1
Rule: If a person recommends Shawshank Redemption, The (1994), Silence of
the Lambs, The (1991), Pulp Fiction (1994), Star Wars (1977), Twelve
Monkeys (1995) they will also recommend Raiders of the Lost Ark (1981)
- Confidence: 1.000

Rule #2
Rule: If a person recommends Silence of the Lambs, The (1991), Fargo
(1996), Empire Strikes Back, The (1980), Fugitive, The (1993), Star Wars
(1977), Pulp Fiction (1994) they will also recommend Twelve Monkeys (1995)
- Confidence: 1.000

Rule #3
Rule: If a person recommends Silence of the Lambs, The (1991), Empire
Strikes Back, The (1980), Return of the Jedi (1983), Raiders of the Lost
Ark (1981), Twelve Monkeys (1995) they will also recommend Star Wars (1977)
- Confidence: 1.000

Rule #4
Rule: If a person recommends Shawshank Redemption, The (1994), Silence of
the Lambs, The (1991), Fargo (1996), Twelve Monkeys (1995), Empire Strikes
Back, The (1980), Star Wars (1977) they will also recommend Raiders of the
Lost Ark (1981)
- Confidence: 1.000
```

```
Rule #5
Rule: If a person recommends Shawshank Redemption, The (1994), Toy Story
(1995), Twelve Monkeys (1995), Empire Strikes Back, The (1980), Fugitive,
The (1993), Star Wars (1977) they will also recommend Return of the Jedi
(1983)
- Confidence: 1.000
```

4.3.4 评估关联规则

广义上，可以用与处理分类问题时相同的概念来评估这里的关联规则。用除训练数据集以外的数据测试算法，以评估发现的关联规则在测试数据集中的性能表现。

为此，我们需要计算测试数据集的置信度，即计算测试数据集中每条规则的置信度。本例中不会采用正式的评估标准，而仅将检视这些规则以从中找出较好的。

正式的评估会包含分类准确率，即预测用户对给定电影给出好评的准确率。如下所述，本例浏览各条规则，以找出较可靠的规则。

(1) 首先，提取测试数据集，也就是刨除训练数据集的全部记录。我们（根据 ID 值）选用前 200 名用户作为训练数据集，而将其余用户作为测试数据集。有了训练数据集，就可以从数据集中找出各个用户发表的好评。代码如下。

```
test_dataset = all_ratings[~all_ratings['UserID'].isin(range(200))]
test_favorable = test_dataset[test_dataset["Favorable"]]
test_favorable_by_users = dict((k, frozenset(v.values)) for k, v in
                                test_favorable.groupby("UserID")["MovieID"])
```

(2) 然后，像之前一样，为前提推出正确结论的情况计数。不过这一步要使用测试数据集，而不是训练数据集。代码如下。

```
correct_counts = defaultdict(int)
incorrect_counts = defaultdict(int)
for user, reviews in test_favorable_by_users.items():
    for candidate_rule in candidate_rules:
        premise, conclusion = candidate_rule
        if premise.issubset(reviews):
            if conclusion in reviews:
                correct_counts[candidate_rule] += 1
            else:
                incorrect_counts[candidate_rule] += 1
```

(3) 接下来，用之前的计数计算每条规则的置信度。代码如下。

```
test_confidence = {candidate_rule:
                   (correct_counts[candidate_rule] /
                   float(correct_counts[candidate_rule] +
                   incorrect_counts[candidate_rule]))
                   for candidate_rule in rule_confidence}
print(len(test_confidence))
```

(4) 最后，打印最佳关联规则，并输出电影的标题，而不是电影的 ID。

```
for index in range(10):
    print("Rule #{0}".format(index + 1))
    (premise, conclusion) = sorted_confidence[index][0]
    premise_names = ", ".join(get_movie_name(idx) for idx in premise)
    conclusion_name = get_movie_name(conclusion)
    print("Rule: If a person recommends {0} they will also recommend"
          "{1}".format(premise_names, conclusion_name))
    print(" - Train Confidence: {0:.3f}".format(
          rule_confidence.get((premise, conclusion), -1)))
    print(" - Test Confidence: {0:.3f}".format(
          test_confidence.get((premise, conclusion), -1)))
    print("")
```

4

现在就能看出哪些规则最适用于新数据了。

```
Rule #1
Rule: If a person recommends Shawshank Redemption, The (1994), Silence of
the Lambs, The (1991), Pulp Fiction (1994), Star Wars (1977), Twelve
Monkeys (1995) they will also recommend Raiders of the Lost Ark (1981)
- Train Confidence: 1.000
- Test Confidence: 0.909

Rule #2
Rule: If a person recommends Silence of the Lambs, The (1991), Fargo
(1996), Empire Strikes Back, The (1980), Fugitive, The (1993), Star Wars
(1977), Pulp Fiction (1994) they will also recommend Twelve Monkeys (1995)
- Train Confidence: 1.000
- Test Confidence: 0.609

Rule #3
Rule: If a person recommends Silence of the Lambs, The (1991), Empire
Strikes Back, The (1980), Return of the Jedi (1983), Raiders of the Lost
Ark (1981), Twelve Monkeys (1995) they will also recommend Star Wars (1977)
- Train Confidence: 1.000
- Test Confidence: 0.946

Rule #4
Rule: If a person recommends Shawshank Redemption, The (1994), Silence of
the Lambs, The (1991), Fargo (1996), Twelve Monkeys (1995), Empire Strikes
Back, The (1980), Star Wars (1977) they will also recommend Raiders of the
Lost Ark (1981)
- Train Confidence: 1.000
- Test Confidence: 0.971

Rule #5
Rule: If a person recommends Shawshank Redemption, The (1994), Toy Story
(1995), Twelve Monkeys (1995), Empire Strikes Back, The (1980), Fugitive,
The (1993), Star Wars (1977) they will also recommend Return of the Jedi
(1983)
- Train Confidence: 1.000
- Test Confidence: 0.900
```

比如第 2 条规则在训练数据集中的置信度极高，在测试数据集中却只有 60%的准确率。在前 10 条规则中，其他规则大多在训练数据集中置信度较高。对于推荐电影而言，这些规则就很合适。

如果查前 10 条以外的规则，你就会发现有些规则在测试数据集中的置信度是–1，而置信度应是 0~1 的值。此时–1 表示在测试数据集中找不到该条规则。

4.4　本章小结

在本章中，我们对大量电影评论数据执行亲和性分析，以找出推荐电影的规则。这个分析过程分为两步。首先用 Apriori 算法从数据中找出频繁项集，然后由项集生成关联规则。

本章之所以采用 Apriori 算法，是因为数据集规模比之前更大。由于使用第 1 章中的暴力搜索方法会导致计算时间呈指数级增长，所以本章要用一种更智能的方法。数据挖掘中的惯用模式就是如此：对少量数据采用暴力方法，而在大量数据上应用更高级、更智能的方法。

我们用数据集的一个子集训练算法，找出关联规则。然后用其余数据检验算法性能。我们可以在之前章节的基础上，扩展这一概念，采用交叉验证方法更好地评估所发现的规则。这样评估规则质量的过程更为稳定、有效。

要进一步深入研究本章的概念，可以从研究那些得分很高（即获得许多推荐），却因缺乏足够的规则而不能推荐给新用户的电影入手。怎样调整才能让算法推荐这些电影呢？

到目前为止，我们用到的数据集都是按照特征的形式组织的，不过并不是所有数据集都被预定义成这样的形式。在下一章中，我们会用 scikit-learn 中的转换器（第 3 章中介绍过）从数据中提取特征，还会了解如何实现我们自己的转换器、如何扩展已有的转换器，以及可以用转换器实现的其他概念。

第5章

特征与 scikit-learn 转换器

5

迄今为止，我们接触的数据集都是按**特征**描述的。上一章中的数据集是以交易为中心的。不过究其根本，这只不过是基于特征的数据的不同表现形式。

数据集的种类很多，包括文本、图像、声音、电影甚至现实世界中的事物。大多数数据挖掘算法依赖于数值特征或分类特征。这也就意味着，我们要把这些种类的数据表示成数据挖掘算法所依赖的形式，这种表示方法被称为**模型**。

本章将讨论提取数值特征与分类特征的方法，以及从这些特征中挑选最佳特征的方法。本章还会介绍特征提取的常见模式与技术。选取的模型是否合适，会对数据挖掘的产出产生决定性影响。这种影响比选取分类算法的影响更为重要。

本章引入的关键概念如下：

- 从数据集中提取特征；
- 为数据创建模型；
- 创建新特征；
- 选取好特征；
- 为自定义数据集创建转换器。

5.1 特征提取

特征提取是数据挖掘中最关键的任务之一，这步工作的好坏对结果的影响要超过数据挖掘算法选取。不幸的是，提取特征既没有成规可循，也没有捷径可走。因而，想要从特征入手提升数据挖掘的性能就需要下一番功夫。对特征的选择也会决定表示数据的形式，也就是模型。

艺术在左，科学在右，模型创建的工作让数据挖掘更像是一门艺术。这也是为什么许多数据挖掘的自动化方法在算法的选择上发力，而不是关注模型创建。创建优秀的模型并不简单，这既需要敏锐的直觉，又需要领域知识和数据挖掘经验，还需要不断试错，有时还需要一点运气。

5.1.1 用模型表述现实

至此，本书中的内容多是关于操作矩阵中的值，以至于我们快要忽略完成数据挖掘任务的最初原因：影响现实中的事物。并不是所有数据集都以特征的形式组织。数据集包含的可能是某个具体作者的全部图书，可能是 1979 年上映的所有电影的胶片，也可能是图书馆的古董馆藏。

我们要在这些数据集中执行数据挖掘任务。关于图书，我们可能要了解作者作品的不同类型；关于电影，我们可能要理解女性角色的塑造方法；关于历史文物，我们可能要探查它来自于哪个国家（地区）。这样一来，直接把这些原始数据集交由决策树计算是不可能的。

要想用数据挖掘算法帮助我们解决这些问题，就要把数据表示成**特征**的形式。特征是一种创建模型的方法，而模型能把现实世界中的事物近似地表现成数据挖掘算法可以理解的形式。因此，模型是现实世界某个方面的简化版本。举个例子，象棋就是古代战争（游戏形式）的简化模型。

降低现实世界的复杂度，以构造一个易于处理的模型，是特征提取的又一优点。

想象一下，我们要向一名不具备任何背景知识的人提供多少信息，才能恰当、准确并且完整地描述一个现实世界中的事物。你可能要描述尺寸、重量、质地、成分、寿命、瑕疵、用途和产地等。

由于现实世界中的事物过于复杂，超出了当前算法的处理能力，因此我们可以用简单的模型来替代。

这种简化过程也让我们更专注于数据挖掘的应用目的。在后面的章节中，我们还会接触到**聚类**（clustering），以及聚类的重要应用领域。如果你输入随机的特征，那么聚类结果也是随机的。

凡事皆有两面。尽管简化有这么多好处，然而它可能会丢失数据挖掘可能需要的细节，甚至会抛弃针对数据挖掘对象的好指标。

把现实世界转换成模型这样的表示形式着实需要一番思考。你往往要考虑运用数据挖掘的目标是什么，而不是局限于之前的做法。我们在第 3 章中，以预测体育赛事中的胜方为目标创建特征时，仅靠一点领域知识就找出了新特征。

特征并不只有数值特征和分类特征两种。数据挖掘算法已经发展到可以直接处理文本、图形和其他数据结构的程度了。可惜这样的算法超出了本书的范畴，本书主要还是使用数值特征和分类特征。而你在数据挖掘生涯中所遇到的特征一般也是这两种。

Adult（成年人）数据集是一个展示现实世界复杂度和用特征建立模型的绝佳示例，这个数据集的目标是预测年收入超过 50 000 美元的人。

请访问 http://archive.ics.uci.edu/ml/datasets/Adult 页面，点击 Data Folder 链接。把 `adult.data` 和 `adult.names` 下载到数据文件夹下的 `Adult` 目录中。

这个数据集完成了描述现实世界的复杂任务：用特征描述自然人，以及他们所处的环境、背景和生活状态。

为本章打开一份新 Jupyter Notebook，设置数据文件名，然后用 `pandas` 加载数据集。


```
import os
import pandas as pd
data_folder = os.path.join(os.path.expanduser("~"), "Data", "Adult")
adult_filename = os.path.join(data_folder, "adult.data")

adult = pd.read_csv(adult_filename, header=None, names=[
    "Age", "Work-Class", "fnlwgt", "Education",
    "Education-Num", "Marital-Status", "Occupation",
    "Relationship", "Race", "Sex", "Capital-gain",
    "Capital-loss", "Hours-per-week", "Native-Country",
    "Earnings-Raw"])
```

这部分代码与前一章中的大体相同。

不想手动键入列名？不要忘了你可以从 Packt 出版社网站下载代码，也可以从专为本书维护的 GitHub 仓库下载代码：https://github.com/PacktPublishing/Learning-Data-Mining-with-Python-Second-Edition。

Adult 文件的末尾有两个空行。`pandas` 默认倒数第二行是有效的空行。你可以通过移除任何包含无效数值的行，来去掉空行（`inplace` 意为操作直接影响当前的 `DataFrame`，而不是重新创建一个新的）。

```
adult.dropna(how='all', inplace=True)
```

访问 `adult.columns`，查看数据集中的各个特征。

```
adult.columns
```

其结果展示了各个特征的名称，这些名称存储在 `pandas` 的一个 `Index` 对象中。

```
Index(['Age', 'Work-Class', 'fnlwgt', 'Education',
       'Education-Num', 'Marital-Status', 'Occupation', 'Relationship',
       'Race', 'Sex', 'Capital-gain', 'Capital-loss', 'Hours-per-week',
       'Native-Country', 'Earnings-Raw'], dtype='object')
```

5.1.2 常见的特征模式

创建模型的方法多如牛毛，不过有一些常见的模式适用于不同的学科。尽管如此，提取合适的特征仍是一个棘手的问题，特征与最终结果的关联关系也值得考量。常言道：**不可以封面取书**。同理，如果你对书中的内容感兴趣，那么纠结书的尺寸就没什么意义。

研究现实世界中的事物时，通常可以关注以下这样的物理属性，并将其作为特征来使用：

- 空间属性，比如物体的长度、宽度和高度；
- 物体的重量、密度；
- 物体本身或组成部分的寿命；
- 物体的类型；
- 物体的品质。

根据使用情况和历史，还可以推出其他特征：

- 物品的生产方、出版方或创造者；
- 物品的制造年份。

还有可以描述数据集组成的特征：

- 给定子成分出现的频率，比如书中某单词出现的频率；
- 子成分的数量和（或）不同子成分的数量；
- 子成分的平均大小，比如平均句长。

我们可以对有序特征执行排名、排序和按相近值分组等操作。如上一章所示，这样的**特征**可以是数值特征和分类特征。

数值特征通常是有序的。比如爱丽丝、鲍勃、查理 3 个人的身高分别是 1.5 米、1.6 米和 1.7 米。那么就可以说相较于查理，爱丽丝与鲍勃在身高上更相近。

在上一节加载的 Adult 数据集中就有连续且有序的特征。比如 Hours-per-week 特征表示每周工作时长。计算均值、标准差、最小值和最大值等操作在这样的特征上才有意义。pandas 中有一个函数可以给出一些这样的基本统计值。

```
adult["Hours-per-week"].describe()
```

其结果显示了特征的简单情况。

```
count 32561.000000
mean 40.437456
std 12.347429
min 1.000000
25% 40.000000
50% 40.000000
75% 45.000000
max 99.000000
dtype: float64
```

但是对于其他特征来说，这些操作就不见得有意义了。例如，对这些人的受教育程度求和就没什么用。与之相反，计算每位消费者订单数目之和对在线商店就很有用。

除了数值特征以外，还有别的有序特征。Adult 数据集中的 `Education` 特征就是一例。学士学位所代表的受教育程度比高中毕业要高，而高中毕业所代表的受教育程度又比高中肄业要高。计算这些值的均值是无意义的，不过我们可以通过取中位数来得出一个近似值。这个数据集提供了一个好用的特征 `Education-Num`，其值基本上与受教育的年数相等。这样一来，计算这个特征的中位数轻而易举。


```
adult["Education-Num"].median()
```

这行代码的结果是 10，即完成高一学年的学习。如果没有这个特征，我们也可以给受教育程度排序，然后计算其中位数。

有序特征也可以是分类特征。比如，一颗球可以是网球、板球、足球或者任何其他类型的球。分类特征也被称为名目特征（nominal feature）。对于名目特征而言，值只有两种：要么相同，要么不同。尽管我们可以按尺寸或重量为球排名，却不能用分类来对排名进行比较。网球既不是板球，也不是足球。虽然我们可以说网球（在尺寸上）更像板球，但仅靠分类不能体现出这种区别——球要么相同，要么不同。

我们可以像第 3 章中那样，用独热编码把分类特征转换成数值特征。针对前面提到的球的分类，创建 3 个新的二值特征：是否是网球、是否是板球和是否是足球。独热编码的使用过程同第 3 章。网球的向量是`[1, 0, 0]`，板球的向量是`[0, 1, 0]`，足球的向量则是`[0, 0, 1]`。这些值虽然是二值特征，但在很多算法中可以作为连续特征使用。一个关键的原因就是它们可以直接进行数值比较（比如计算样本间的距离）。

Adult 数据集中有多个分类特征，这里以 `Work-Class`（工作类型）为例。虽然有些值可以体现出级别高低（比如有工作的人收入就比失业的人高），但并不是所有值都是如此。譬如任职于州政府的人，收入就不见得有任职于私营企业的人高。

用 `unique()` 函数就可以在数据集中查看该特征的唯一值。

```
adult["Work-Class"].unique()
```

其结果会显示该列中的唯一值。

```
array([' State-gov', ' Self-emp-not-inc', ' Private', ' Federal-gov',
       ' Local-gov', ' ?', ' Self-emp-inc', ' Without-pay',
       ' Never-worked', nan], dtype=object)
```

尽管数据中缺失了一些值，但并不影响本例中的计算。你还可以用 adult.value_counts() 函数看一下每个值出现的频率。

对于这个新数据集而言，还有一个相当实用的处理步骤，那就是可视化。下面的代码会创建一张蜂群图（swarm plot）[1]，该图将展示受教育程度和工作时长与最终分类的关系（两者以不同颜色区分），如图 5-1 所示。

```
%matplotlib inline
import seaborn as sns
from matplotlib import pyplot as plt
plt.figure(figsize=(12, 9))
sns.swarmplot(x="Education-Num", y="Hours-per-week", hue="Earnings-Raw",
              data=adult[::50], size=12)
```

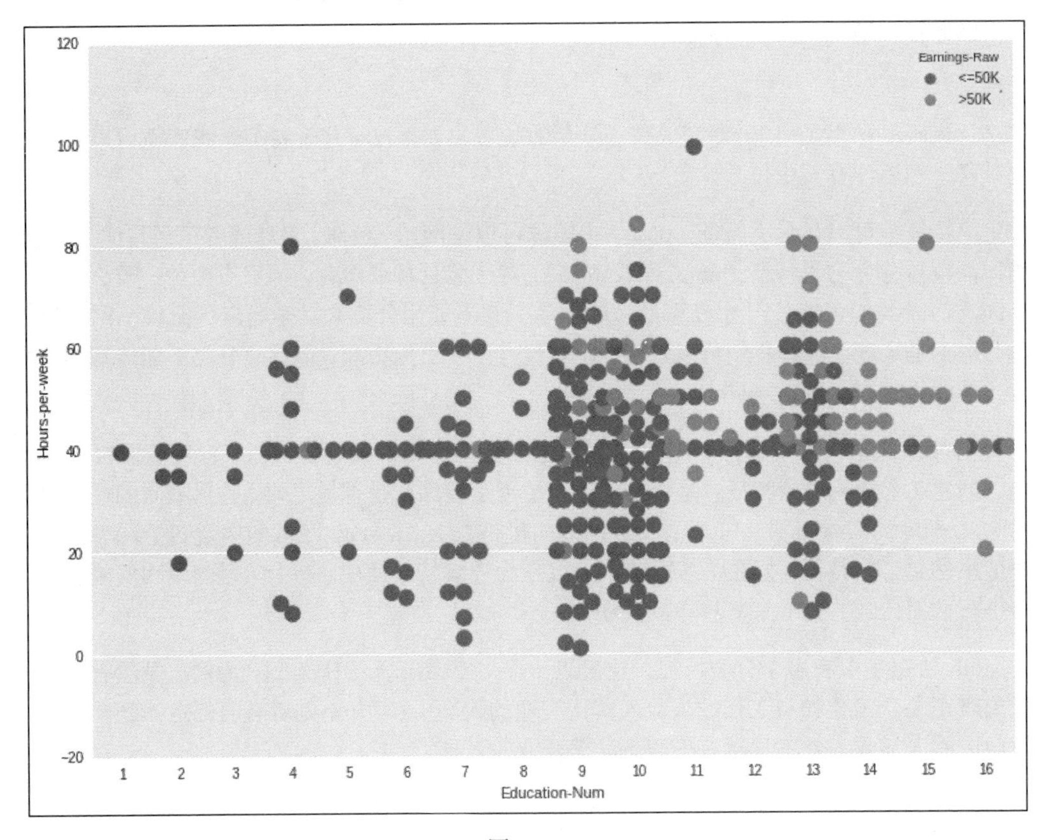

图　5-1

① seaborn.swarmplot() 创建的散点图中的点不会重叠，这种图也被称作“beeswarm”。——译者注

上面代码中的 adult[::50]以 50 行为间隔在数据集中采样。这里没有直接使用 adult 是为了避免图表因展现过多样本而难以辨识。

数值特征同样也可以被转换为分类特征，这样的过程被称为**离散化**。第 1 章就介绍了这种方法。我们判定身高 1.7 米以上的人为高，1.7 米以下的人为矮，这样一来，数值特征就变成了分类特征（虽然仍是有序的）。然而，这样处理也导致数据中的一些信息丢失了。比如，如果两个人的身高分别是 1.69 米和 1.71 米，那么他们不但会被分为两类，而且会被认为是截然不同的。相反，一名身高 1.2 米的人却会与身高 1.69 米的人归为同类！离散化会导致数据中的细节丢失，这就是离散化的副作用。在创建模型时，也要把这个问题纳入考量。

我们可以在 Adult 数据集中创建一个名为 LongHours 的特征，用于指示周工作时长是否超过 40 小时。这就把连续特征 Hours-per-week 转换成了分类特征：如果小时数大于 40 则为 True，反之则为 False。

```
adult["LongHours"] = adult["Hours-per-week"] > 40
```


5.1.3 创建好的特征

建模会简化信息的处理过程，这是没有一种数据挖掘方法能普遍用于各种数据集的关键原因之一。数据挖掘的行家里手会去了解数据挖掘应用场景中的领域知识，分析问题，了解所掌握数据的情况，然后创建解决问题的模型。

例如，一个人的身高特征也许能体现他打篮球的能力，却不太可能体现其学业上的表现。因此，如果要预测一个人的成绩，不必测量每个人的身高。

这就是为什么说数据挖掘比科学更像艺术。提取优秀的特征不仅不容易，还是当下数据挖掘研究一直关注的重要课题。虽然选择合适的分类算法可以提升数据挖掘应用的性能，但提取合适的特征效果往往更好。

在所有数据挖掘应用中，都应该先对要达成的目标有一个大体上的认识，然后再去设计实现目标的方法。这是因为，时间挖掘的目标决定了“选取什么类型的特征”“采用什么样的算法”和“对最终结果有怎样的预期”等问题。

5.2 特征的选取

在完成初始建模工作后，通常有许多特征可供挑选，不过我们只会选择其中的一小部分。这样做的可能的原因有很多。

- **降低复杂度**。许多数据挖掘算法运行所需的时间和资源会随着特征数量的增长而大幅增加。减少特征的数量是加快算法运行速度、减少算法所需资源的绝佳手段。

- **降低噪声**。增加额外的特征并不总能带来性能提升。额外的特征也会干扰算法，使其在训练数据集中找出没有实际意义的相关性和规则。无论数据集规模如何，这种现象都很常见。只选取合适的特征可以有效减少无意义的随机相关性。
- **创建人类可读的模型**。虽然数据挖掘算法很容易借助有成千上万个特征的模型计算出问题的答案，但这样的结果让人难以理解。因此，为保证良好的可读性，就要减少特征的数量，创建能让人类理解的模型。

尽管有一些分类算法能处理前文中那样有问题的数据，然而修正数据并选取能有效描述数据集的特征仍对算法有所助益。

我们可以进行一些基本的测试，比如至少确保特征的值完全相同。如果特征的值完全相同，它就不会给我们执行的数据挖掘工作提供额外的信息。

例如，`scikit-learn` 中的 `VarianceThreshold` 转换器就可以移除特征值方差低于最低要求的特征。我们首先用 NumPy 创建一个简单的矩阵来展示这个转换器的用法。

```
import numpy as np
X = np.arange(30).reshape((10, 3))
```

其结果是一个 3 列 10 行的矩阵，代表一个有着 10 个样本、3 个特征的数据集。矩阵中的元素是 0~29 的数字。

```
array([[ 0,  1,  2],
       [ 3,  4,  5],
       [ 6,  7,  8],
       [ 9, 10, 11],
       [12, 13, 14],
       [15, 16, 17],
       [18, 19, 20],
       [21, 22, 23],
       [24, 25, 26],
       [27, 28, 29]])
```

然后把整个第 2 列，也就是第 2 个特征的值设为 1。

```
X[:,1] = 1
```

这样第 1 列和第 3 列的方差就很大，而第 2 列的方差则是 0。

```
array([[ 0,  1,  2],
       [ 3,  1,  5],
       [ 6,  1,  8],
       [ 9,  1, 11],
       [12,  1, 14],
       [15,  1, 17],
       [18,  1, 20],
       [21,  1, 23],
       [24,  1, 26],
       [27,  1, 29]])
```

接下来，创建 VarianceThreshold 转换器，然后将其应用到数据集上。

```
from sklearn.feature_selection import VarianceThreshold
vt = VarianceThreshold()
Xt = vt.fit_transform(X)
```

这样一来，结果中的 Xt 里就没有第 2 列了。

```
array([[ 0, 2],
       [ 3, 5],
       [ 6, 8],
       [ 9, 11],
       [12, 14],
       [15, 17],
       [18, 20],
       [21, 23],
       [24, 26],
       [27, 29]])
```

打印 vt.variances_属性即可看到各列的方差。

```
print(vt.variances_)
```

结果显示，第 1 列和第 3 列包含了一定的信息量，而第 2 列方差为 0。

```
array([ 74.25, 0. , 74.25])
```

第一次查看数据时，最好运行一下这个简单明了的测试。方差为 0 的特征不仅对数据挖掘应用没有任何价值，还会拖慢算法运行速度，降低算法性能。

选取最佳单个特征

如果特征数量很多，那么从中找出特征的最佳子集就成了一个难题。这个问题很多时候也跟解决数据挖掘问题本身密切相关。就像第 4 章中那样，随着特征数量的增加，基于子集的任务复杂度呈指数级增长。寻找特征的最佳子集也是如此，它花费的时间也是呈指数级增加的。

我们可以采取一种基本的变通方案来解决这个问题，那就是找出总体效果好的特征子集，而不是找出表现好的特征个体。这种单变量的选取方法自身就能给出可以指示特征性能的分数。分类问题通常会采用这种做法以大体上衡量变量和目标类之间的联系。

scikit-learn 包中有很多能选择单变量特征的转换器，包括返回前 *k* 位最佳特征的 SelectKBest 转换器和返回前 R%特征的 SelectPercentile 转换器。两个转换器都支持多种计算特征质量的方法。

计算单个特征与类别值的相关性的方法有不少，**卡方**（χ^2）**检验**就是一种常见的方法。其他方法还有互信息和信息熵。

用 Adult 数据集来实践一下单特征的测试。首先，从 pandas 的 DataFrame 中提取数据集和类别值。这里用特征来选择数据。

```
X = adult[["Age", "Education-Num", "Capital-gain", "Capital-loss",
          "Hours-per-week"]].values
```

接下来创建一个目标类的数组，其中 Earnings-Raw（税前收入）的值大于 50 000 美元则类别值为 True，反之为 False。代码如下。

```
y = (adult["Earnings-Raw"] == ' >50K').values
```

接下来用 chi2()函数和 SelectKBest 转换器创建一个我们自己的转换器。

```
from sklearn.feature_selection import SelectKBest
from sklearn.feature_selection import chi2
transformer = SelectKBest(score_func=chi2, k=3)
```

运行转换器上的 fit_transform()方法，在当前数据集上训练转换器并执行转换。然后我们就会得到一份新的数据集，其中只选取了 3 个最佳特征。代码如下。

```
Xt_chi2 = transformer.fit_transform(X, y)
```

返回的矩阵中只有 3 个特征。我们也可以列出各列的评分，以便于了解使用了哪些特征。代码如下。

```
print(transformer.scores_)
```

打印出的结果给出了各列的评分。

```
[ 8.60061182e+03 2.40142178e+03 8.21924671e+07
  1.37214589e+066.47640900e+03]
```

最高评分出现在第 1 列、第 3 列和第 4 列，分别对应特征 Age（年龄）、Capital-Gain（资本收入）和 Capital-Loss（资本损失）。根据单变量特征选取方法，这几个特征就是选出的最佳特征。

如果你需要更多关于 Adult 数据集中各个特征的信息，请参看数据集附带的 adult.names 文件以及其引用的学术论文。

我们也可以计算其他能指示相关性的指标，比如皮尔逊[①]相关系数（PCC，Pearson's correlation coefficient）[②]。科学计算库 SciPy 就实现了相关系数的计算方法（scikit-learn 就是基于此库构建的）。

① 卡尔·皮尔逊（Karl Pearson，1857—1936），英国统计学家。创立并发展了矩估计和卡方检验等重要的统计学理论。——译者注

② 也称作皮尔逊积矩相关系数（PPMCC，Pearson product-moment correlation coefficient）。这个系数反映随机变量的线性相关程度。——译者注

如果你已经安装好了 scikit-learn，那么 SciPy 就也安装好了。运行本例无须另行安装更多的东西。

首先，从 SciPy 中导入 pearsonr()函数。

```
from scipy.stats import pearsonr
```

上面的这个函数可以满足 scikit-learn 单变量转换器的接口需求。这个函数接受两个数组参数（本例中是 x 和 y），并返回两个数组。返回的两个数组分别是各个特征的评分和对应的 *p* 值（p-value）。因为前面用过的 chi2()函数只使用了必要的接口，所以它可以直接传给 SelectKBest 使用。

SciPy 中的 pearsonr()函数接受两个数组参数。但是，由于它要求传入的 X 数组是一维数组，因而我们要把函数包装起来，使其能接受现有的多变量数组参数。代码如下。

```
def multivariate_pearsonr(X, y):
    scores, pvalues = [], []
    for column in range(X.shape[1]):
        # 只计算该列的皮尔逊相关系数
        cur_score, cur_p = pearsonr(X[:,column], y)
        # 记录评分和 p 值
        scores.append(abs(cur_score))
        pvalues.append(cur_p)
    return (np.array(scores), np.array(pvalues))
```

皮尔逊相关系数的取值范围在–1 和 1 之间。如果值为 1，则表明两个变量线性相关；如果为–1，则两个变量线性负相关。也就是说，如果一个变量的相关系数高，那么另一变量的相关系数就低，反之亦然。相关系数趋近 1 和–1 的特征都是值得选取的。鉴于此，我们在评分数组中存储的是相关系数的绝对值，而不是原始的带符号的值。

现在可以像前面那样，用转换器类计算皮尔逊相关系数，为特征排行。

```
transformer = SelectKBest(score_func=multivariate_pearsonr, k=3)
Xt_pearson = transformer.fit_transform(X, y)
print(transformer.scores_)
```

代码返回了不同的特征子集，即选取了第 1 列、第 2 列和第 5 列，分别对应 Age（年龄）、Education（受教育程度）、Hours-per-week（周工作时长）。结果表明，最佳特征的选取没有确定的答案，而是取决于特征的衡量标准和处理方法。

在分类器中使用这些特征，以观察哪些特征的效果更好。此时要注意，分类器的结果只能指示特征子集在特定的分类器和（或）特征组合上表现好。在数据挖掘领域，几乎没有任何一种方法能保证在任何情况下都优于其他方法。代码如下。

```
from sklearn.tree import DecisionTreeClassifier
from sklearn.cross_validation import cross_val_score
clf = DecisionTreeClassifier(random_state=14)
scores_chi2 = cross_val_score(clf, Xt_chi2, y, scoring='accuracy')
scores_pearson = cross_val_score(clf, Xt_pearson, y, scoring='accuracy')

print("Chi2 score: {:.3f}".format(scores_chi2.mean()))
print("Pearson score: {:.3f}".format(scores_pearson.mean()))
```

卡方检验方法的分数是 0.83，而皮尔逊相关系数方法的分数要低一些，是 0.77。对于本例的特征组合而言，卡方检验方法更胜一筹。

要记得本例数据挖掘任务的目标是预测收入。在找到合适的特征组合并选取最佳特征后，我们仅用了自然人的 3 个特征就达到了 83%的准确率。

5.3　特征创建

有的时候只从现有特征中选取还不够，我们还可以用其他方式从现有特征中创建新的特征。前面提到过的独热编码就是一个创建特征的实例。我们要创建它是否 A、它是否 B、它是否 C 三个新特征，而不是有 A、B、C 三个可能取值的分类特征。

创建新特征乍看并非必要，其收益也不是一目了然，毕竟我们只是利用数据集中原本就存在的信息。然而如果特征相关性较强或存在冗余，就会干扰某些算法的计算。鉴于此，数据挖掘领域中产生了许多从已有特征中创建新特征的方法。

这次我们要加载新的数据集，因此要创建一个新 Jupyter Notebook 实例。从 http://archive.ics.uci.edu/ml/datasets/Internet+Advertisements 下载 Advertisements（广告）数据集，并保存到你的数据文件夹中。

接下来用 pandas 加载数据集。首先还是要设置好数据的文件名。

```
import os
import numpy as np
import pandas as pd
data_folder = os.path.join(os.path.expanduser("~"), "Data")
data_filename = os.path.join(data_folder, "Ads", "ad.data")
```

这个数据集有很多会打断加载过程的问题。尝试用 pd.read_csv 加载数据集就能看到这些问题。第一个问题是，虽然前几个特征是数值型的，但 pandas 把它们加载成了字符串。我们需要编写一个转换函数来解决这个问题，这个函数在可能的情况下会把字符串转换成数值；否则，会将其转换为 NaN（not a number，非数值）。后者是特殊的无效值，表示一个值不能按数值解析，类似于其他编程语言中的 none 或 null。

这个数据集的另一个问题是缺失了一些值。在数据集中，这些值由字符串?代替。幸运的是，问号标记不能转换成浮点数，也就是说我们可以用上面的做法，把问号标记转换成 NaN。在后续章节里，我们会介绍更多类似的处理缺失值的方法。

下面创建一个函数，执行转换过程。该函数把数字转换为浮点数；如果转换失败，它就会返回 NumPy 中的特殊值 NaN。NaN 也是作为浮点数存储的。

```
def convert_number(x):
    try:
        return float(x)
    except ValueError:
        return np.nan
```

创建一个字典用于转换过程，并把所有的特征转换为浮点数。

```
converters = {}
for i in range(1558):
    converters[i] = convert_number
```

同样，也要设置把最后一列（列索引 1558）中的类别值转换成二值特征。在 Adult 数据集中，我们就创建过二值特征。不过针对这次的数据集，我们在加载时就进行转换。

```
converters[1558] = lambda x: 1 if x.strip() == "ad." else 0
```

现在就可以用 read_csv 加载数据集了。把刚才我们创建的转换函数传给 converters 参数，让 pandas 执行转换。

```
ads = pd.read_csv(data_filename, header=None, converters=converters)
```

这会产生一个相当大的数据集，有 1559 个特征和 3000 多行数据。在新的输入框中键入 ads.head()即可展示前 5 行的部分特征值（见图 5-2）。

ads.head()

	0	1	2	3	4	5	6	7	8	9	...	1549	1550	1551	1552	1553	1554	1555	1556	1557	1558
0	125.0	125.0	1.0000	1.0	0.0	0.0	0.0	0.0	0.0	0.0	...	0.0	0.0	0.0	0.0	0.0	0.0	0.0	0.0	0.0	1
1	57.0	468.0	8.2105	1.0	0.0	0.0	0.0	0.0	0.0	0.0	...	0.0	0.0	0.0	0.0	0.0	0.0	0.0	0.0	0.0	1
2	33.0	230.0	6.9696	1.0	0.0	0.0	0.0	0.0	0.0	0.0	...	0.0	0.0	0.0	0.0	0.0	0.0	0.0	0.0	0.0	1
3	60.0	468.0	7.8000	1.0	0.0	0.0	0.0	0.0	0.0	0.0	...	0.0	0.0	0.0	0.0	0.0	0.0	0.0	0.0	0.0	1
4	60.0	468.0	7.8000	1.0	0.0	0.0	0.0	0.0	0.0	0.0	...	0.0	0.0	0.0	0.0	0.0	0.0	0.0	0.0	0.0	1

5 rows × 1559 columns

图 5-2

这份数据集描述网站上的图像，可以用来判定图像是否为广告。

数据集的表头不能体现各个特征的含义。除了 ad.data，数据集还附带了两个提供更多信息的文件：ad.DOCUMENTATION 和 ad.names。前 3 列特征分别是高度、宽度和宽高比。最后一列特征表示图像是否为广告，如果是广告则值为 1，反之则值为 0。

其他特征中的 1 表示 URL、alt 属性文本或图像标题中出现了特定的词。比如，sponsor（赞助商）这样的词就可以用来判定图像是否为广告。其中，许多特征是互相重叠的，因为有些特征就是其他特征的组合形式。因此，这个数据集中信息的冗余成分占比很大。

用 pandas 加载过数据集后，就可以提取分类算法所需的 X 和 y 数据。X 矩阵是 DataFrame 中除最后一列以外的全部列；y 数组是最后一列，即第 1558 列特征。根据本章内容需要，在提取数据之前要丢弃所有的 NaN 值以简化数据集。代码如下。

```
ads.dropna(inplace=True)
X = ads.drop(1558, axis=1).values
y = ads[1558]
```

上述代码会丢弃 1000 行以上的数据，其中不乏有助于数据挖掘实践的好数据，不过这对于本次实践而言是可以接受的。但在现实世界的应用场景中，人们不会丢弃可以补救的数据，而会用插值或替换的方法填充 NaN 值所占的部分。比如你可以用列均值代替任意缺失值。

5.4　主成分分析

某些数据集中的特征之间相关性较强。例如单档卡丁车的速度和油耗就是两个强关联的特征。虽然在某些应用场景下事物间的这些关联非常有帮助，但数据挖掘算法通常不需要冗余的信息。

Advertisements（广告）数据集中就有强关联的特征，因为 alt 属性文本和图像标题会共用很多关键词。

主成分分析（PCA，principal component analysis）算法可以用于找出用更少的信息描述数据集的特征组合。算法的目标是找出**主成分**（principal component）。主成分是非相关的特征。主成分能涵盖数据集中的信息，尤其是数据集中的变化。数据集中的变化体现在数值上就是方差。也就是说，利用这个算法我们就能用更少的特征捕捉数据集中的大部分信息。

我们可以像用其他转换器一样使用 PCA，它有一个关键字参数，即要找到的成分数量。如果不填写这个参数，就会默认返回原始数据集中的所有特征来作为主成分。不过，这些主成分是有排名的，第 1 位的特征给数据集贡献了最多的方差，第 2 位其次，以此类推。因此，只找出前几位特征就足够描述数据集的大部分信息了。代码如下。

```
from sklearn.decomposition import PCA
pca = PCA(n_components=5)
Xd = pca.fit_transform(X)
```

其结果中的 Xd 矩阵仅有 5 个特征。不过我们要看一下这些特征的方差。

```
np.set_printoptions(precision=3, suppress=True)
pca.explained_variance_ratio_
```

其结果是 `array([ 0.854, 0.145, 0.001, 0. , 0. ])`。这个结果显示，第 1 位的特征贡献了数据集中 85.4%的方差，第 2 位的特征贡献了 14.5%，后面的特征以此类推。到了第 4 位特征，它就只占不到 0.1%的方差了。其余的 1553 个特征占比更低（这个数组有序）。

用 PCA 转换数据集的副作用是其得到的特征由其他特征组合而成，而组合方式通常很复杂。例如上述代码返回的第 1 个特征开始的几个值是`[-0.092, -0.995, -0.024]`，即把原始数据集中的第 1 个特征乘以–0.092，第 2 个特征乘以–0.095，第 3 个特征乘以–0.024。这个特征有 1558 个这种形式的值，每个值对应原始数据值的一列特征（虽然很多是零值）。这样的特征不但难以用肉眼识别，而且如果没有丰富的经验，人们很难从中获取有用的信息。

PCA 产生的模型不仅趋近于原始数据集，还提升了针对分类任务的性能。

```
clf = DecisionTreeClassifier(random_state=14)
scores_reduced = cross_val_score(clf, Xd, y, scoring='accuracy')
```

分类结果的评分达到了 0.9356，比直接用原始数据集略高一些。虽然 PCA 并不总能带来这样的收益，但是大多数情形下还是能获得收益的。

此处我们用 PCA 来减少数据集中的特征数量。不过因为 PCA 并不会把类别纳入考虑，所以一般而言，不应该用 PCA 来减轻数据挖掘实验中过拟合现象带来的影响，而应该用正则化。正则化能更好地解决过拟合问题。

能用图表展示其他方法难以可视化的数据集是 PCA 的另一个优势。例如，我们可以为 PCA 返回的前两个特征绘图。

首先，让 Notebook 内联显示图表。

```
%matplotlib inline
from matplotlib import pyplot as plt
```

接下来，找出数据集中所有不同的类别（此处只有两个类别：是广告、不是广告）。

```
classes = set(y)
```

之后，还要给类别着色。

```
colors = ['red', 'green']
```

利用 `zip()`函数同时迭代两个列表。然后，提取属于该类别的所有样本，并根据类别的颜色把样本画到图表中。

```
for cur_class, color in zip(classes, colors):
    mask = (y == cur_class)
    plt.scatter(Xd[mask,0], Xd[mask,1], marker='o', color=color,
                label=int(cur_class))
```

最后，在结束循环后，创建图例并显示图表。图表展示了各个类别中的样本分布，如图 5-3 所示。

```
plt.legend()
plt.show()
```

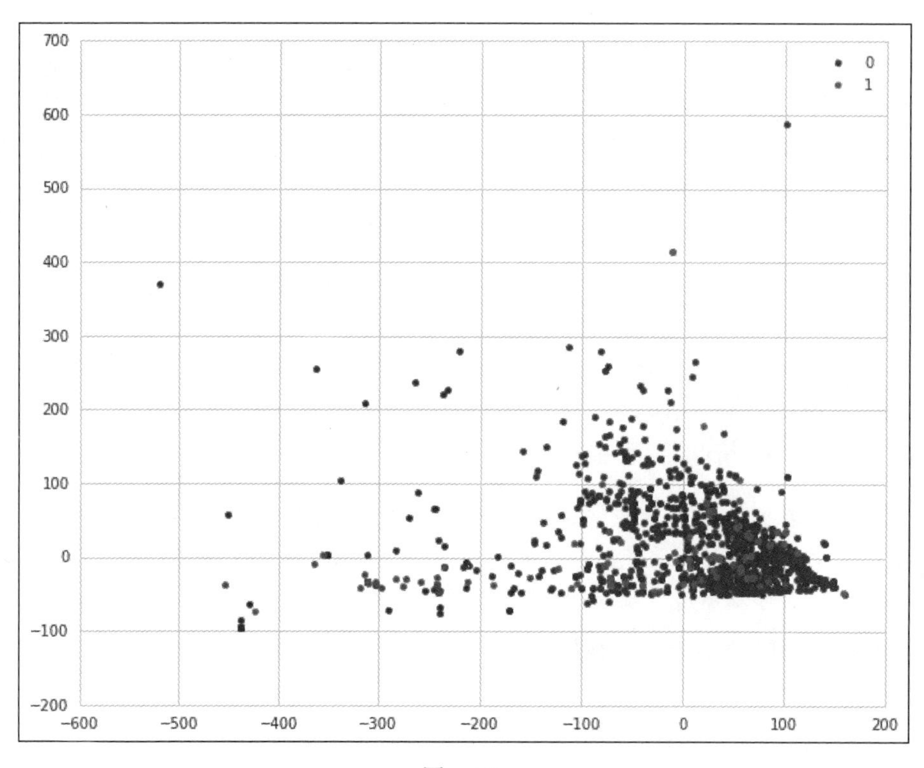

图　5-3

5.5　创建自己的转换器

随着接触更多类型不同、复杂程度各异的数据集，你会发现现有的转换器已经不能满足提取特征的需求了。在第 7 章中，我们会从图（graph，一种数据结构）中创建特征，届时也要自行创建转换器。

转换器与转换函数是同一类东西，都是接受某种形式的数据，然后返回另一种形式的数据。我们可以用训练数据集训练转换器，训练好的转换器参数就能用于转换测试数据了。

转换器的 API 相当简单。它以特定格式的数据为输入，以与输入格式相同或不同的数据为输出。除此之外，它对编程人员没有更多要求了。

5.5.1 转换器 API

转换器需要实现两个关键函数。

- fit()。这个函数以训练数据集中的数据为输入，来设定转换器内部的参数。
- transform()。这个函数会执行转换过程本身。它既可以接受训练数据集作为输入，也可以接受相同格式的新数据集作为输入。

输入 fit()和 transform()两个函数的数据格式应该是相同的。fit()总是返回对转换器对象本身的引用（也就是方法参数中的 self），而 transform()返回的数据格式与输入的数据格式可能有所不同。

下面我们要创建一个试验性的转换器来实际展示 API 的用法。这个转换器把一个 NumPy 数组作为输入，然后对输入中的数据做基于均值的离散化处理。高于（训练数据集）均值的数值将被转换成 1，低于或等于均值的值将被转换成 0。

我们在 Adult 数据集中用 pandas 也做了类似的转换：把特征 Hours-per-week（周工作时长）作为输入，创建了名为 LongHours 的特征。后者用于指示 Hours-per-week 是否大于每周 40 小时。这次我们要实现的转换器是不一样的，原因有两个：一是转换器的代码要遵从 scikit-learn 的 API，这样这个转换器以后也能用在流水线（pipeline）中；二是转换器代码用均值进行训练，而不是像 LongHours 例子中用 40 这样的固定值。

5.5.2 实现转换器

首先，开启用于处理 Adult 数据集的 Jupyter Notebook。然后，点击 Cell 菜单项，选择 Run All。这会重新运行全部输入框中的代码，确保笔记本中的内容是最新的。

首先，导入 TransformerMixin 以设置 API。Python 没有严格的接口（这一点上与 Java 是相反的），而是用 Mixin[①]的形式让 scikit-learn 判断一个类是否确实是一个转换器。我们还需要导入一个用于检查输入是否为有效形式的函数，后面会用到它。

来看一下代码。

```
from sklearn.base import TransformerMixin
from sklearn.utils import as_float_array
```

再看一下整个类，之后会解释细节。

```
class MeanDiscrete(TransformerMixin):
    def fit(self, X, y=None):
```

① Mixin 是面向对象编程的一种类，可以为使用它的类扩充功能，而不必让使用类成为子类。使用类与它之间不是“继承”关系，而是“包含”关系。Mixin 其实是组合模式（composite pattern）的一种实现形式。——译者注

```
        X = as_float_array(X)
        self.mean = X.mean(axis=0)
        return self

    def transform(self, X, y=None):
        X = as_float_array(X)
        assert X.shape[1] == self.mean.shape[0]
        return X > self.mean
```

这个类通过用 fit()方法中的 X.mean(axis=0)语句计算均值来训练转换器，并把均值存放在对象的属性中。此后，fit()函数返回 self（对对象本身的引用），以与转换器的 API 要求（scikit-learn 的链式函数调用需要这种形式的返回值）相符合。

用 fit()函数训练好转换器后，就可以把特征数量与训练数据集相同的（assert 语句会确认矩阵的形状）矩阵传给 tranform()函数了。它返回的结果会表明输入矩阵中的特征值是否大于对应特征的均值。

既然转换器类已构建完成，我们就可以创建一个该类的实例用来转换 *X* 数组。

```
mean_discrete = MeanDiscrete()
X_mean = mean_discrete.fit_transform(X)
```

我们可以尝试把转换器实现到工作流程（workflow）中，并且将用流水线（pipeline）和不用流水线两种方式都尝试一下。你会发现遵循转换器 API 的规范之后，替代 scikit-learn 内置转换器其实相当简单。

5.6　单元测试

你在自行创建函数和类后最好做一下单元测试。单元测试旨在测试代码中的单一单元。本例中我们会测试转换器的工作情况是否符合预期。

好的测试理应采用独立验证的方法。用其他计算机语言或方法执行计算可以有效确保测试的合理性。鉴于此，应该用 Excel 创建数据集，并计算每个单元格的均值，再用这些值参与单元测试。

单元测试通常是体积小巧、运行快捷的测试。因此，用于单元测试的数据规模要比较小。之前用来测试的数据集被存储在 *Xt* 变量中，而在这次的测试中，我们要重新创建测试数据。两个特征的均值分别是 13.5 和 15.5。

导入 NumPy 测试模块中的 assert_array_equal()函数，以创建我们的单元测试。这个函数会检查两个数组是否等同。

```
from numpy.testing import assert_array_equal
```

接下来创建我们的函数。测试函数的名称是个重点，其名称应以 test_开头。这是因为测试工具会根据这种命名方式自动查找并运行测试函数。另外，我们还要设置好测试数据。

```
def test_meandiscrete():
    X_test = np.array([[ 0,  2],
                       [ 3,  5],
                       [ 6,  8],
                       [ 9, 11],
                       [12, 14],
                       [15, 17],
                       [18, 20],
                       [21, 23],
                       [24, 26],
                       [27, 29]])
    # 创建转换器的实例
    mean_discrete = MeanDiscrete()
    mean_discrete.fit(X_test)
    # 检验计算的均值是否正确
    assert_array_equal(mean_discrete.mean, np.array([13.5, 15.5]))
    # 还要检验转换结果是否符合预期
    X_transformed = mean_discrete.transform(X_test)
    X_expected = np.array([[ 0,  0],
                           [ 0, 0],
                           [ 0, 0],
                           [ 0, 0],
                           [ 0, 0],
                           [ 1, 1],
                           [ 1, 1],
                           [ 1, 1],
                           [ 1, 1],
                           [ 1, 1]])
    assert_array_equal(X_transformed, X_expected)
```

然后调用函数本身即可运行测试。

```
test_meandiscrete()
```

如果没有报错，那么测试就取得了圆满成功！你可以故意把代码中的值改成错误的，确认一下测试是否会失败。但是，要记得把错误的值改回来，这样以后执行测试时才能顺利通过。

如果我们的测试项比较多，那么就需要采用 py.test 或 nose 这样的测试框架来运行测试了。测试框架可以通过管理测试的运行、记录测试失败，以及提供反馈来帮助你改进代码质量。不过，由于测试框架的使用超出了本书范畴，因而在此不会讨论。

5.7 组装成型

既然我们的转换器已经通过测试，那么是时候将其投入实际使用了。运用我们之前掌握的要点创建一条流水线，把 MeanDiscrete 转换器作为流水线的第一个步骤，把决策树分类器作为流水线的第二个步骤。接下来运行交叉验证，然后输出结果。代码如下。

```
from sklearn.pipeline import Pipeline
pipeline = Pipeline([('mean_discrete', MeanDiscrete()),
```

```
                    ('classifier', DecisionTreeClassifier(
                     random_state=14))])
scores_mean_discrete = cross_val_score(pipeline, X, y, scoring='accuracy')
```

结果不如从前，只有 0.917。不过对于一个简单的二值特征模型而言，这个成绩已经非常好了。

5.8　本章小结

本章着眼于特征与转换器，关注如何在数据挖掘流水线中使用转换器。我们还讨论了如何创建好的特征，以及如何用算法从标准特征集合中选取好特征。不过，由于创建好的特征比起科学更像是艺术，因此通常还需要专业领域知识与经验的帮助。

随后，我们以实现接口的方式创建了自己的转换器，这样的转换器可以与 `scikit-learn` 中的辅助函数配合使用。在后面的章节中，我们还会创建更多的转换器，这样就可以用 `scikit-learn` 中现有的函数更高效地完成测试。

我建议读者在数据挖掘竞赛网站 Kaggle.com 上注册账号，尝试参与其中的一些竞赛，以加深对本章内容的理解。Kaggle.com 网站建议从泰坦尼克（Titanic）数据集入手，我们可以用它练习本章介绍的特征创建的各方面内容。不过由于其中的许多特征不是数值特征，因此你需要在应用数据挖掘算法前，把这些特征转换为数值特征。

在下一章中，我们不仅会在由文本文档组成的语料库中完成特征提取，还会了解许多针对文本数据的转换器和文本的特征类型以及它们的优缺点。

第6章

用朴素贝叶斯算法探索社交媒体

图书、法律文档、社交媒体和电子邮件等都是基于文本的文档，而这种文档包含大量信息。对于搜索引擎、法律人工智能和自动化的新闻服务等这样的现代 AI 系统而言，从基于文本的文档中提取信息至关重要。

因为文本本质上不是数值，所以从文本中提取有用的特征成为了一个难题。我们必须先用某种模型从文本创建特征，才能把数据挖掘算法应用到文本中。好消息是，一些简单的模型能有效地满足这种需求，其中就包括本章要用到的词袋（bag-of-words）模型。

在本章中，我们关注在数据挖掘的应用场景中从文本中提取有用特征。本章有一个特别棘手的问题，那就是社交媒体中的词义消歧（term disambiguation）问题，即根据上下文判断词义的问题。

本章涵盖以下话题：

- 通过社会网络 API 下载数据；
- 文本数据的转换器与模型；
- 朴素贝叶斯分类器；
- 用 JSON 格式保存和加载数据集；
- 用 NLTK 库创建模型；
- 用 F_1 score[①]评估模型。

6.1 消歧

文本数据一般被称为**非结构化**（unstructured）格式的数据。虽然文本中蕴含着大量信息，但

① F_1 score 又名 F-measure、F-score。根据“The truth of the F-measure”（Sasaki, Y., 2007）中的推测，这个命名是在 1992 年的第 4 届消息理解会议（MUC，Message Understanding Conference）上偶然选取的。该次会议首次提出了 C.J. van Rijsbergen 所著 *Information Retrieval* 一书中的“F-measure”概念，并视其为一种不同的 F 函数，由此有了“F-measure”这个名字。——译者注

是这些信息只是**存在**于文本中，而不能自动浮现出来。缺少标题、没有必要的格式区分（除正常的语法规则外）、松散的句法和其他问题都会成为从文本中提取信息的障碍。同时，文本数据自身也因大量的提及、交叉引用而产生了高度的关联性，这同样成为了我们难以从文本中提取信息的原因。即便是判断一个词是否为名词这样看似简单的问题，其中也会有许多奇怪的边界情况。这样一来，寻求可靠的方法着实需要下一番功夫。

我们可以比较一下以图书与数据库两种形式存储的信息，看看它们的区别。虽然图书中会包含角色、主题和场景等大量信息，但这些信息要在文化语境下进行阅读和解读才能掌握。相反，服务器上的数据库按列名和数据类型组织信息。因为所有信息都显而易见，所以从中提取特定信息的门槛也就相当低了。

有关数据本身的信息，比如数据的类型或数据的意义，叫作元数据（metadata），而文本恰恰缺少元数据。虽然图书中也包含以目录和索引等形式展现的元数据，但这样的元数据能提供的信息量远远少于数据库。

词义消歧（term disambiguation）就是文本数据处理中的一个问题。当有人在消息中使用bank这个词时，这条消息是关于财务的（银行）还是关于环境（比如river bank指河岸）的呢？对于人类而言，尽管有时也会遇到麻烦，然而这种类型的消歧在很多场景下再简单不过了。但是，对于计算机而言，这个任务就难多了。

本章，我们将着手为Twitter信息流中的Python一词消歧。当大家说起Python时，可能是在说下面这些事物：

- 编程语言Python；
- Monty Python[①]，经典喜剧团体；
- 蟒蛇；
- 鞋类品牌Python。

虽然还可能有更多叫作Python的东西，但我们的实验只关注如何只基于推文内容，判断其中提到的Python指的是不是编程语言Python。

在Twitter上发布的消息被称为**推文**（tweet），其长度不超过140字。推文中包含大量的元数据，例如发布的时间与日期、推文的发布者等。不过由于我们关注的是推文主题，因而这些元数据的用处不大。

本章的数据挖掘实验包括下列步骤：

① 因为编程语言Python的创始人Guido van Rossum是Monty Python的铁杆粉丝，所以编程语言Python的名称来源于这个团体。另外，在Python代码和社区中也会见到向Monty Python致敬的内容。比如在Python文档中，伪变量经常是spam和eggs（出自Monty Python的素描喜剧*Spam*），而不是常见的foo和bar。——译者注

(1) 从 Twitter 上下载推文数据；
(2) 手动分类数据以创建数据集；
(3) 保存数据集以便再次分析研究；
(4) 用一个由朴素贝叶斯实现的分类器进行词义消歧。

6.2 从社交媒体下载数据

首先，从 Twitter 上下载语料数据，并剔除垃圾信息，仅留下有用的内容。Twitter 提供了用于收集其服务器上信息的 API，这个 API 不但运行稳定，而且对小规模的应用免费。不过，要在商业中使用 Twitter 上的数据，就需要遵循 Twitter 对此的规定。

首先，你需要注册一个 Twitter 账号（账号是免费的）。

下一步，要确保你每分钟只发送特定数量的请求。当前的限制是每 15 分钟不超过 15 个请求（取决于具体的 API）。因为在代码中遵循这样的限制比较麻烦，所以在这里，我强烈建议你用现成的库来访问 Twitter 的 API。

在用自己的代码访问基于 Web 的 API（在自己的代码中执行 Web 调用）之前，请确保你已经阅读并理解了相关文档中关于速率限制的说明。在 Python 中，你可以用 `time` 库实现每次执行 API 调用的间隔，以确保没有违反速率限制。

接下来你还需要一个用于访问 Twitter 数据的密钥。访问 http://twitter.com，登录账号。登录后，访问 http://app.twitter.com，点击 Create New App。创建应用，填入应用名称、描述以及网站地址。

如果没有要使用 API 的网站，那么你可以随便填点什么。Callback URL 字段留空，因为我们不需要它。选择同意使用条款（如果你确实同意），然后点击 Create your Twitter application。

操作之后不要关闭页面，因为你还需要页面中的访问密钥（access key）。然后，我们需要一个与 Twitter 交互的库。虽然备选方案有很多，但是我喜欢用 `twitter` 这个名字简单的库，它也是 Twitter 官方的 Python 库。

如果你使用 `pip` 安装包，那么在命令行中执行 **`pip3 install twitter`** 就能安装 `twitter` 了。在本书撰写时，Anaconda 还没有收录 `twitter` 库，因此用 `conda` 不能安装它。如果你正在使用其他系统或想要从源码编译，请参看文档：https://github.com/sixohsix/twitter。

创建新的 Jupyter Notebook 来下载数据。因为本章中将会根据不同目的创建多个笔记本，所以最好创建一个文件夹以保存这些笔记本。第一个笔记本应命名为 `ch6_get_twitter`，专门用于下载 Twitter 数据。

首先，导入 twitter 库并设置好授权令牌（authorization token）。在你的 Twitter 应用页面的 Keys and Access Tokens 标签页下可以找到使用者标识（consumer key）与使用者密钥（consumer secret）。在同一个页面中，你还需要点击页面上的 Create my access token 按钮获取访问令牌（access token）。在代码中合适的位置输入这些密钥。

```
import twitter
consumer_key = "<Your Consumer Key Here>"
consumer_secret = "<Your Consumer Secret Here>"
access_token = "<Your Access Token Here>"
access_token_secret = "<Your Access Token Secret Here>"
authorization = twitter.OAuth(access_token, access_token_secret,
                              consumer_key, consumer_secret)
```

下面，用 Twitter 的搜索（search）函数获取推文。用授权信息登录 Twitter，创建一个阅读器来执行搜索。在 Notebook 中设置好存储推文的文件的名称。

```
import os
output_filename = os.path.join(os.path.expanduser("~"), "Data", "twitter",
                               "python_tweets.json")
```

下一步，用前面生成的授权信息对象创建用于从 Twitter 读取数据的对象。

```
t = twitter.Twitter(auth=authorization)
```

然后，打开输出文件，以备后续写入。我们以附加（append）模式打开文件，这可以让脚本重复运行，以附加更多的推文。用上面的 Twitter 连接搜索单词“Python”。我们只需要将结果中返回的 statuses 用于数据集。这段代码会处理推文数据，它会用 json 库的 dumps() 函数以文本形式表示推文数据，再将其写入到文件中。它还会在每条推文下面添加空行，以便于辨识推文数据的起始与结束。

```
import json
with open(output_filename, 'a') as output_file:
    search_results = t.search.tweets(q="python", count=100)['statuses']
    for tweet in search_results:
        if 'text' in tweet:
            output_file.write(json.dumps(tweet))
            output_file.write("\n\n")
```

在上面的循环中，我们还检查了推文中是否有文本。Twitter 返回的对象并不都是推文（例如有的响应是删除推文的动作）。其关键区别在于推文中是否有 text 键，而我们也正是这样检查推文数据的。运行脚本几分钟后，我们就会收获 100 条推文数据，并且它们已经写入到了输出文件中。

你可以一直重复运行这个脚本来向数据集中添加更多的推文。但如果运行过于频繁，那么因为 Twitter 上还没有足够多的新数据，所以输出文件中会出现很多重复的内容。虽然对于这次初步试验而言，100 条推文就足够了，但是你可能会重复运行脚本以获取大概 1000 条数据。

6.2.1 加载数据集并分类

我们在采集了一些推文（也就是我们的数据集）后，就需要为后续分类操作提供标注信息了。接下来，在 Jupyter Notebook 中设置一个表单，以输入标注信息。为此，我们将加载上一节中采集的推文数据，迭代其中的每一条，并根据推文中是否提到 Python 编程语言，手动提供分类信息。

数据集存储的格式近似（但不完全是）JSON 格式。JSON 格式仅仅约束了语法，对数据的结构则要求宽松。JSON 的设计用意是让 JavaScript 能直接读取这一格式的数据（正如其名 JavaScript Object Notation）。JSON 中定义了基本的对象类型，比如数值、字符串、列表和字典等。如果数据集中包含非数值数据，那么 JSON 就是一种不错的存储格式。如果数据集中全都是数值，那么应该用像 NumPy 一样的基于矩阵的格式进行存储，以节省存储空间和计算时间。

我们的数据集和真正的 JSON 之间的关键差异在于推文之间的空行。添加空行是为了方便附加新的推文数据（如果是真正的 JSON 格式，那么附加新的推文数据就很麻烦）。我们用 JSON 格式表示单条推文，在其后添加空行，接下来才是下一条推文，以此类推。

首先，按空行分割数据集文件，拆出实际的推文对象，然后用 json 库进行解析。打开一份新的 Jupyter Notebook，命名为 ch6_label_twitter。在其中加载并迭代作为输入文件的数据集，在循环中逐条保存推文。用下面的代码简单检查推文中是否有实际文本。如果有，则用 json 库加载推文并将其添加到列表中。

```
import json
import os

# 输入文件名
input_filename = os.path.join(os.path.expanduser("~"), "Data",
                              "twitter", "python_tweets.json")
# 输出文件名
labels_filename = os.path.join(os.path.expanduser("~"), "Data",
                               "twitter", "python_classes.json")

tweets = []
with open(input_filename) as inf:
    for line in inf:
        if len(line.strip()) == 0:
            continue
        tweets.append(json.loads(line))
```

现在，手动分类数据集，判断其中的各项对我们来说是否有相关意义，即有没有提及编程语言 Python。我们在 Jupyter Notebook 中内嵌 HTML，利用其提供的 JavaScript 与 Python 的交互来创建一个视图，该视图用于便捷地分类推文，判断其是否为垃圾信息。代码会向用户（你）展示一条推文，询问**推文是否有相关意义**，并用该问题的答案标注推文。然后，它会保存标注结果并展现下一条待标注的推文。

首先，创建一个用于保存标注结果的列表。无论给出的推文是否提及编程语言 Python，这些标注结果都会被保存，因为它们可以用于训练分类器区分单词 Python 的不同意义。

检查是否存在现有标注，如果有，加载它们。这在标注中途需要关闭笔记本时很有用。代码会从上一次的位置加载标注。事先考虑如何保存任务的中间状态通常很有必要。假如你已经计算了一个小时之久，却遇到停机又没有保存结果，那么没有什么比这更令人沮丧的了。下面的代码可以用于加载数据集。

```
labels = []
if os.path.exists(labels_filename):
    with open(labels_filename) as inf:
        labels = json.load(inf)
```

首次运行这段代码时，什么都不会发生。在手动分类一些示例数据后，你可以保存进度然后关闭笔记本。此后，再重新打开笔记本，就能恢复之前的进度。

如果你错误地分类了一份或两份推文，那么不用太担心。如果你分错了太多，想要从头开始，那么只需要删除 python_classes.json 文件，上述代码就会识别出分类结果为空，不再读取。如果你要删除所有数据，从获取推文重新开始，那么请确保 python_tweets.json 和 python_classes.json 这两个文件都被移除。否则，笔记中的代码就不能正常工作了，它会将新推文分入旧数据集中的类别。

接下来，创建一个简单的函数，以返回下一条待标注的推文。要做到这一点，找出首条尚未标注的推文即可。这个函数的代码很直截了当。我们可以用已标注的推文数量（len(labels)）作为索引来获取 tweet_sample 列表中的下一条推文。

```
def get_next_tweet():
    return tweets[len(labels)]['text']
```

实验的下一步就是从用户（也就是你）处采集关于推文是否提及编程语言 Python 的信息。

目前在 Jupyter Notebook 中尚且没有一种纯由 Python 实现的交互式方法能直接、有效地获取如此大量的文本文档的用户反馈。鉴于此，我们用一些 JavaScript 代码和 HTML 代码来读取用户输入。下面的例子是一种可行方法。但方法很多，不限于此。

为了获得反馈，我们需要一个 JavaScript 组件，用于加载并显示下一条推文。我们还需要一个 HTML 组件，用于创建 HTML 元素以展示推文。这里我们仅介绍大体的工作流程，而不会详细介绍代码的具体细节。

(1) 获取要交给 load_next_tweet 分类的下一条推文。

(2) 通过 handle_output 将其展示给用户。

(3) 等待用户用$("input#capture").keypress 按 0 键或 1 键。

(4) 通过 set_label 把结果保存到类别列表中。

一直重复上述步骤直到列表结尾（此时会出现 IndexError 异常，意味着已经没有需要分类的推文了）。代码如下（不要忘了你可以从 Packt 或官方 GitHub 仓库中下载代码）。

```
%%html
<div name="tweetbox">
    Instructions: Click in text box. Enter a 1 if the tweet is relevant, enter 0
otherwise.<br>
    Tweet: <div id="tweet_text" value="text"></div><br>
    <input type=text id="capture"></input><br>
</div>

<script>
function set_label(label){
    var kernel = IPython.notebook.kernel;
    kernel.execute("labels.append(" + label + ")");
    load_next_tweet();
}

function load_next_tweet(){
    var code_input = "get_next_tweet()";
    var kernel = IPython.notebook.kernel;
    var callbacks = { 'iopub' : {'output' : handle_output}};
    kernel.execute(code_input, callbacks, {silent:false});
}

function handle_output(out){
    console.log(out);
    var res = out.content.data["text/plain"];
    $("div#tweet_text").html(res);
}

$("input#capture").keypress(function(e) {
    console.log(e);
    if(e.which == 48) {
        // 按 0 键
        set_label(0);
        $("input#capture").val("");
    }else if (e.which == 49){
        // 按 1 键
        set_label(1);
        $("input#capture").val("");
    }
});

load_next_tweet();
</script>
```

6

你需要在一个输入框中输入（或是从代码包中直接复制）所有的这些代码。这段代码包含了 HTML 和 JavaScript 的组合，可以根据你的输入手动为推文分类。如果要停止或保存标注进度，只需在下一个输入框中运行下面的代码，它会保存进度，而且不会打断上面 HTML 代码的正常工作。

```
with open(labels_filename, 'w') as outf:
    json.dump(labels, outf)
```

6.2.2　创建可重现的 Twitter 数据集

在数据挖掘中会出现许多变量。它们不是数据挖掘算法的参数，而是用于决定数据采集方式、环境搭建方式以及许多其他因素。要验证或改进结果，重现实验结果是很重要的。

用算法 *X* 在某个数据集上达到 80%的准确率，而用算法 *Y* 在另一个数据集上达到 90%的准确率，并不意味着算法 *Y* 更优秀。若想妥善地比较两个算法孰优孰劣，就要在相同的数据集中、相同的条件下进行测试。运行前文中的代码，你得到的数据集会与我创建且投入使用的数据集有所不同。其主要原因是 Twitter 返回的搜索结果与你执行搜索的时间有关。

而且，你的对推文的标注也会跟我不一样。虽然会有明显与编程语言 Python 有关的推文，但也会有模棱两可的“灰色地带”。我遇到的比较麻烦的灰色地带之一是外语推文，因为我没法读懂这些推文。我们可以通过设置 Twitter API 中的语言选项来解决该问题。但语言选项的效果并不完美，总有漏网之鱼。

受种种因素影响，从社交媒体中提取出的数据集对重现实验而言是不小的麻烦，而 Twitter 也不例外。虽然 Twitter 明确禁止直接共享数据集，但我们可以通过只共享推文 ID 来规避这一限制。本节中我们就将创建推文 ID 数据集，这样就可以自由共享数据集了。那么接下来我们就要看看如何从推文 ID 数据集中下载原始推文，以重建原始的推文数据集。首先，保存这个内容是推文 ID 的可重现（replicable）数据集。

创建另一个新的 Jupyter Notebook，并像之前标注时一样设置好文件名。只是这次多了一个新的文件名，用来保存可重现的数据集。代码如下。

```
import os
input_filename = os.path.join(os.path.expanduser("~"), "Data",
                              "twitter", "python_tweets.json")
labels_filename = os.path.join(os.path.expanduser("~"), "Data",
                               "twitter", "python_classes.json")
replicable_dataset = os.path.join(os.path.expanduser("~"), "Data",
                                  "twitter", "replicable_dataset.json")
```

加载前一个笔记本中标注过的推文和标注信息。

```
import json
tweets = []
```

```
with open(input_filename) as inf:
    for line in inf:
        if len(line.strip()) == 0:
            continue
        tweets.append(json.loads(line))
if os.path.exists(labels_filename):
    with open(labels_filename) as inf:
        labels = json.load(inf)
```

现在，同时迭代推文和标注，并将其保存到列表中，以创建数据集。下面这段代码有一个不可忽视的副作用：由于 `zip()` 函数的第一个参数是 `labels`（标注），因而这段代码只会根据我们已经创建的标签数量加载相应数量的推文。换言之，这段代码可以在只标注了一部分推文的数据集上运行。

```
dataset = [(tweet['id'], label) for label, tweet in zip(labels, tweets)]
```

最后，在文件中保存结果。

```
with open(replicable_dataset, 'w') as outf:
    json.dump(dataset, outf)
```

我们已经把推文 ID 和标注保存到新的数据集中，可以重建原始推文数据集了。如果你想要重建本章使用的数据集，那么你可以在本书附带的代码包中找到它。加载这个数据集并不难，只是要花费一些时间。

打开一个新的 Jupyter Notebook，像之前一样设置好数据集、标注和推文 ID。我调整了此处的文件名，以确保不会覆盖之前采集的数据集。不过你如果确实想要覆盖之前的数据集，也可以改回去。

代码如下。

```
import os
tweet_filename = os.path.join(os.path.expanduser("~"), "Data", "twitter",
                              "replicable_python_tweets.json")
labels_filename = os.path.join(os.path.expanduser("~"), "Data", "twitter",
                               "replicable_python_classes.json")
replicable_dataset = os.path.join(os.path.expanduser("~"), "Data",
                                  "twitter", "replicable_dataset.json")
```

接下来用 `json` 库加载文件中的推文 ID。

```
import json
with open(replicable_dataset) as inf:
    tweet_ids = json.load(inf)
```

保存标注很容易。我们只要迭代数据集并且提取出推文 ID。仅两行代码就可以完成打开文件、保存推文的操作。然而，我们不能保证之后还能采集到之前的全部推文（例如在数据集采集完成之后，某些推文被设置为私密）。这样一来，标注和推文数据顺序就不匹配了。举个例子，我在数据集采集完成仅仅一天以后尝试重建数据集，其中就缺失了两条推文（可能是被推文作者删除或设置为私密了）。鉴于此，我们要按需输出标注。

首先，创建一个空的 actual_labels 列表，用来存储那些从 Twitter 中实际恢复出来的推文的标注。然后，创建一个用于映射推文 ID 和其标注的字典。代码如下。

```
actual_labels = []
label_mapping = dict(tweet_ids)
```

接下来，创建到 Twitter 服务器的链接，以采集相应的推文数据。这个过程会有些漫长。导入我们之前用过的 twitter 库，创建授权令牌，然后用它创建 twitter 对象。

```
import twitter
consumer_key = "<Your Consumer Key Here>"
consumer_secret = "<Your Consumer Secret Here>"
access_token = "<Your Access Token Here>"
access_token_secret = "<Your Access Token Secret Here>"
authorization = twitter.OAuth(access_token, access_token_secret,
                              consumer_key, consumer_secret)
t = twitter.Twitter(auth=authorization)
```

然后，迭代每个推文 ID，并在 Twitter 上查询以恢复原始推文数据。Twitter 的 API 有一个优秀的特性，那就是允许我们一次性查询 100 条推文。这个特性大幅减少了 API 的调用次数。有趣的是，从 Twitter 的视角来看，查询 1 条推文和 100 条推文的调用数量是相同的，都是单次查询请求。

下面的代码将以每 100 条为一组迭代推文数据集，拼接每组中的推文 ID，并采集各条推文的数据。

```
all_ids = [tweet_id for tweet_id, label in tweet_ids]
with open(tweet_filename, 'a') as output_file:
    # 我们一次可以向 Twitter 查询 100 条推文，这会节省查询时间
    for start_index in range(0, len(all_ids), 100):
        id_string = ",".join(str(i) for i in all_ids[start_index:start_index+100])
        search_results = t.statuses.lookup(_id=id_string)
        for tweet in search_results:
            if 'text' in tweet:
                # 判定推文有效则把推文保存到文件
                output_file.write(json.dumps(tweet))
                output_file.write("\n\n")
                actual_labels.append(label_mapping[tweet['id']])
```

这段代码会检查每条推文是否有效。如果是，则将其保存到文件中。最后一步是保存上述代码产出的标注信息。

```
with open(labels_filename, 'w') as outf:
    json.dump(actual_labels, outf)
```

6.3 文本转换器

既然我们有了数据集，那么要怎样利用这份数据集执行数据挖掘实验呢？

像图书、论文、网站、手稿、编程代码以及其他形式的书面表达都是基于文本的数据集。迄今为止，我们所接触的算法都是处理数值特征或者分类特征的。那么问题来了，怎样把文本转换成算法可以处理的形式呢？可供使用的度量方法有很多。

例如，通过计算平均词长和平均句长可以度量文档的可读性。不过我们也可以提取出很多其他的特征类型，比如下面我们会关注的词的出现次数。

6.3.1 词袋模型

处理文本最简单也是最高效的模型之一就是统计数据集中每个词出现的次数。创建一个矩阵，使其中的各行表示数据集中的文档，各列表示词。矩阵中的各个元素就是文档中的词频。这就是**词袋模型**（bag-of-words model）。

下面这段文字摘自托尔金（J.R.R. Tolkien）的《魔戒》。

Three Rings for the Elven-kings under the sky,
Seven for the Dwarf-lords in halls of stone,
Nine for Mortal Men, doomed to die,
One for the Dark Lord on his dark throne
In the Land of Mordor where the Shadows lie.
One Ring to rule them all, One Ring to find them,
One Ring to bring them all and in the darkness bind them.
In the Land of Mordor where the Shadows lie.

— The Lord of The Rings

单词 the 在选文中出现了 9 次之多。单词 in、for、to 和 one 各出现了 4 次。单词 ring 和 of 各出现了 3 次。

我们可以通过选取一份单词的子集并计算词频，来从这段选文中创建一个数据集，如表 6-1 所示。

表 6-1

单词	the	one	ring	to
词频	9	4	3	4

要计算单份文档中所有单词的词频，可以使用 Counter 类。在计算词频之前，通常要把所有字母转换为小写形式。我们在字符串创建时就这样处理。代码如下。

```
s = """Three Rings for the Elven-kings under the sky, Seven for the Dwarf
    lords in halls of stone, Nine for Mortal Men, doomed to die, One for the
    Dark Lord on his dark throne In the Land of Mordor where the Shadows lie.
    One Ring to rule them all, One Ring to find them, One Ring to bring them
    all and in the darkness bind them. In the Land of Mordor where the Shadows
    lie. """.lower()
words = s.split()
from collections import Counter
c = Counter(words)
print(c.most_common(5))
```

打印 print(c.most_common(5))可以输出前 5 位出现最频繁的单词。只输出前 5 位并不能体现出单词间的频率差异，因为有相当多的单词并列排名第 5 位。

词袋模型主要分为 4 种，实践中还会有许多变体和调整。

- 第一种像上例中这样，使用原始词频。未归一化的数据对这种模型很不利。尽管单词 the 的出现没什么重要意义，但它在总体中高频出现（对方差贡献大），会掩盖低频率（对方差贡献小）的词。
- 第二种模型采用归一化的词频，使每份文档中的词频之和为 1。这样一来，我们无须考虑文档长度的影响。尽管这种方法的效果要好得多，但是其中还存在低频词被掩盖的问题。
- 第三种则直接使用二值特征，即如果出现某词则为 1，反之则为 0。本章就会用这种二值形式。
- 第四种模型采用另一种归一化方法，叫作**词频–逆文档频率**（tf-idf，term frequency-inverse document frequency）方法。它可能更受欢迎。这是一种带权重的方法。首先，把**词数**（term count）归一化为**词频**（tf，term frequency）。然后，将其除以语料库中出现该词的文档数量。在第 10 章中，我们就会用到 td-idf()方法。

6.3.2　*n* 元语法特征

***n* 元语法**（*n*-gram）模型就是标准词袋模型的一种变体。*n* 元语法模型弥补了词袋模型在理解上下文方面的不足。由于词袋模型只会为单词本身计数，因而当把如 United States 这样的常见词组拆分成单词处理时，会丢掉其在句子中的应有含义。

有的算法可以读取并解析句子，生成树形数据结构，以形成单词内涵意思的精准表达。不幸的是，这种算法计算成本高昂，不适用于大型数据集。

n 元语法模型在理解上下文与计算复杂度之间取得了平衡。它能比词袋模型更好地理解上下文，却只稍微增加了计算成本。

n 元语法是句子中 *n* 个连续、重叠的标记（token）[①]的子序列。在本章的实验中，我们将使用单词 *n* 元语法（word *n*-gram），也就是单词标记的 *n* 元语法。*n* 元语法的单词计数方法与词袋模型相同，只是它会把 *n* 元语法形式的单词放入袋中。特定的 *n* 元语法出现在给定文档中的次数会被作为数据集的元素值。

n 的值是可变的参数。对于英语而言，*n* 的初始取值在 2 到 5 之间比较合适。不过，某些应用场景可能需要更高的 *n* 值。如果取了太高的 *n* 值，那么由于这种情况下的 *n* 元语法不太可能同时出现在多份文档中，因而返回的数据集会比较稀疏。而如果取 *n* 值为 1，其结果就会跟词袋模型一样。

以 $n = 3$ 为例，我们提取下面这条引文的前几个 *n* 元语法。

Always look on the bright side of life

第 1 个 *n* 元语法（三元）是 Always look on，第 2 个是 look on the，第 3 个是 on the bright。如你所见，每个 *n* 元语法都覆盖了 3 个单词，并且 *n* 元语法相互之间有重叠。比起单纯提取单词 *n* 元语法有很多优势。作为一种简单的概念，它考虑了词语本身的语境，引入了单词的上下文，用可计算的方法去理解自然语言，并且计算成本不高。

由于同样的单词 *n* 元语法不太可能出现两次（在推文这样的短小文档中尤甚），因而 *n* 元语法就有一个劣势：其返回的结果矩阵会更稀疏。特别是在社交媒体之类的短小文档中，除非是转推（retweet），同样的单词 *n* 元语法不会出现在太多不同推文中。不过在篇幅较长的文档中，单词 *n* 元语法在大多数应用场景下相当有效。在文本文档中还可以使用另一种形式的 *n* 元语法，那就是字符 *n* 元语法（character *n*-gram）。尽管有这样的缺陷，然而你很快就会看出，单词 *n* 元语法在实践中相当有效。

尽管字符 *n* 元语法在计算上有很多选择，但这里我们简单地采用字符的集合，而不是单词的集合。这样的模型不仅可以帮助检查单词中的拼写错误，对分类还有其他助益。本章中，我们会测试字符 *n* 元语法。在第 9 章你会再次见到字符 *n* 元语法的身影。

6.3.3 其他文本特征

文本中还能提取出其他的特征，其中就包括句法特征，比如句子中特定单词的用法。在数据挖掘中还会经常用到词性来理解文本的含义。本书中不会拓展介绍这些特征类型。如果你对文本特征感兴趣，想要了解更多，我推荐阅读 Jacob Perkins 所作的 *Python 3 Text Processing with NLTK 3 Cookbook*，这本书由 Packt 出版社发行。

Python 中有许多库可以参与处理文本数据。其中最为我们所熟知的就是**自然语言工具包**

① “标记”（token）就是分词器（`tokenizer`）的“词”。除词语外，“词”还包括符号。——译者注

（NLTK，Natrual Language Toolkit）。`scikit-learn` 库中还有一个 `CountVectorizer` 类，也可以执行类似的操作。你也可以查看一下它（第 9 章就会用到它）。NLTK 还支持由分词和词性标注（区分一个单词是名词、动词还是别的词性）的特征。

这里我们要用到的库叫作 spaCy，它完全是为快速且可靠的自然语言处理需求而设计的。尽管没有 NLTK 那么出名，但其流行度也在迅速上升中。相比 NLTK 而言，它虽然简化了一些决策，但其语法也稍微复杂了一些。

我建议在生产系统中使用 spaCy，因为它比 NLTK 运行速度更快。NLTK 是为教学设计的，而 spaCy 是为生产环境设计的。由于它们的语法不同，因而将代码从二者中的一个迁移到另一个十分困难。如果你不想在实验中涉及不同的自然语言处理库，那么我建议你直接用 spaCy。

6.4　朴素贝叶斯

朴素贝叶斯是一个概率模型。顾名思义，它基于贝叶斯统计的朴素解释。尽管只是朴素解释，但这个方法饱经检验，表现出色。得益于这种朴素解释，这个算法运行速度相当快。它能在不同的特征类型和特征格式下完成分类任务。不过，本章只关注词袋模型中的二值特征。

6.4.1　理解贝叶斯定理

大多数人的统计学学习是从**频率学派方法**（frequientist approach）开始的。在使用频率学派方法时，我们假定数据服从某种概率分布，旨在确定这种概率分布的参数。然而，这种情况下，我们也假定这些参数是固定的（这可能不正确）。我们用模型来描述数据，甚至通过这种方法来测试数据是否与模型匹配。

相反，贝叶斯统计模仿的是人（至少是非频率学派的统计学家）的思维方式。我们既然已经有了一些数据，就可以用数据更新模型，以描述事情发生的可能性。在贝叶斯统计中，我们用数据来描述模型，而不是先构建模型之后再用数据去验证（这是频率学派的做法）。

应该注意，频率学派和贝叶斯学派所提出和解决的问题是有细微差异的。直接比较两者不见得正确。

贝叶斯定理计算的是概率 $P(A|B)$，即在已知事件 B 发生的情况下，事件 A 发生的概率。大多数情况下，B 是已观测到的事件，比如**昨天下雨了**，那么 A 就是对今天是否下雨的预测。对于数据挖掘中的分类预测任务而言，B 通常是**我们观测到该样本**，而 A 则是**样本是否属于这个类别**（即类估计）。在下一节中，我们会展示如何在数据挖掘中运用贝叶斯定理。

贝叶斯定理可以用如下公式表示。

$$P(A|B)=\frac{P(B|A)P(A)}{P(B)}$$

举一个例子来说明。比如，我们需要判断包含 drugs 一词的推文是否为垃圾推文。这源于我们确信，包含这个词的推文可能是制药公司发送的垃圾推文。

在这个背景下，A 是事件“推文为垃圾推文”。我们可以直接从训练数据集中计算出 $P(A)$。它是垃圾推文在数据集中所占的百分比，即先验信念（prior belief）。如果在我们的数据集中，每 100 条推文就有 30 条垃圾推文，那么 $P(A)$就是 30/100 或者 0.3。

此时的 B 就是事件“推文包含 drugs 一词”。同样，我们可以计算出 $P(B)$。它是包含 drugs 一词的推文在数据集中所占的百分比。如果在训练数据集中，每 100 条推文就有 10 条包含 drugs 一词，那么 $P(B)$就是 10/100 或 0.1。此处要注意，我们在计算这个概率时不关心推文是否为垃圾推文。

$P(B|A)$是垃圾推文包含 drugs 一词的概率。这个值也可以很容易地从训练数据集中计算出来。在数据集中找出所有的垃圾推文，计算其中包含 drugs 一词的推文所占的百分比。比如一共有 30 条垃圾推文，其中有 6 条包含 drugs 一词，那么所计算出的 $P(B|A)$就是 6/30 或者 0.2。

至此，我们就可以用贝叶斯定理计算 $P(A|B)$了。它是包含 drugs 一词的推文为垃圾推文的概率。套用前面的公式，结果会是 0.6。这个值的意义是：如果推文中包含 drugs 一词，那么这条推文有 60%的概率是垃圾推文。

注意前面这个例子的经验主义性质——我们直接采纳了训练数据集中的证据，而不是假定服从预定的概率分布。相反，在参照频率学派的观点计算类似公式时，就要为推文中所包含词的概率提供概率分布。

6.4.2 朴素贝叶斯算法

回顾贝叶斯定理的公式，我们可以用这个公式计算给定样本属于给定类别的概率，把它作为一种分类算法来使用。

我们定义 C 为给定的类别，D 为数据集中的一个样本，以构造贝叶斯定理的要素，这同样也是朴素贝叶斯算法的要素。朴素贝叶斯算法是一种分类算法，它运用贝叶斯定理来计算新数据样本属于特定类别的概率。

$P(D)$是给定数据样本的概率。因为样本体现的是不同特征的复杂交互作用，所以这个概率的计算很困难。幸运的是，这个概率对于所有类别而言都是同一个值。因此，我们不需要计算它，而只需要在最后一步比较相对值。

$P(D|C)$是数据点属于给定类别的概率。由于特征纷杂繁多，因而这个概率难以计算。然而，这里就要用到朴素贝叶斯算法中“朴素”的部分了。我们朴素地假定各个特征相互独立。这样一

来，我们就可以计算 D_1、D_2、D_3 等各个特征的概率，而不是完整的概率 $P(D|C)$。然后，我们只要把这些特征的概率相乘即可。

$$P(D \mid C) = P(D_1 \mid C) \times P(D_2 \mid C) \times \cdots \times P(D_n \mid C)$$

计算二值特征的这些概率相对容易些，只需计算二值特征的值在数据集中出现次数的百分比即可。

相反，如果在此处用非朴素版本的贝叶斯算法进行计算，就需要为每个类别计算不同特征间的相关性。在最好的情况下，这样的计算是不可行的，而如果没有海量数据支撑或合适的语言分析模型，这样的计算则几乎是不可能的。

自此之后，算法的实现就非常易于理解了。我们为每个可能的类别计算 $P(C|D)$，且完全忽略 $P(D)$ 项，然后选取概率最高的类别。因为各个类别中的 $P(D)$ 项是一致的，所以忽略它对最终的预测结果不会产生任何影响。

6.4.3　原理展示

举个例子，假设这是我们数据集中某个样本的二值特征值：[1, 0, 0, 1]。

我们的训练数据集中包含 2 个类别，而 75%的样本属于类别 0，25%的样本属于类别 1。特征值对于各个类别的似然函数值（likelihood）[①]如下。

对于类别 0：[0.3, 0.4, 0.4, 0.7]

对于类别 1：[0.7, 0.3, 0.4, 0.9]

可以这样理解：第 1 个特征值在类别 0 的 30%的样本中为 1，在类别 1 的 70%的样本中为 1。

现在我们就可以计算样本属于类别 0 的概率了。$P(C=0)=0.75$ 代表类别为 0 的概率。再次强调，在朴素贝叶斯算法中不需要 $P(D)$，而其公式也移除了这一项。我们来看一下计算过程。

$$\begin{aligned} P(D \mid C=0) &= P(D_1 \mid C=0) \times P(D_2 \mid C=0) \times P(D_3 \mid C=0) \times P(D_4 \mid C=0) \\ &= 0.3 \times 0.6 \times 0.6 \times 0.7 \\ &= 0.0756 \end{aligned}$$

样本中第 2 个特征和第 3 个特征的值是 0，那么其对应的概率值就是 0.6。因为给出的似然函数值是当特征值为 1 时的值，所以特征值为 0 就是对立事件，因此值要这样计算：$P(0) = 1 - P(1)$。

① 似然函数（likelihood function）是统计模型中参数的函数，表示模型参数中的似然性。似然性是用已知观测结果对统计模型的参数进行估计。对于类别 0 而言，第 1 个似然函数就是 L(样本属于类别 0 |第 1 个特征的值为 1)，以此类推。——译者注

下面就可以计算数据点属于该类别的概率了。计算过程如下所示。

$$P(C=0 \mid D)=P(C=0)P(D \mid C=0)=0.75\times 0.0756=0.0567$$

同样，可以计算出样本属于类别 1 的概率。

$$\begin{aligned}P(D \mid C=1)&=P(D_1 \mid C=1)\times P(D_2 \mid C=1)\times P(D_3 \mid C=1)\times P(D_4 \mid C=1)\\&=0.7\times 0.7\times 0.6\times 0.9\\&=0.2646\\P(C=1 \mid D)&=P(C=1)P(D \mid C=1)\\&=0.25\times 0.2646\\&=0.06615\end{aligned}$$

通常 $P(C=0|D)+P(C=1|D)$应该等于 1。毕竟类别只有两种可能选项。尽管如此，但是因为我们的公式中并没有包含对 $P(D)$的计算，所以这两个概率的和也就不是 1。

因为 $P(C=1 \mid D)$ 的值较 $P(C=0 \mid D)$ 更大，所以该数据点就该分类为类别 1。在公式推导中，你也许就已经开始猜测分类结果了。你会感到一丝惊喜，因为最终结果会与你的猜测吻合。毕竟我们计算出类别 1 的 $P(D \mid C)$ 是相当高的。这是由于我们引入的先验信念就是大多数样本属于类别 0。

如果两个类别中的样本数量相同，那么所计算出的概率就会与本例大相径庭。你可以把 $P(C=0)$ 和 $P(C=1)$ 都改为 0.5，即两个类别的样本数量相同，然后尝试重新计算这个概率。

6.5 朴素贝叶斯的应用

现在我们可以创建一条流水线，使其在读取推文后，仅根据内容判断推文是否有相关意义。

我们会用 spaCy 提取单词。spaCy 是一个用来进行自然语言分析的库，其中包含大量的相关工具。在后面章节中，你还会见到 spaCy 的身影。

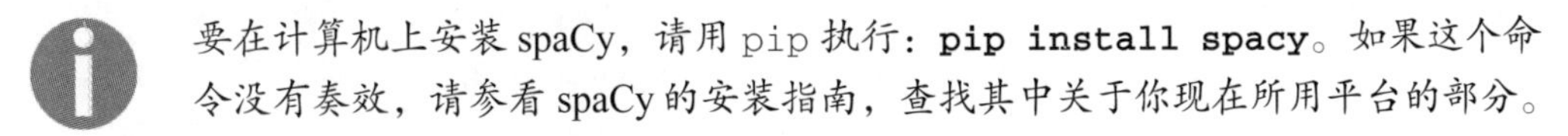

要在计算机上安装 spaCy，请用 `pip` 执行：**`pip install spacy`**。如果这个命令没有奏效，请参看 spaCy 的安装指南，查找其中关于你现在所用平台的部分。

接下来，创建一条流水线以提取单词特征，并用朴素贝叶斯为推文分类。这个流水线包括下列步骤。

- 用 spaCy 分词器把原始文本文档转换成一个计数字典。
- 用 `scikit-learn` 中的 `DictVectorizer` 转换器，把这些字典转换成向量矩阵（vector matrix）。对于朴素贝叶斯分类器读取第一步所提取的特征值而言，这一步是十分必要的。
- 仿照上一章，训练朴素贝叶斯分类器。

这时就需要创建一份新的笔记本（也是本章最后一份笔记本）。这个名为 ch6_classify_twitter 的笔记本将被用来执行分类任务。

6.5.1 提取单词计数

我们仍要在流水线内用 spaCy 提取单词计数，不过 spaCy 并不符合我们的转换器接口要求，因此我们需要自己实现一个基本的转换器，以满足 fit 和 transform 方法的需求。这样一来，就能在流水线中使用它了。

首先，设置转换器类。因为这个转换器只是从文档中提取单词，所以 fit()方法不需要做任何事情。尽管 fit()方法只是一个空函数，不过为了遵循 scikit-learn 的 API 要求，它要返回转换器对象本身（self）。

这个转换过程有一点点复杂：从所有文档中提取出每个单词，如果在文档中发现新词，就标记为 True。这里只用二值特征来表示单词是否出现在文档中，如果出现特征值就是 True，反之则是 False。如果要统计单词出现的频率，就要像前几章中一样，创建一个字典。

让我们来看一下代码。

```
import spacy
from sklearn.base import TransformerMixin

# 创建 spaCy 语法分析器
nlp = spacy.load('en')


class BagOfWords(TransformerMixin):
    def fit(self, X, y=None):
        return self

    def transform(self, X):
        results = []
        for document in X:
            row = {}
            for word in list(nlp(document, tag=False, parse=False,
                                 entity=False)):
                if len(word.text.strip()): # 如果单词是空白则忽略
                    row[word.text] = True
                    results.append(row)
        return results
```

其结果是一个内容为字典的列表。列表中第 1 个字典是第 1 条推文中的单词，以此类推。每个字典都以单词为键，其值都是 True，表示文档中发现了这个单词。字典中没有的单词会被假定为没有在推文中出现。虽然显式地将单词没有出现声明为 False 是可行的，但是这么做会占用更多空间。

6.5.2 把字典转换成矩阵

接下来，把上一步产生的字典转换成矩阵，以供分类器使用。用 scikit-learn 中提供的 DictVectorizer 来实现这个需求相当简单。

DictVectorizer 接受字典的列表作为输入，然后把列表中的字典转换成矩阵。矩阵中的各个特征就是字典中的各个键，矩阵中的各个值对应各个样本中的特征是否在推文中出现。虽然在代码中创建字典很容易，但许多数据挖掘算法的实现更倾向于使用矩阵。这就是 DictVectorizer 的实用意义所在。

在我们的数据集中，每个字典都以单词为键，而且只有推文中确实出现的单词才会被存放到字典中。因此，我们的矩阵将以每个单词为特征，而矩阵元素中的 True 则表示相应单词确实出现在推文中。

用下面的命令导入 DictVectorizer 后，即可使用它。

```
from sklearn.feature_extraction import DictVectorizer
```

6.5.3 组装成型

最后，我们要设置一个分类器。在本章中，这会是一个朴素贝叶斯分类器。因为我们的数据集中只有二值特征，所以就要用专门为二值特征设计的 BernoulliNB 分类器。与 DictVectorizer 一样，它使用起来非常简单。我们只需在导入它后将其加入到流水线中即可。

```
from sklearn.naive_bayes import BernoulliNB
```

现在就要把所有部件组装起来了！在 Jupyter Notebook 中设置好文件名，然后加载数据集和我们之前写好的类。我们需要设置两个文件名：推文本身（而不是推文 ID）和我们对推文的标注。代码如下。

```
import os
input_filename = os.path.join(os.path.expanduser("~"), "Data", "twitter",
                              "python_tweets.json")
labels_filename = os.path.join(os.path.expanduser("~"), "Data", "twitter",
                               "python_classes.json")
```

下面，加载推文本身。因为我们只关心推文的内容，所以我们提取出文本值，并只存储这个文本值。代码如下。

```
import json

tweets = []
with open(input_filename) as inf:
    for line in inf:
        if len(line.strip()) == 0: continue
        tweets.append(json.loads(line)['text'])
```

```
with open(labels_filename) as inf:
    labels = json.load(inf)
    # 确保只加载已分类的推文
    tweets = tweets[:len(labels)]
```

现在，创建一条流水线，把之前的所有部件都组合到一起。这个流水线由 3 个部分组成：

(1) 我们之前创建的 NLTKBOW 转换器；
(2) `DictVectorizer` 转换器；
(3) `BernoulliNB` 分类器。

代码如下。

```
from sklearn.pipeline import Pipeline

pipeline = Pipeline([('bag-of-words', BagOfWords()),
                     ('vectorizer', DictVectorizer()),
                     ('naive-bayes', BernoulliNB())])
```

我们差不多可以运行这条流水线了。我们会把这条流水线用于 `cross_val_score`（之前已经这样操作了很多次）。在执行数据挖掘任务之前，我们要引入一种新的评估指标。新指标比我们之前用的准确率指标更好。我们将会看到，当数据集中各个分类的样本数量有差别时，准确率指标就不能充分评估算法性能了。

6.5.4 用 F_1 score 评估算法

在选取评估指标时，是否适用于当前场景总是一个重要且值得考虑的问题。准确率在许多场景下是一个好的评估指标，因为它不仅易于理解，计算起来也很简便。但是准确率很容易造假。换言之，在很多场景中，你可以创建出准确率很高但毫无实用价值的算法。

通常，在我们的推文数据集中，有 50%的内容与编程语言相关，而另 50%的内容与编程语言无关（你的结果可能会有所不同）。然而，很多数据集中并不会有这样均匀（balanced）的情况。

举个例子，在垃圾邮件过滤器接收到的邮件中，80%的邮件可能是垃圾邮件。这样一来，虽然一个把所有邮件都标记为垃圾邮件的过滤器显然是毫无实用价值的，但它的准确率高达 80%！

为了避免这种问题，我们可以采用其他的评估指标。最常用的一种被称为 F_1 score（也称为 F-score、F-measure，该术语还有各种其他变体）。

F_1 score 的定义以各个类别为基础，并基于精确率（precision）和召回率（recall）两个概念。精确率是被预测为特定类别的所有样本中，确实属于该类别的样本所占的百分比。召回率是数据集中属于某个类别的所有样本中，确实被分类为该类别的样本所占的百分比。

在我们的应用场景中，我们就可以计算“与编程语言相关”和“与编程语言无关”这两个类别的精确率和召回率。

计算精确率就是要解决这个问题：**在所有被预测为相关的推文中，确实相关的推文所占百分比是多少。**

同样，召回率的计算等于解决这个问题：**在数据集中所有相关的推文里，被预测为相关的推文所占百分之多少。**

在计算出精确率和召回率后，就可以计算 F_1 score 了。F_1 score 是精确率和召回率的调和平均数。

$$F_1 = 2 \cdot \frac{\text{precision} \times \text{recall}}{\text{precision} + \text{recall}}$$

要在 scikit-learn 中使用 F_1 score，只需要把 scoring 参数设置为 f1 即可。默认情况下，这样做会返回类别 1 的 F_1 score。在数据集上运行下面的代码即可。

```
from sklearn.cross_validation import cross_val_score
scores = cross_val_score(pipeline, tweets, labels, scoring='f1')
# 之后打印输出平均分数：
import numpy as np
print("Score: {:.3f}".format(np.mean(scores)))
```

此次得分是 0.684，这意味着我们能在近 70%的情况下正确判断推文中的 Python 是否与编程语言相关。这里我们所用的数据集只有 300 条推文。

如果回到采集数据的步骤去采集更多数据，那么你会发现这个分数还能提升！要记住：数据集的变化会导致最后得分的变化。

通常，数据集规模越大，其结果也就越准确。但情况并不总是这样。

6.6 从模型中找出有用的特征

你也许会考虑这样的问题：什么样的特征才是判断推文是否相关的最佳特征？我们可以从朴素贝叶斯模型中提取这些信息，然后根据朴素贝叶斯找出最佳的单个特征。

首先，拟合新模型。虽然 cross_val_score 能通过交叉验证测试数据中的不同折（fold）得出模型的分数，但它不会直接给出训练好的模型本身。为了创建模型，我们需要用推文拟合流水线。代码如下。

```
model = pipeline.fit(tweets, labels)
```

注意，因为此处我们不需要评估模型，所以也就不需要小心翼翼地把数据集分割为训练数据集和测试数据集两个部分。不过在把这些特征投入实际使用中前，我们仍要在分割好的测试数据集中进行评估。为了保证论述清晰明了，这里跳过了分割数据集并评估模型的步骤。

在流水线的 named_steps 属性上以步骤名称为索引进行访问，即可得到各个单独步骤。（步骤名称是我们在创建流水线对象时自行定义的。）举个例子，我们可以这样取得朴素贝叶斯模型。

```
nb = model.named_steps['naive-bayes']
feature_probabilities = nb.feature_log_prob_
```

你可以从这个模型中提取出每个单词的概率。这些概率是以对数概率，即 $\log(P(A|f))$的形式存储的，其中 f 是给定特征。

之所以要用对数概率的形式存储，是因为概率的数值实在是太小了。比如第 1 个值，–3.486，所对应的原始值比 0.03%还小。在计算这种数值小的概率时，应该使用对数概率，因为它能避免非常小的数值被四舍五入为 0 的下溢错误。因为这些概率以后会相乘，所以如果其中有一个 0 值，那么最后的结果就总会是 0！无论如何，数值之间体现的关系仍然一样：数值越大，也就意味着特征越有用。

通过给对数概率的数组排序，可以找出最有用的特征。因为我们要按递减顺序排序，所以把所有的值变为负数。代码如下。

```
top_features = np.argsort(-nb.feature_log_prob_[1])[:50]
```

上面的代码给出的是特征的索引而不是特征的值，而这还不够有用。因此，我们要把特征索引映射到实际的特征值中。这一步的关键就是流水线中的 DictVectorizer 步骤，幸运的是，这个步骤不仅创建了矩阵，还记录了特征的映射方式。这让我们可以找出对应不同列的特征名称。我们可以从流水线的该部分中提取特征。

```
dv = model.named_steps['vectorizer']
```

自此，我们可以在 DictVectorizer 的 feature_names_属性中查找并打印输出前几位特征名称。在新的输入框中键入下面几行代码并运行，就可以打印输出前几位特征的列表。

```
for i, feature_index in enumerate(top_features):
    print(i, dv.feature_names_[feature_index],
          np.exp(feature_probabilities[1][feature_index]))
```

前几位特征包括“:”“转推”（RT，retweet），甚至还有“Python”。根据我们采集到的数据，这些特征很可能是噪声（虽然在编程以外的场景中冒号并不常用）。采集更多的数据可以平滑噪声带来的问题。不过，通过浏览此列表，我们找出了许多更明显的编程相关特征。

```
9 for 0.175
14 ) 0.10625
```

```
15 ( 0.10625
22 jobs 0.0625
29 Developer 0.05
```

虽然也会有其他的人在工作语境下使用 Python 这个词，比如自由职业的控蛇人也会有这样的用法，但他们很少使用 Twitter。因此，Python 这个单词很可能是指编程语言。

最后一个特征通常以这种形式出现：**我们正在为这一职位招聘**（We're looking for a candidate for this job）。

留意一下这些特征，就会有一些收获。我们可以训练人来识别这些推文，以找出其中的共性（洞彻某个话题）或是刨除没有意义的特征。例如 RT 这个词的出现次数很多，在列表中排名相当靠前，但这是 Twitter 中很常见的一个短语，表示转推（retweet），也就是转发别人的推文。经验丰富的人会从列表中移除这个单词，以减少小规模数据集中噪声对分类器的影响。

6.7 本章小结

本章着眼于文本挖掘，讨论了如何从文本中提取特征、如何使用这些特征，以及扩展这些特征等问题。在这个过程中，我们还研究了推文的语境，判断了包含单词 Python 的推文是否涉及编程语言 Python。我们从一个基于 Web 的 API 上下载推文数据，用来自流行微博网站 Twitter 的推文构造数据集。我们还直接在 Jupyter Notebook 中构建了一个表单，用于给推文数据集加标签。

我们也关注实验的可重现性。虽然 Twitter 不允许用户把推文数据集副本发送给其他人，但你可以向其他人共享推文 ID。这样我们就能创建一份保存了推文 ID 的数据集，以在之后用于重建原始数据集。不过重建并不总能获取到完整的推文数据集，因为在推文 ID 列表创建之后，某些推文可能被删除了。

我们用了朴素贝叶斯分类器来执行文本分类。这个分类器基于贝叶斯定理，用数据来更新模型，而不是像基于频率学派的方法那样以模型为先。朴素贝叶斯算法能把新数据和先验信念纳入到模型中。另外，朴素贝叶斯算法中“朴素”的部分让我们可以只简单地统计频率，而无须处理特征间的复杂关联。

我们提取的特征是单词的出现情况，即某个单词是否在推文中出现。虽然这个被称为词袋的模型抛弃了单词出现位置的信息，但能在许多数据集中取得较高的准确率。此处我们构造了一条能把词袋模型和朴素贝叶斯算法结合起来的流水线，该流水线十分稳健。你会发现，这条流水线在大多数基于文本的任务中能取得不错的成绩。在尝试更高级的模型以前，你能将其作为一条不错的参考基线。朴素贝叶斯分类器的另一个优势是无须配置任何参数（不过它还是有一些可以调整的参数）。

要扩展本章的工作，首先要采集更多数据。虽然还是要手动给推文分类，但你可以利用从推文中发现的某些相似性来简化分类工作。比如在数据挖掘研究中有一个领域，叫作局部敏感散列（LSH，Locality Sensitive Hashes），这个方法可以用来判断两条推文是否相似。而两条相似的推文，可能是关于相同的主题的。要扩展本章研究，还有一种方法，就是把 Twitter 的用户历史推文纳入到计算公式中，即假定用户如果过去经常发表与编程语言 Python 相关的推文，那么他未来的推文中也会更多地涉及 Python。

在下一章中，我们将要探究如何从另一种类型的数据中提取特征。这个类型叫作图（graph，一种数据结构），而提取特征的目的是在社交媒体中推荐用户可能会关注的人。

第 7 章

用图挖掘实现推荐关注

图（graph）能表示许多种类的现象。在在线社交网络和物联网（IoT，Internet of Things）等领域中，图是不可或缺的。像 Facebook 这样的大型社交网络会基于图运行数据分析实验，因为在图挖掘之下总是埋藏着丰厚的商业利润。

社交媒体网站的根基在于用户参与度。没有活跃的信息流、没有值得关注的好友，用户是不会参与到社交媒体中来的。相反，用户拥有越多有趣的好友和受关注的人（followee），参与度就越高，看到的广告也越多。这就是社交媒体网站的巨额利润之源。

本章关注如何在图中定义相似度，以及如何在数据挖掘中使用图。需要再次强调的是，图挖掘的模型基于现象而产生。我们还会了解一些关于图的基本概念，比如子图（sub-graph）和连通分量（connected component）。为此，本章的内容将会涉及聚类（cluster）分析。第 10 章会深入探讨聚类分析。

本章包括如下主题：

- 在数据中执行聚类以发现模式；
- 加载之前实验的数据集；
- 从 Twitter 获取关注者的信息；
- 创建图和网络；
- 找出聚类分析需要的子图。

7.1 加载数据集

本章的任务是根据在线社交网络中的共同好友来推荐用户可能感兴趣的人。我们的逻辑可以概括为：如果两位用户拥有共同好友，我们就认为他们之间的相似度很高，值得推荐给对方。我们所能推荐的人数是有限的，因为如果推荐关注的人太多，用户就会对此失去兴趣。因此，我们需要找出能吸引用户的好友，进行高质量推荐。

要做到这一点，可以用上一章中的消歧模型筛选出讨论编程语言 Python 的用户。本章会用之前数据挖掘实验的结果作为另一项数据挖掘实验的输入。在筛选出这些 Python 程序员之后，我们就可以根据他们之间的好友关系聚类出相似的用户。在这里，我们定义两个用户之间的相似度为他们共同的好友的多寡。直觉告诉我们，两个人共同的好友越多，在现实中他们也就越可能成为朋友（因而在社交媒体平台上他们也就越可能加对方为好友）。

我们要用上一章介绍的 Twitter API 创建一幅小型社交网络图，因此要查找的数据是对相似话题（编程语言 Python）感兴趣的用户子集和他们的好友（关注的人）列表。有了这份数据，我们就能通过两位用户共同好友的数量检验他们之间的相似程度。

除了 Twitter 以外，还有许多其他在线社交网络。我们之所以把 Twitter 用于实验，是因为用 Twitter 的 API 获取这类数据较为方便。在 Facebook、LinkedIn 以及 Instagram 这样的网站上虽然也有同样类型的信息，但获取它们就有些困难了。

与上一章如出一辙，在开始采集数据前，创建新的 Jupyter Notebook，在其中设置 `twitter` 库的链接。在这里，你既可以重新使用上一章的 Twitter 应用信息，也可以创建一个新应用。

```
import twitter
consumer_key = "<Your Consumer Key Here>"
consumer_secret = "<Your Consumer Secret Here>"
access_token = "<Your Access Token Here>"
access_token_secret = "<Your Access Token Secret Here>"
authorization = twitter.OAuth(access_token,
                              access_token_secret, consumer_key, consumer_secret)
t = twitter.Twitter(auth=authorization, retry=True)
```

同样，设置好文件名。本次实验需要一个不同的文件夹，该文件夹应与第 6 章的数据集区分开来，以避免覆盖上一次的数据集。

```
import os
data_folder = os.path.join(os.path.expanduser("~"), "Data", "twitter")
output_filename = os.path.join(data_folder, "python_tweets.json")
```

接下来，获取用户列表。为此我们需要像前一章中一样，搜索提及单词 Python 的推文。首先，创建两个列表，分别用于存储推文的文本和存储与之对应的用户。因为之后还会需要用户 ID，所以现在还要创建一个字典以保存映射关系。代码如下。

```
original_users = []
tweets = []
user_ids = {}
```

下面要执行对单词 Python 的搜索。同上一章的操作一样，迭代查询结果，只保存推文中的文本（按照上一章的要求）。

```
search_results = t.search.tweets(q="python", count=100)['statuses']
for tweet in search_results:
    if 'text' in tweet:
        original_users.append(tweet['user']['screen_name'])
```

```
        user_ids[tweet['user']['screen_name']] = tweet['user']['id']
        tweets.append(tweet['text'])
```

运行这段代码之后就能获得约 100 条推文，有时候数量可能会少一些。不过，这些推文并非都与编程语言 Python 相关。之后我们会用上一章中训练好的模型来解决这个问题。

用现有模型分类

我们在上一章中了解到，不是所有提及单词 Python 的推文都与编程语言相关。我们用上一章的分类器挑选出与编程语言有关的推文，剔除无关部分。即便分类器并不完美，分类后的结果也比直接搜索的结果更具有专业性。

本例中，我们只关心发表与 Python 编程语言相关推文的人。因此，我们用上一章的分类器判断推文是否与编程语言相关，以挑选出发表与编程语言相关的推文的人。

这次的实验更为广泛，在此首先要保存上一章的模型。打开上一章制作的 Jupyter Notebook，其中有我们构建并训练好的分类器。

因为 Jupyter Notebook 并不会记录以往结果，所以如果你已经关闭了上一章的笔记本，现在就需要重新运行其中的代码。其方法是在笔记本的 Cell 菜单中找到并点击 Run All。

所有输入框中的代码运行完成后，选择最后一个空白的输入框。如果笔记本的最后没有空白输入框，就要选择最后一个输入框，打开 Insert 菜单，然后选择并点击其中的 Insert Below 选项。

我们要用 joblib 库保存并加载模型。

因为 scikit-learn 包以内置的外部包的形式包含了 joblib 库，所以我们不需要任何额外安装步骤！joblib 库中包含了保存与加载模型的工具，也支持简单的并行计算。在 scikit-learn 里面，用到并行计算的地方有很多。

首先，导入该库并创建输出模型的文件名称（请确保目录存在，否则无法创建名称）。虽然本节会在 Models 目录下存放这个模型，但是你也可以将其存放在其他位置。代码如下。

```
from sklearn.externals import joblib
output_filename = os.path.join(os.path.expanduser("~"), "Models",
                               "twitter", "python_context.pkl")
```

接下来要使用的是 joblib 中的 dump() 函数，它的功能与 json 库中的同名函数差不多。我们向这个函数传入模型和输出文件的名称。

```
joblib.dump(model, output_filename)
```

运行这行代码，以把模型保存到给定的文件中。然后，回到上一节创建的 Jupyter Notebook 中，加载这个模型。

复制下面的代码，在笔记本中重新设置模型的文件名。

```
model_filename = os.path.join(os.path.expanduser("~"), "Models", "twitter",
                              "python_context.pkl")
```

确保此处的文件名属于刚才用于保存模型的文件。下一步，我们需要重新创建 `BagOfWords` 类。由于这个类是之前我们自行创建的，因而 `joblib` 不能直接加载它。我们需要从上一章的代码中复制整个 `BagOfWords` 类的代码，其中包括导入依赖的代码。

```
import spacy
from sklearn.base import TransformerMixin

# 创建 spaCy 语法分析器
nlp = spacy.load('en')

class BagOfWords(TransformerMixin):
    def fit(self, X, y=None):
        return self
    def transform(self, X):
        results = []
        for document in X:
            row = {}
            for word in list(nlp(document, tag=False, parse=False,
                                 entity=False)):
                if len(word.text.strip()): # 如果单词是空白则忽略
                    row[word.text] = True
                    results.append(row)
        return results
```

在生产环境中，你可能要在单独的、中心化的文件中开发自定义的转换器，然后再向笔记本中导入它，而不是像现在这样把代码复制过来。这个小技巧可以简化工作流程，不过你大可以尝试创建一个实现常用功能的库，以中心化管理重要的代码。

现在只需调用 `joblib` 的 `load()` 函数即可加载模型。

```
from sklearn.externals import joblib
context_classifier = joblib.load(model_filename)
```

我们的 `context_classifier` 与第 6 章中模型对象的功能一模一样。它是一条流水线（pipeline）实例，其中的 3 个步骤与之前一模一样（`BagOfWords`、`DictVectorizer`，还有 `BernoulliNB` 分类器）。调用模型上的预测函数可以预测出推文是否与编程语言相关。代码如下。

```
y_pred = context_classifier.predict(tweets)
```

如果 `y_pred` 中的第 *i* 项为 1，那么数据集中的第 *i* 条推文就被预测与编程语言相关；若该值为 0 则不相关。由此，我们可以得到相关的推文和推文所关联的用户。

```
relevant_tweets = [tweets[i] for i in range(len(tweets)) if y_pred[i] == 1]
relevant_users = [original_users[i] for i in range(len(tweets)) if
                  y_pred[i] == 1]
```

我用这份数据找出了 46 位相关的用户。比起前面的 100 条推文/100 名用户，这个数值偏低。不过，我们现在已经拥有了构建社交网络的基础，之后可以添加更多数据以增加用户数量。不过，40 多位用户对于本章内容的首次学习而言已经足够了。我建议，在重返本章时，你可以加入更多数据，重新运行代码，看看有什么新的收获。

7.2 从 Twitter 获取关注者信息

有了初始的用户数据集后，我们还需要掌握这些用户的好友。在这里，“好友”指用户关注的人。friends/ids 这一 API 就专门用于此目的。它既有优点也有缺点：优点是这个 API 上的一次调用能返回 5000 个好友 ID；缺点是每 15 分钟只能调用 15 次。也就是说，获取一名用户的好友最少也需要 1 分钟时间，而如果用户的好友超过 5000 个，还会耗费更多时间（这种情况比你想象中要多）。

该 API 的调用代码与之前的 API 的调用（获取推文）代码类似。我们把调用代码封装成函数，这样就能在后两节的内容中重复使用。我们的函数以 Twitter 的用户 ID 为参数，返回用户的好友。听起来多少有些令人咋舌的是，许多 Twitter 用户的好友数量大于 5000。为此，我们要利用 Twitter API 的分页功能，分多次调用 API 以返回多页结果。当你向 Twitter 请求信息时，它会在返回信息时附带一个游标（cursor）。游标是一个整型数，Twitter 就用这个值来记录你的请求。如果没有更多可返回的信息，那么游标为 0；否则，你就能用 Twitter 提供的游标来访问下一页结果。向 Twitter 传递游标即可继续之前的查询，返回下一组数据。

在该函数中，在游标不为 0 时进行循环操作（因为当游标为 0 时，没有可以采集的新数据）。然后，查询用户的关注者并将其添加到列表中。为了便于处理查询中的一些错误，我们应该在块级语句 try 中执行这个查询。results 字典中的 ids 键中存储着关注者的 ID。在读取这些信息后，更新游标以备下次循环迭代时使用。最后，检查好友数量是否大于 10 000 人。如果是，则终止循环。代码如下。

```
import time

def get_friends(t, user_id):
    friends = []
    cursor = -1
    while cursor != 0:
        try:
            results = t.friends.ids(user_id= user_id, cursor=cursor,
                                    count=5000)
            friends.extend([friend for friend in results['ids']])
```

```
            cursor = results['next_cursor']
            if len(friends) >= 10000:
                break
        except TypeError as e:
            if results is None:
                print("You probably reached your API limit,"
                      "waiting for 5 minutes")
                sys.stdout.flush()
                time.sleep(5*60) # 等待 5 分钟
            else:
                # 发生了其他错误，照常抛出
                raise e
        except twitter.TwitterHTTPError as e:
            print(e)
            break
        finally:
            # 强制暂停，防止超出 API 访问次数限制
            time.sleep(60)
    return friends
```

这里需要提出警告。因为我们正在处理的数据源自互联网，所以其中经常会出现奇怪的东西或发生奇怪的事情。我在开发这段代码时就遇到了这样的问题：某些用户的好友数量成千上万，实在太多。为了修复这一问题，我在代码中设置了一处保险：在用户数量达到 10 000 人时，退出函数的执行。如果你想采集完整的数据集，可以去掉涉及保险的几行代码。不过，这样一来你就可能会在某些特殊的用户上卡住太长时间。

上述函数中的多数代码都是用来处理错误的，可见在涉及外部 API 时，可能出错的地方实在太多！

最常遇到的错误就是意外触发 API 的访问速率限制（虽然我们在循环中插入了暂停，但在暂停过程完成前停止代码，然后又重新运行代码就可能导致这个问题）。在这种情况下，`results` 会是 `None`，代码就会抛出 `TypeError`。因此，我们可以稍候 5 分钟再重新运行代码，以期进入下一个 15 分钟窗口。此时可能再次发生 `TypeError`。这里我们将直接抛出它，并另外单独处理。

第二种错误是由于 Twitter 终止请求而产生的，比如查询了不存在的用户或者其他因为数据产生的错误。这种错误体现为 `TwitterHTTPError`（与 HTTP 404 错误的概念差不多）。此时应放弃查询当前用户，而仅返回已经获取的关注者（这种情况下很可能是 0）。

最后，因为 Twitter 限制只能在每 15 分钟内查询 15 次关注者信息，所以在继续下一次循环前我们让程序等待 1 分钟。我们可以将这段代码放进 `finally` 块级语句中，以确保在发生错误时仍然会执行等待。

构建网络

现在就要构建用户网络。如果两位用户互相关注，那么他们在网络中就会相连。构建用户网络旨在提供一种数据结构，让我们可以把用户列表分割成群组。有了这些群组，就可以在群组内的用户间互相推荐。从原始的用户数据集着手，获取每位用户的好友，然后保存到字典中（在从 user_id 字典取得用户 ID 后）。利用这种概念，就能从初始的用户数据集向外扩张我们的图。

```
friends = {}
for screen_name in relevant_users:
    user_id = user_ids[screen_name]
    friends[user_id] = get_friends(t, user_id)
```

接下来，移除没有好友的用户，因为我们没法以本章中的方法向这些用户推荐感兴趣的人。相反，我们需要根据这些用户的推文内容或者关注他们的人来进行推荐。限于篇幅，本章不会展开探讨，因此这里还是直接删除这些用户。代码如下。

```
friends = {user_id:friends[user_id]
           for user_id in friends
           if len(friends[user_id]) > 0}
```

根据你一开始的搜索结果，这步之后的用户数量应在 30~50。现在我们要把用户数量提升到 150 人。由于 API 限制了访问速率，每分钟只能获取 1 位用户的好友，因而下面的代码执行时间相当长。通过简单的数学计算就能知道，150 位用户会占用 150 分钟时间，也就是 2 小时 30 分钟。在获取数据上花费的时间是确保只保留“好用户”的代价。

“好用户”的含义是什么呢？考虑到我们关注的是基于共同连接的推荐，因此就要基于共同连接来搜索用户。我们查找现有用户的好友，从中找出与现有用户联系更紧密的用户。我们通过维护一份用户在所有好友列表中出现的计数来实现此需求。在考虑采样策略时，也要把数据挖掘应用的目标纳入考量。出于这个原因，找出大量的相似用户可以让推荐功能的普遍适用性更强。

在具体实现中，我们将迭代所有的好友列表，记录好友出现的次数。

```
from collections import defaultdict
def count_friends(friends):
    friend_count = defaultdict(int)
    for friend_list in friends.values():
        for friend in friend_list:
            friend_count[friend] += 1
    return friend_count
```

计算出当前的好友计数后，就能从样本中找到连接最多的人（现有用户中好友最多的人）。代码如下。

```
friend_count = count_friends(friends)
from operator import itemgetter
best_friends = sorted(friend_count, key=friend_count.get, reverse=True)
```

从此处开始，设置一个循环，运行该循环，直到取得 150 个用户的好友为止。迭代所有 best_friend（按照关注他们的用户数量排序），直到找出尚未检查的用户为止。然后获取这个用户的好友。更新 friends 计数。最后，找出列表中还没出现的连接最多的用户。

```
while len(friends) < 150:
    for user_id, count in best_friends:
        if user_id in friends:
            # 用户已经存在，跳至下一个
            continue
        friends[user_id] = get_friends(t, user_id)
        for friend in friends[user_id]:
            friend_count[friend] += 1
        best_friends = sorted(friend_count.items(), key=itemgetter(1),
                              reverse=True)
        break
```

代码会一直循环操作，直到处理的用户数量达到 150 人。

你也可以把用户数量设置为更低的值，比如 40 或 50 位用户（甚至临时跳过这部分代码）。然后完成本章其余的代码，感受一下结果如何。之后，再把这个循环的用户数重新设置为 150，让代码跑上几个小时，再回来运行后续代码。

考虑到这部分数据的采集要花费将近 3 个小时，为了防止中途需要关闭计算机，最好还是保存一下采集的中间结果。我们可以用 json 库把 friends 字典保存到文件中。

```
import json
friends_filename = os.path.join(data_folder, "python_friends.json")
with open(friends_filename, 'w') as outf:
    json.dump(friends, outf)
```

加载文件时则要用 json.load() 函数。

```
with open(friends_filename) as inf:
    friends = json.load(inf)
```

7.3　创建图

实验进行到这一步时，我们手上已经有了一份用户及其好友的列表。列表中的数据为我们提供了一幅图。这张图中体现的是用户与其他用户的好友关系（但这个好友关系不是互相的）。

图（graph）是节点（node）和边（edge）的集合。节点就是我们关注的对象——在本例中就是用户。下面这张图中的边表示用户 A 是用户 B 的好友[①]。因为用户 A 是用户 B 的好友，而用户 B 不是用户 A 的好友，所以这样的图就被称作**有向图**（directed graph）。有向图的节点是有序的。示例网络图图 7-1 中还体现了用户 C 和用户 B 互为好友。

① 此处“好友”的意思是“关注的人”。——译者注

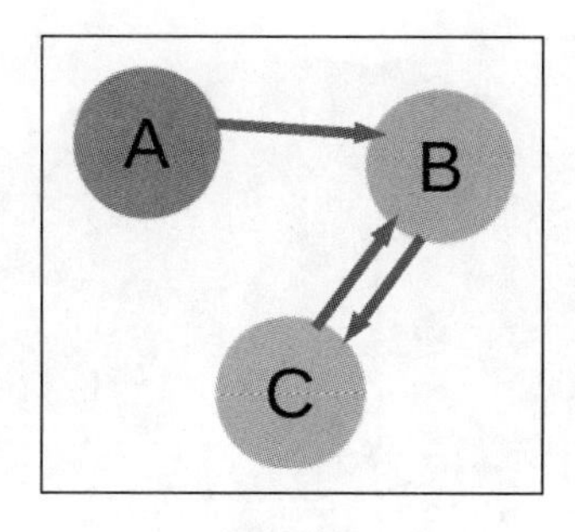

图 7-1

Python 最优秀的图处理库中，有一个叫作 NetworkX 的库，它能创建图、将图可视化和进行图计算。

再次提示，你可以用 Anaconda 安装 NetworkX：**conda install networkx**。

首先，用 NetworkX 创建一幅有向图。按照惯例，把 NetworkX 导入为简写形式 `nx`（虽然不是必要步骤）。代码如下。

```
import networkx as nx
G = nx.DiGraph()
```

我们只将主要的用户可视化，而不是将所有的好友可视化（因为好友数以千计，难以可视化）。获取主要的用户，然后将其作为节点加入图中。

```
main_users = friends.keys()
G.add_nodes_from(main_users)
```

接下来，设置图中的边。如果某个用户是另一名用户的好友，就创建一条从前者指向后者的边。为此，我们不仅要迭代给定用户的所有好友，还要确保其中的好友是 `main_users` 中的用户（因为目前我们不想将其他用户可视化）。如果用户满足上述条件，那么添加一条边。

```
for user_id in friends:
    for friend in friends[user_id]:
        if str(friend) in main_users:
            G.add_edge(user_id, friend)
```

现在，用 NetworkX 的 `draw()`函数可视化这个网络。它会调用 `matplotlib` 作图。启用 `matplotlib` 的内联功能，再调用 `draw()`函数，即可在笔记本中展示图片。代码如下。

```
%matplotlib inline
nx.draw(G)
```

我们很难从产生的图像中找出什么有意义的东西。图像中的节点挤成一圈，体现不出数据集的任何特性。这幅图一无是处，如图 7-2 所示。

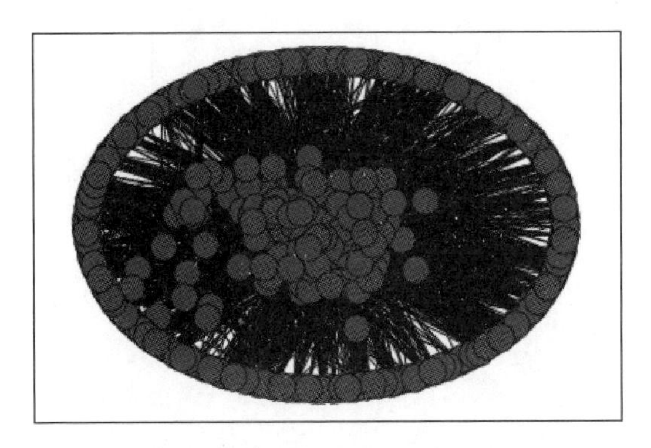

图　7-2

用 pyplot（NetworkX 也是用这个库来绘图的）控制图形生成，可以改善图的可视化表现。导入 pyplot，创建一幅更大的图形，然后再调用 NetworkX 的 draw() 函数，这样就扩大了图像的尺寸。

```
from matplotlib import pyplot as plt
plt.figure(3,figsize=(20,20))
nx.draw(G, alpha=0.1, edge_color='b')
```

扩大尺寸并增加透明度之后，图像中的轮廓自然浮现在我们眼前，见图 7-3。

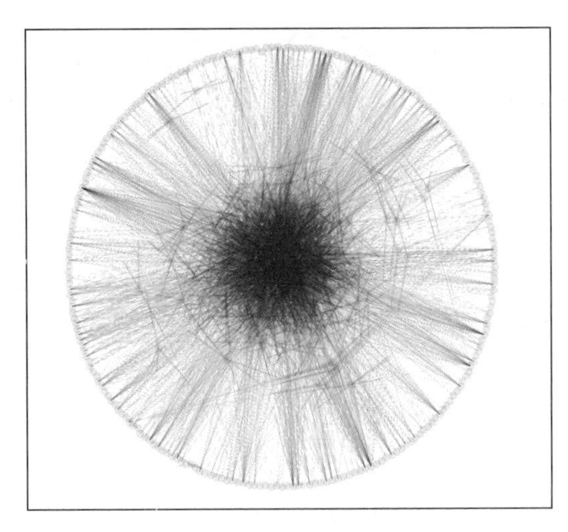

图　7-3

在我们的图中存在一个主要的群组，该群组内的用户之间拥有紧密的连接，而其他用户之间却大多没有什么连接。如图 7-3 所示，图中心部分的连接非常密集！

这其实体现了我们选取新用户的方法的一个属性——我们选取图中现有连接较多的人，因此选择他们只会扩大这个群组。社交网络中用户的连接情况遵循幂次法则（power law）。连接多的用户只占一小部分，大多数人的连接很少。人们通常用**长尾**（long tail）这个词来描述图中的这种形状。

放大图中细节，就能看出图的结构。像这样对图进行可视化与分析是很困难的。在下一节中，我们会了解一些可以使处理这种数据结构的工作更加简便的工具。

创建相似度图

本实验的最后一步就是根据共同好友数量推荐用户。正如前文所述，我们的逻辑在于：如果两个用户拥有共同好友，我们就认为他们高度相似。基于这样的逻辑，就能把一方用户推荐给另一方。

因此我们需要现有图中的信息（边表示好友关系），创建一幅新图。新图中的节点还是代表用户，但其中的边是**加权边**（weighted edge）。加权边仅比普通的边多了一个权重属性。其逻辑是：若权重指示的是相似度，则权重越高，这条边上的两个节点就越相似。权重的内涵取决于使用场景，如果权重指示的是距离，那么权重越低就越相似。

在我们的应用中，权重是边所连接的两个用户间（基于共同好友数量）的相似度。另外，这次的图还有一个属性：它是一幅无向图。之所以如此，是因为在相似度计算中，用户 A 之于用户 B 的相似度与用户 B 之于用户 A 的相似度是一样的。

其他的相似度度量方式是有向的。以相似用户的比率为例，它是共同好友数与用户好友总数的比值，而这时就需要有向图了。

有很多方法可以计算这样两个列表间的相似度。例如，我们可以计算出两个用户的共同好友数量。不过在这种度量方式下，好友多的人数值高。然而，我们可以做归一化处理，把共同好友数量除以两个用户的所有去重好友数量，所得到的值就是**杰卡德相似系数**（Jaccard Similarity）[①]。

杰卡德相似系数介于 0~1，表示两个部分的重叠比例。我们在第 2 章就见识过了归一化，它是数据挖掘实践中不可或缺的部分，而且通常能起到良好的效果。虽然一些边缘情况不适合进行归一化，但在默认情况下还是要先对数据做归一化处理。

对两个用户的关注者集合执行交集运算和并集运算，然后用交集的元素个数除以并集的元素个数。由于以上运算属于集合运算，而我们手上的数据却是列表格式，所以在执行这些集合运算时要把列表先转换成 Python 中的**集合**（set）。代码如下。

```
friends = {user: set(friends[user]) for user in friends}
```

之后，创建一个函数，计算好友列表间的相似度。代码如下。

```
def compute_similarity(friends1, friends2):
    return len(friends1 & friends2) / (len(friends1 | friends2) + 1e-6)
```

① 这个概念最早于 1901 年由苏黎世联邦理工学院的植物学教授保罗·杰卡德（Paul Jaccard，1868—1944）提出，当时被称为“coefficient de communauté”。——译者注

在上面的相似度计算中，我们在分母中加上了 1e-6（即 0.000 001），这是为了避免在两个用户都没有任何好友时，由于分母为 0 而抛出 ZeroDivisionError 异常。我们加上的这个值很小，对最终结果的影响微乎其微，但足以将其与 0 区分开。

到这一步，就可以根据相似度创建用户之间加权图了。因为在本章的其余内容中还会经常用到创建图的操作，所以我们创建一个函数来完成这一操作。我们需要留意一下 threshold（阈值）参数。

```
def create_graph(followers, threshold=0):
    G = nx.Graph()
    for user1 in friends.keys():
        for user2 in friends.keys():
            if user1 == user2:
                continue
            weight = compute_similarity(friends[user1], friends[user2])
            if weight >= threshold:
                G.add_node(user1)
                G.add_node(user2)
                G.add_edge(user1, user2, weight=weight)
    return G
```

现在，调用这个函数以创建图。我们先不设置阈值，也就是为所有用户连接创建边。代码如下。

```
G = create_graph(friends)
```

这会生成一幅连通性相当好的强连通图（strongly connected graph）——虽然很多边的权重为 0，但图中的边覆盖到了所有节点。在绘图时，把边的线宽与权重关联起来，就能在图中体现出权重了——线条越粗，权重越高。

由于节点数量非常多，因而要把图形尺寸调得大一些，这样才能清晰地表示节点间的连接。

```
plt.figure(figsize=(10,10))
```

在按权重画出边之前，要先画出节点。NetworkX 用 layouts（布局）参数控制图形中节点与边的放置方式，而这个参数要遵循一定的标准。网络的可视化是一个难度很大的问题，这个问题在节点的数量变多之后更加严重。尽管有各种各样的技术可以将网络可视化，不过其具体效果主要取决于数据集、个人喜好和可视化的目的。此处，我发现 spring_layout（弹性布局）的效果特别好。此外也有其他选项，比如 circular_layout（圆形布局）、shell_layout（贝壳布局）和 spectral_layout（谱布局），在其他算法效果不好时可以试试它们。

关于 NetworkX 布局的更多详情参看 https://networkx.github.io/documentation/networkx-1.11/reference/drawing.html。尽管增加了一些复杂度，然而 draw_graphviz() 函数[①]效果特别好，值得下一番功夫研究，以改进可视化的效果。你也可以考虑把它投入到实际应用中。

① 在 NetworkX 的 2.x 版本中，已经弃用了该函数。相同的功能在 networkx.drawing.nx_agraph.graphviz_layout() 函数和 networkx.drawing.nx_pydot.graphviz_layout() 函数中实现，具体使用方法请参看 2.x 系列文档。——译者注

在可视化中使用 sprint_layout。

```
pos = nx.spring_layout(G)
```

用 pos 变量中的布局为节点定位。

```
nx.draw_networkx_nodes(G, pos)
```

接下来画出边。（按特定顺序）迭代图中的每条边，收集边的权重。

```
edgewidth = [ d['weight'] for (u,v,d) in G.edges(data=True)]
```

然后，在图中画出边。

```
nx.draw_networkx_edges(G, pos, width=edgewidth)
```

尽管具体结果取决于数据，然而所得到的图通常会显示：多数节点具有强连接，而少数节点与网络中的其他节点几乎没有连接，见图 7-4。

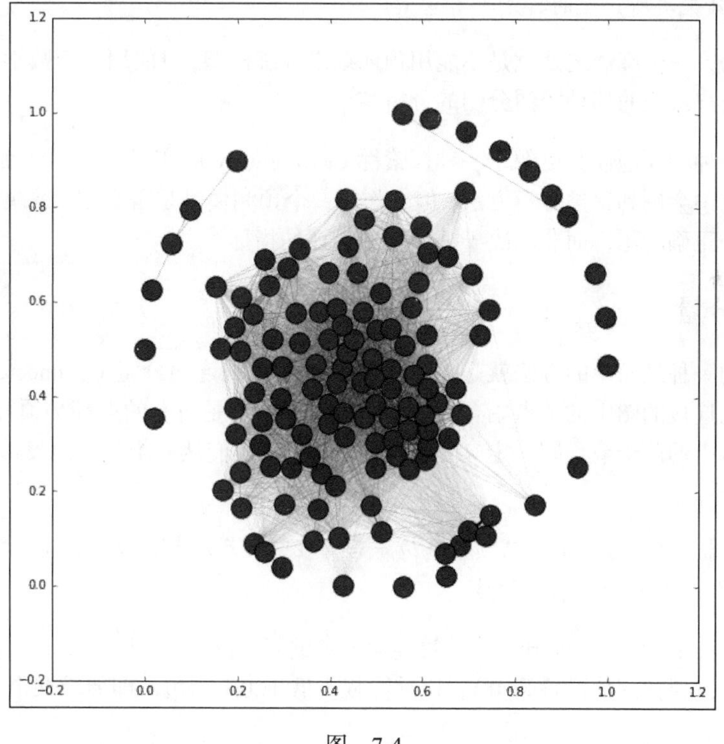

图　7-4

与之前的图相比，本次生成的图的边所体现的是基于相似性度量的节点相似度，而不是好友关系（虽然之前的图也能体现出两个用户之间的相似度）。我们现在就可以从这幅图中提取信息来实现推荐功能了。

7.4 寻找子图

通过计算相似度函数，我们能对结果中的用户做简单的排序，并返回最相似的用户作为推荐建议。我们在商品推荐中也是这样做的。这个方法不但可行，而且确实不失为完成这类分析的一种办法。

但这次我们要另辟蹊径，从用户群中找出聚类簇，使得该簇中的用户彼此都是相似的。我们不仅可以建议这些用户组建团体，也可以投放针对这个细分市场的广告，甚至用这些簇进行自动推荐。从相似用户中发现聚类簇的过程就叫作**聚类分析**（cluster analysis）。

聚类分析是一项艰巨的任务，其复杂度不是分类算法的复杂度能比的。举个例子，评估分类算法的结果很简单，我们只需直接把结果与（训练数据集中的）事实比较，就能看出正确分类的比例。而在聚类分析中却没有所谓的事实。评估聚类分析的结果要求我们对结果中应存在什么样的簇有一种预期，然后基于这种预期去评估聚类所产生的群是否有意义。

聚类分析的另一个麻烦之处就是不能用预期结果训练模型，只能用基于数学模型的近似方法聚类，而不是用户希望的那种泾渭分明的分析结果。

聚类分析的种种问题使其更像是一种探索性（exploratory）[①]工具，而不是预测工具。虽然在某些研究和应用中会用到聚类分析方法，但它作为一个预测模型是否有用，取决于分析者能否找出参数和**看起来正确**的图，而非取决于某个特定的评估指标。

7.4.1 连通分量

进行聚类的一种最简单的方法就是找出图（graph）中的**连通分量**（connected component）。连通分量是有边连接的图中的节点集合，在连通分量中，不是所有的点都必须彼此相连。然而，同一个连通分量中的两个节点间一定有互相连通的边，使我们从一个节点出发，经由通路就能到达另一个节点。

在计算连通分量时，只须检查边是否存在，而无须考虑边的权重。鉴于此，下面的代码会移除低权重的边。

我们可以在图上调用 NetworkX 中计算连通分量的函数。首先，用 `create_graph()` 函数创建一幅新图。这次要把阈值设置为 0.1，以移除权重低于 0.1 的边，即要求两个用户至少有 10% 的共同关注者。

```
G = create_graph(friends, 0.1)
```

用 NetworkX 找出图中的连通分量。

---

① 此处的探索性意指探索性数据分析（EDA，exploratory data analysis）。——译者注

```
sub_graphs = nx.connected_component_subgraphs(G)
```

要了解图的尺寸信息，可以分组迭代，并输出基本信息。

```
for i, sub_graph in enumerate(sub_graphs):
    n_nodes = len(sub_graph.nodes())
    print("Subgraph {0} has {1} nodes".format(i, n_nodes))
```

结果会展示每个连通分量的大小。我运行的结果中有一幅包含 62 名用户的大子图，还有很多只包含十几个或更少用户的小子图。

我们可以通过调整**阈值**来改变连通分量。这是因为阈值越高，连接节点的边就越少，而连通分量就会越小、越多。用更高的阈值运行上述代码就可以见到这种情况。

```
G = create_graph(friends, 0.25)
sub_graphs = nx.connected_component_subgraphs(G)
for i, sub_graph in enumerate(sub_graphs):
    n_nodes = len(sub_graph.nodes())
    print("Subgraph {0} has {1} nodes".format(i, n_nodes))
```

上述代码返回了更小、更多的子图。此时，之前最大的簇分裂为至少 3 份，其中没有一份用户数超过 10。图 7-5 就是其中的一个示例，它展现了簇中的连接。注意，因为这是一个连通分量，所以图中不会包括连通分量中的节点到图中其他节点的连接（至少当阈值是 0.25 时是这样的）。

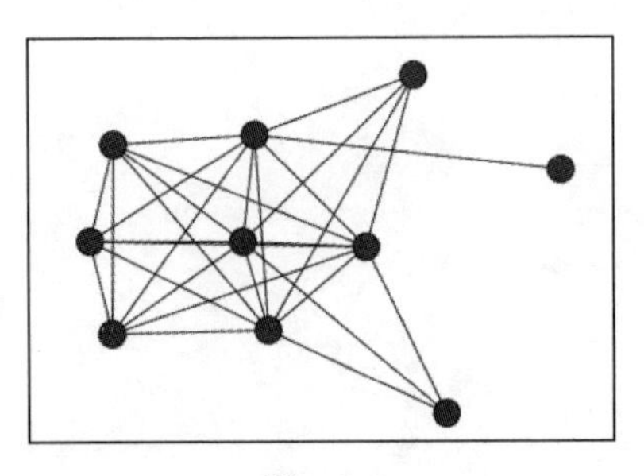

图 7-5

我们可以画出整个图，用不同颜色表现每个连通分量。因为连通分量之间没有连接，所以把它们都画在一张图里是毫无意义的。这是因为节点和连通分量的位置都是任意的，而这会扰乱可视化的效果。反过来，我们可以在不同的子图形上为每个连通分量绘图。

在新的输入框中，取出连通分量并计数。

```
sub_graphs = nx.connected_component_subgraphs(G)
n_subgraphs = nx.number_connected_components(G)
```

sub_graphs 是一个连通分量的生成器（generator），而不是列表。为此，我们要在 nx.number_connected_components 处取出连通分量的数量。NetworkX 存储信息的方式决定了用 len 是行不通的。这就是我们在此处需要重新计算连通分量的原因。

新建一个 pyplot 图形，并为我们所有的连通分量留出足够的空间。为此，我们要根据连通分量的数量扩张图形尺寸。

接下来迭代每个连通分量并为其添加子图形（subplot）。add_subplot 的参数包括子图形的行数、列数和当前子图形的索引。我的可视化操作用了 3 列，你也可以尝试其他的值（请记得要同时修改行和列的数量）。

```
fig = plt.figure(figsize=(20, (n_subgraphs * 3)))
for i, sub_graph in enumerate(sub_graphs):
    ax = fig.add_subplot(int(n_subgraphs / 3) + 1, 3, i + 1)
    ax.get_xaxis().set_visible(False)
    ax.get_yaxis().set_visible(False)
    pos = nx.spring_layout(G)
    nx.draw_networkx_nodes(G, pos, sub_graph.nodes(), ax=ax,node_size=500)
    nx.draw_networkx_edges(G, pos, sub_graph.edges(), ax=ax)
```

代码会将每个连通分量可视化，使其中的节点数和连通情况一目了然，如图 7-6 所示。

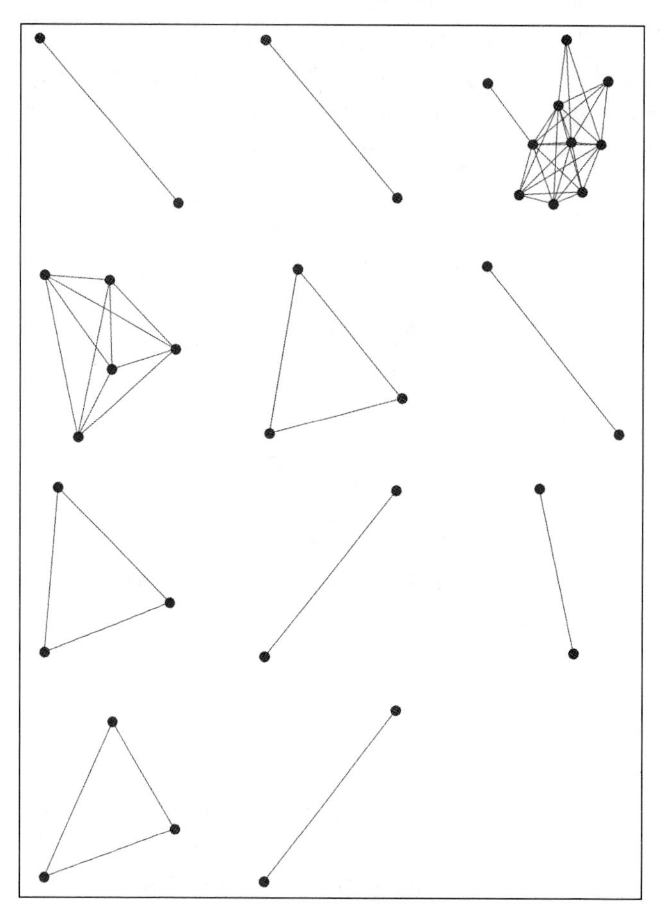

图　7-6

如果你的图中没有出现任何东西，请尝试重新运行这行代码：`sub_graphs = nx.connected_component_subgraphs(G)`。`sub_graphs` 对象是一个生成器，在使用过一次后就“消耗殆尽”了。

7.4.2 优化准则

我们的算法根据**阈值**参数找出了连通分量。而阈值参数可以控制是否向图中添加边。反过来，它也直接控制了连通分量的大小和数量。那么，我们可能就需要解决这样一个问题：该如何选取**最佳**的阈值？这个问题颇具主观性，并没有确定的答案，但同时它也是所有聚类分析任务中的主要问题。

尽管如此，但我们还是可以针对好的解决方案提出一个概念，并根据这个概念定义一个指标。一般而言，我们需要这样的解决方案：

- 同一个簇（本例中是连通分量）中的样本彼此高度**相似**；
- 不同簇中的样本高度异质。

轮廓系数（silhouette coefficient）[①]就是一种能量化这些要点的度量方法。针对单独样本，我们可以按如下公式定义轮廓系数。

$$s = \frac{b - a}{\max(a, b)}$$

其中，a 是**簇内距离**（intra-cluster distance）或者该样本到簇中其他样本的平均距离，b 是**簇间距离**（inter-cluster distance）或到最近簇中样本的平均距离。

总体轮廓系数可以通过对所有样本的轮廓系数取均值求得。聚类结果的轮廓系数越接近系数的最大值 1，各个簇中的样本就越相似，各个簇也就更分散；轮廓系数接近 0 时，所有簇都互相重叠，簇之间几乎没有距离；轮廓系数接近其最小值 –1 时，样本很可能被放进了错误的簇中，也就是说，样本的正确位置应该在其他簇中。

我们想要利用该指标，通过调整阈值来找出能使轮廓系数最大的解决方案（也就是一个阈值），就要创建一个计算轮廓系数的函数，而它以阈值为参数。

之后把这个函数传入 SciPy 的 **optimize**（优化）模块。该模块包含可以通过调整函数参数以找出函数最小值的 `minimize()` 函数，但我们关心的是让轮廓系数最大化，而 SciPy 中没有相应的最大化函数。因此我们要求轮廓系数相反数的最小值（相当于求轮廓系数的最大值）。

---

① 轮廓系数由比利时统计学家彼得·卢梭（Peter Rousseeuw，1956）于 1968 年提出。——译者注

在 scikit-learn 库中有计算轮廓系数的函数 sklearn.metrics.silhouette_score()。不过，它不符合 SciPy 最小化函数对函数格式的要求。最小化函数以变量参数为第 1 个参数（本例中是阈值），其他参数随后。在当前情况下，我们要把 friends 字典作为参数传给最小化函数以计算图。

轮廓系数的定义要求节点数量至少为 2（因为要计算距离）。为此，我们要把有问题的情况标记为无效。虽然这样做的方法有很多，但最简单的一种就是返回特别离谱的值。在我们的例子中，轮廓系数最小只能取到–1，因此我们用–99 代表问题无效。任何有效的方案得出的轮廓系数都会大于–99。

下面的函数解决了所有这些问题。它接收阈值和 friends 列表为参数，计算出轮廓系数。它之所以能做到这一点，是因为它用 NetworkX 中的 to_scipy_sparse_matrix() 函数从图中构建矩阵。

```
import numpy as np
from sklearn.metrics import silhouette_score

def compute_silhouette(threshold, friends):
    G = create_graph(friends, threshold=threshold)
    if len(G.nodes()) < 2:
        return -99
    sub_graphs = nx.connected_component_subgraphs(G)

    if not (2 <= nx.number_connected_components(G) < len(G.nodes()) - 1):
        return -99

    label_dict = {}
    for i, sub_graph in enumerate(sub_graphs):
        for node in sub_graph.nodes():
            label_dict[node] = i

    labels = np.array([label_dict[node] for node in G.nodes()])
    X = nx.to_scipy_sparse_matrix(G).todense()
    X = 1 - X
return silhouette_score(X, labels, metric='precomputed')
```

在稀疏数据集中评估聚类算法性能时，我建议你了解一下 V-measure[①]和调整互信息（AMI，Adjusted Mutual Information）这两种方法。scikit-learn 中实现了这两种方法，但它们进行评估所用的参数迥然相异。

scikit-learn 中虽然实现了轮廓系数，但在本书撰写时，这一实现尚不支持稀疏矩阵。鉴于此，我们需要调用 todense() 函数。通常情况下，这不是一个好主意，因为只有当数据不应是密集格式时，我们才采用稀疏矩阵。本例的数据集相对较小，不会产生什么问题。不过，不要

① V-measure 的 V 代表“有效性”（validity），形式上与 F-measure 类似。它是归一化互信息（NMI，Normalized Mutual Information）方法的一种形式，在计算分母中的归一化子时采用算术平均。——译者注

在大型数据集中尝试这种转换。

这里我们取了两次相反数。第一次是在计算距离时取了相似度的相反数。因为轮廓系数的参数只能是距离，所以这步必不可少。第二次是为适用 SciPy 优化模块的最小化函数取了轮廓系数的相反数。

最后，创建用于最小化的函数。这个函数取 compute_silhouette()函数结果的相反数，因为数值越低，聚类效果越好。虽然在 compute_silhouette()函数中取相反数是可行的，但是为理清实验中的不同步骤，我把取相反数的操作单独拿出来作为一步。

```
def inverted_silhouette(threshold, friends):
    return -compute_silhouette(threshold, friends)
```

这个函数从原始函数中创建新函数。新函数调用时，所有参数和关键词都被原封不动地传递给原始函数，原始函数的返回结果也被返回。但是，该返回值在被返回前被取了相反数。

现在，我们就要真正地优化算法了。我们把取相反数后的 compute_silhouette()函数传给最小化函数。

```
from scipy.optimize import minimize
result = minimize(inverted_silhouette, 0.1, args=(friends,))
```

最小化函数的运行需要一些时间。创建图的函数的运行速度和计算轮廓系数的函数的运行速度都不快。虽然降低 maxiter 参数的值能减少执行中的迭代次数，但这样返回的结果容易是次优解。

函数运行完成后，我得出的阈值是 0.135，该阈值能返回 10 个连通分量。最小化函数返回的分数是–0.192。无论如何都要记住，这个值是我们取的相反数。真正的分数其实是 0.192，是一个正值。该分数表明，簇还算比较分散（这是个好迹象）。我们可以运行其他模型，看看得分能不能更高。分数越高，簇就越分散。

我们可以用聚类结果推荐用户。如果用户位于特定连通分量内，我们就可以向他推荐同一个连通分量内的其他用户。我们运用杰卡德相似系数衡量用户间的连接，用连通分量把用户分割成簇，最后利用优化技术寻求最佳模型。这就是我们实现推荐关注功能的思路。

然而，数据集中有大量用户没有连接。要找出他们之间的簇，就要用另一种算法。在第 10 章中，我们会见到聚类分析的其他方法。

7.5　本章小结

本章关注社交网络中的图（graph）以及如何在图中执行聚类分析。我们了解了如何用 scikit-learn 保存和加载我们在第 6 章中创建的分类模型。

我们从社交网络 Twitter 中创建好友图，以用户之间相同好友为指标衡量两个用户是否相似。虽然考虑到好友数量的整体情况，我们对好友数量做了归一化处理，但共同好友数量多仍能体现出两个用户相似。这个方法通常能帮助我们认识相似用户的同质属性（比如年龄、一般讨论的话题）。我们可以运用这样的逻辑推荐用户——如果一些用户关注了用户 X，并且用户 Y 与用户 X 相似，那么这些用户也会喜欢用户 Y。在很多方面，这种思路都与之前章节中交易导向的相似度计算方法如出一辙。

本章旨在实现推荐用户的功能。我们用聚类分析寻找相似用户所属的簇。为此，我们根据相似度指标，在之前创建好的加权图中找出连通分量。我们还用 NetworkX 包创建图、执行图上的操作、找出图中的连通分量。

之后我们采用了轮廓系数的概念，用以评估聚类的效果。根据簇内距离与簇间距离的概念，轮廓系数越高，聚类效果越好。我们还用 SciPy 的优化模块找到了轮廓系数最大的方案。

在本章内容的实践中会接触到几对相反的概念。相似度与距离就是其中的一对。相似度越高，两个对象就越相似；相反，距离越小，两个对象才越相似。另一对相反的概念是损失函数（loss function）与评分函数（score function）。损失函数的值越小，聚类效果越好（即损失越少）；而对于评分函数而言，值越大，聚类效果越好。

要扩展关于本章内容的学习，可以研究一下 `scikit-learn` 中的 V-measure 与调整共信息两种评分方法，尝试用它们替代本章中的轮廓系数。这两种指标的最大化方法效果会比轮廓系数更好吗？进一步讲，你是如何判断的呢？问题在于，针对聚类分析，你往往不能客观判断，而且需要经过人工干预才能选取最佳方案。

在下一章中，我们要介绍如何从另一种新类型的数据——图像中提取特征。我们还会探讨如何使用神经网络识别图像中的数字，开发自动识别验证码图像的程序。

第 8 章

用神经网络识别验证码

在数据挖掘人员的心目中，图像意味着有趣而艰难的挑战。直到近些年，提取图像中信息的方法才取得了少量的进展。尽管如此，这些进展已经在像自动驾驶汽车这样的领域中得到使用，并在很短的时间内取得了令人瞩目的成果。最近的研究为我们提供的算法可以理解图像，服务于商业监控、自动驾驶汽车以及人员识别领域。

图像中携带了大量的原始数据，而编码图像的标准方法——像素——本身不能提供信息。图像和照片中还存在模糊不清、离目标太近、太暗、太亮、缩放、裁剪和扭曲等多种多样的问题，这些都严重阻碍了计算机系统从中提取有用的信息。神经网络能把低级的特征组合成高级的模式，因而更容易归纳并解决这些问题。

本章着眼于用神经网络从图像中提取文本数据，以预测验证码（CAPTCHA）中的字母。验证码图像的设计目的就是要使图像不仅易于人类理解，还能难住计算机。它是 Completely Automated Public Turing test to tell Computers and Humans Apart 的缩写，意为全自动区分计算机和人类的图灵测试。许多网站在注册系统、评论系统中使用验证码，以免自动化程序填入的虚假账号和垃圾评论充斥网站。

这类测试可以阻挡试图利用网站的程序（机器人程序），比如自动在网站上注册新用户的机器人程序。这次我们要扮演垃圾信息制造者的角色，尝试在有验证码保护的在线论坛中发布消息。网站受到验证码保护意味着，如果我们没能通过测试，就不能发帖。

本章涵盖以下主题：

- 神经网络；
- 创建验证码和字母数据集；
- 处理图像数据的 `scikit-image` 库；
- 提取图像的基本特征；
- 在大规模的分类任务中使用神经网络；
- 用后处理提升性能；
- 人工神经网络。

8.1　人工神经网络

神经网络（neural network）最初是一类根据人类大脑工作机制设计的算法。不过神经网络领域近年来的进展多是基于数学理论，而非源于生物学上的见解。神经网络是互相连接在一起的神经元（neuron）的集合。如图 8-1 所示，每个神经元都是其输入的简单函数，能把多个输入组合起来，然后用函数生成输出。

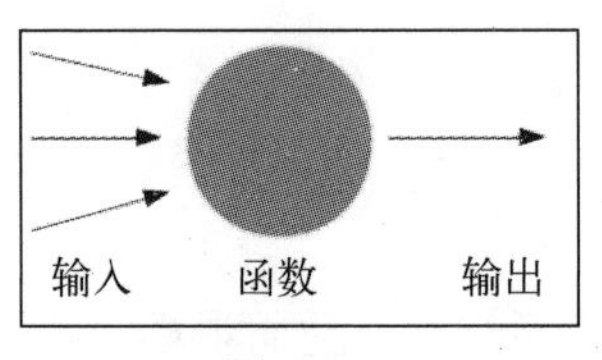

图　8-1

定义神经元中数据处理过程的函数被称为**激活函数**（activation function），它可以是任何标准函数，比如输入的线性组合函数。在常用的神经网络学习算法中，激活函数要满足**可导**（derivable）和**平滑**（smooth）的要求，以使函数正常运行。**`Logistic()`函数**[①]就是常见的一种，它的定义如下（k 常常简单取 1；x 是神经元的输入；L 是函数的最大值，通常取 1）。

$$f(x)=\frac{L}{1+\mathrm{e}^{-k(x-x_0)}}$$

从–6 到+6 的函数图像见下图。红线指示出当 x 为 0 时，函数值为 0.5。不过随着 x 的增长，函数值迅速攀升到 1.0 附近；而在 x 减小时，函数值则快速跌落至–1.0 附近，如图 8-2 所示。

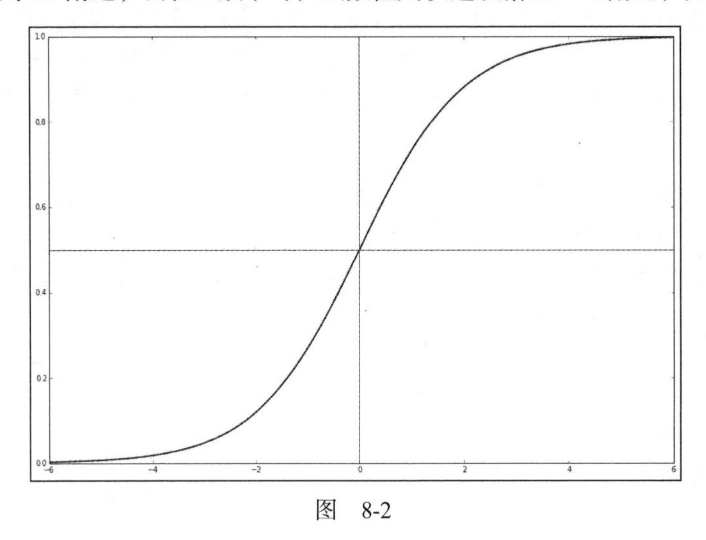

图　8-2

① 该函数由比利时数学家皮埃尔·弗朗索瓦·费尔哈斯（Pierre François Verhulst，1804—1849）于 1845 年提出，用作一种人口增长模型。但他没有解释命名中 Logistic（法语：logistique）的含义。这个命名与物流（logistics）无关，很可能是为了与对数（logarithmic）区分开。——译者注

每个神经元个体接收输入后，都会根据这些值计算输出。这样的神经元连接起来，就是神经网络了。在数据挖掘应用场景中，神经网络能发挥其强大的功能。这些神经元的组合方式、如何把这些神经元训练至相互契合和如何组合它们以训练模型都是机器学习中最重要的概念。

神经网络简介

数据挖掘应用场景中的神经元通常以**层**（layer）的形式组织。第一层是**输入层**（input layer），接收数据中的样本作为输入。经过神经元的计算，该层的输出会传递给下一层的神经元。这种形式的神经网络叫作**前馈神经网络**（feed-forward neural network）。这是最常用的一种神经网络，也是本章中使用的唯一一种神经网络。为简明起见，本章暂时把它简写为**神经网络**。在其他的应用场景中我们还会见到不同类型的神经网络。第 11 章会介绍另一种神经网络。

将各层的输出作为其下一层的输入，重复此过程，直到抵达最后一层：**输出层**（output layer）。这一层的输出就是神经网络针对分类的预测结果了。在输入层和输出层之间的神经元层叫作**隐藏层**（hidden layer），其中的数据表示形式难以被人类直观理解。图 8-3 展示了一个 3 层的神经网络。大多数神经网络至少有 3 层，而现今大部分应用场景中使用的神经网络要远多于 3 层。

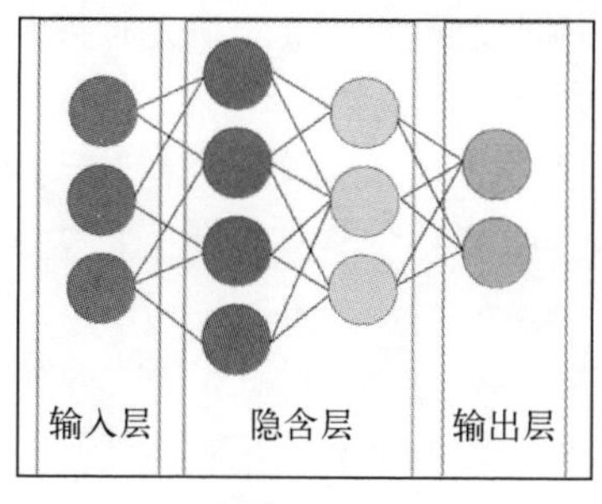

图 8-3

通常我们考虑的是全连接层（fully connected layer）。层中的各个神经元的输出都能对应到下一层的神经元。虽然要定义全连接神经网络，但在训练过程中我们要把许多权重值设置为 0，这样可以有效地移除连接。另外，即使在训练后，许多权重值仍然非常小。

全连接神经网络不仅概念上较其他形式的神经网络简单，也更容易在程序中得到高效的实现。

在第 11 章我们将见到其他类型的神经网络，其中包括专门用于图像处理的层。

因为神经元的函数通常是 `Logistic()` 函数，且神经元也都连接到下一层，所以影响神经网络构建与训练的参数就一定来源于其他因素。

- 第一个因素出现在神经网络的构建环节。它是神经网络的大小与形状，包括神经网络的层数和每层隐藏层中的神经元数量（输入层和输出层的大小取决于数据集）。

- 第二个参数出现在神经网络的训练环节。它是神经元之间连接的权重。当一个神经元连接到另一个神经元时，两者之间的连接会关联一个权重值，用来与前者的输出相乘。假设连接的权重是 0.8，神经元已激活且输出值为 1，那么输入至下一个神经元的值就是 0.8；如果前面的神经元没有激活且输出值为 0，那么下一个神经元的输入也为 0。

神经网络在分类任务中的准确率取决于其大小是否合适，还有权重值是否训练得当。这里我们说的大小合适不是越大越好。如果神经网络过大，那么其训练过程不但会耗费太多时间，而且容易过拟合训练数据集。

在初始阶段，我们可以给权重随机赋值，因为之后的训练阶段会更新权重。把权重全部置 0 不是个好主意，因为这会让神经网络中所有神经元的初始行为都相似！随机赋值能让神经元在学习过程中扮演不同的角色（role），而通过训练，我们可以改善这些角色。

这种配置下的神经网络就成了分类器，它能根据输入，给目标数据样本预测类别，与前面章节中介绍的分类算法异曲同工。不过我们需要一份数据集，才能完成训练与测试。

神经网络是近年来数据挖掘技术发展中最大的领域，甚至可以说它独占鳌头。这也许会让你质疑："为什么还要学习其他类型的分类算法呢？"尽管神经网络在各个领域都是最先进的技术（至少目前是），但通常它不仅需要规模庞大的数据支持，学习时间也很长。因此如果你没有足够大的大数据（big data），那么用其他算法效果会更好。

8.2　创建数据集

为了给本章内容添加一些乐趣，在本章中我们要扮演起坏人的角色。我们要创建一个能自动识别验证码的程序，从而让我们的垃圾评论程序可以在别人的网站上发布广告。但是请注意：本章中的验证码要比当今 Web 环境中使用的简单，而且发表垃圾信息不是什么光彩之事。

尽管我们要扮演坏人的角色，但请不要针对现实中的网站使用这个程序。我们从"坏人"这一角色的视角出发是为了便于发现问题，以提升网站的安全性。

我们简化了验证码，在实验中只选用 4 个字母的英文单词，如图 8-4 所示。

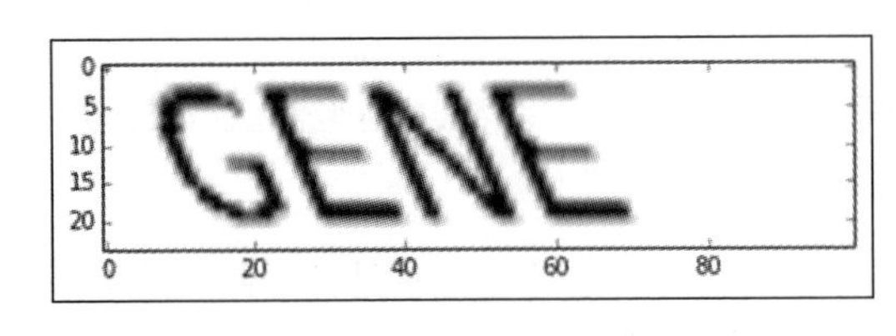

图　8-4

我们的目标是创建一个能从这种图像中还原单词的程序，其实现可以分为4步：

(1) 从图像中拆解出单个字母；
(2) 给单个字母分类；
(3) 重组字母，形成单词；
(4) 用字典为单词排序，尝试修正错误。

我们的验证码识别算法基于这些假设：其一，验证码中出现的是完整而有效的单词，而且单词中只有4个英文字母（其实我们在创建验证码和识别验证码时用的是相同的字典）；其二，单词中全部是大写字母，没有符号、数字和空格。

字母的识别比较简单，因此我们要增加一些难度。我们会对文本做错切变换（shear transform），而且这种错切与缩放的程度并不是一成不变的。

8.2.1 绘制简单的验证码

要给验证码分类，首先需要一份数据集，以便算法从中学习。在本节中，我们要自行生成用于数据挖掘的数据。

在现实中的应用场景里，你会想用现成的验证码服务生成验证码数据。但要达成本章的目的，用我们自行生成的数据就足够了。还有一个问题就是，代码基于我们对数据的假设，而且这种假设是在数据集创建时故意为之的。因此在数据挖掘的训练过程中，就仍要沿用我们的假设。

这里我们要绘制包含单词的图像，并且这些图像要带有错切变换。我们用PIL库绘制验证码，然后用 `scikit-image` 库对图像执行错切变换。`scikit-image` 库需要读取NumPy数组格式的图像，而PIL正好可以导出这种格式，这恰好让我们可以搭配使用两个库。

PIL和 `scikit-image` 都可以用Anaconda安装。不过我推荐用 `pillow` 替代PIL：**`conda install pillow scikit-image`**。其安装后的使用方法与PIL一样。

首先，导入必要的库和模块。我们导入了NumPy和绘图用的函数，代码如下。

```
import numpy as np
from PIL import Image, ImageDraw, ImageFont
from skimage import transform as tf
```

然后，创建一个生成验证码的函数作为基础。这个函数接受单词和错切角度（通常取0~0.5的值）[①]为参数，返回NumPy数组格式的图像。为了使这个函数能用于单个字母的训练，我们还允许用户设置生成图像的尺寸。

① 根据 `scikit-image` 文档，该参数是逆时针方向的错切角度，单位是弧度。——译者注

```
def create_captcha(text, shear=0, size=(100, 30), scale=1):
    im = Image.new("L", size, "black")
    draw = ImageDraw.Draw(im)
    font = ImageFont.truetype(r"bretan/Coval-Black.otf", 22)
    draw.text((0, 0), text, fill=1, font=font)
    image = np.array(im)
    affine_tf = tf.AffineTransform(shear=shear)
    image = tf.warp(image, affine_tf)
    image = image / image.max()
    # 应用缩放
    shape = image.shape
    shapex, shapey = (int(shape[0] * scale), int(shape[1] * scale))
    image = tf.resize(image, (shapex, shapey))
    return image
```

在函数中我们指定了新图像的格式为“L”，意为只有黑白像素（位深 8 比特）。然后，创建一个 ImageDraw 类的实例。这样就可以用 PIL 绘图了。之后加载字体，绘制文本，并在图像上执行 scikit-image 中的错切变换。

我用的是 Open Font Library 中的 Coval 字体，你可以访问这里下载：http://openfontlibrary.org/en/font/bretan。下载好 .zip 文件后，把其中的 Coval-Black.otf 解压到笔记本所在的目录下。

现在生成图像的工作就相当简单了。在用 pyplot 显示图像前，要先设置 matplotlib 的内联显示模式并且导入 pyplot。代码如下。

```
%matplotlib inline
from matplotlib import pyplot as plt
image = create_captcha("GENE", shear=0.5, scale=0.6)
plt.imshow(image, cmap='Greys')
```

运行完成后，你就能看到本章一开始的那张验证码图像了。下面是一些不同错切角度、不同缩放倍数的示例，见图 8-5 和图 8-6。

```
image = create_captcha("BONE", shear=0.1, scale=1.0)
plt.imshow(image, cmap='Greys')
```

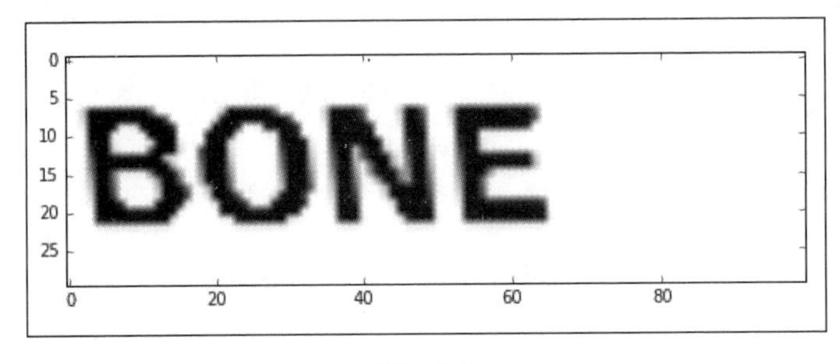

图　8-5

```
image = create_captcha("BARK", shear=0.8, scale=1.0)
plt.imshow(image, cmap='Greys')
```

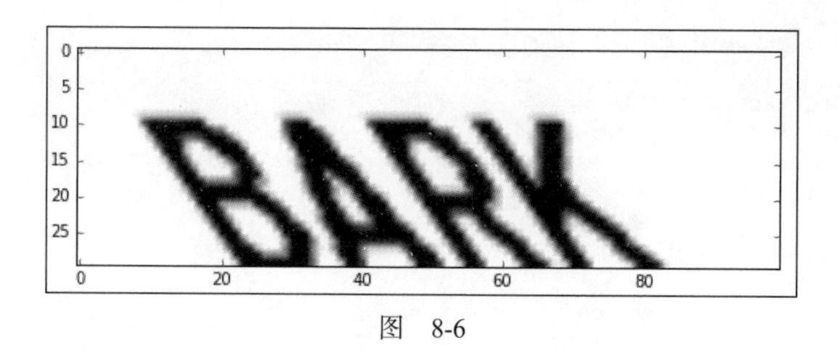

图 8-6

图 8-7 把缩放调到了 1.5 倍。虽然看起来它跟图 8-5 差不多大，但注意，x 轴与 y 轴的标尺大了不少。

```
image = create_captcha("WOOF", shear=0.25, scale=1.5)
plt.imshow(image, cmap='Greys')
```

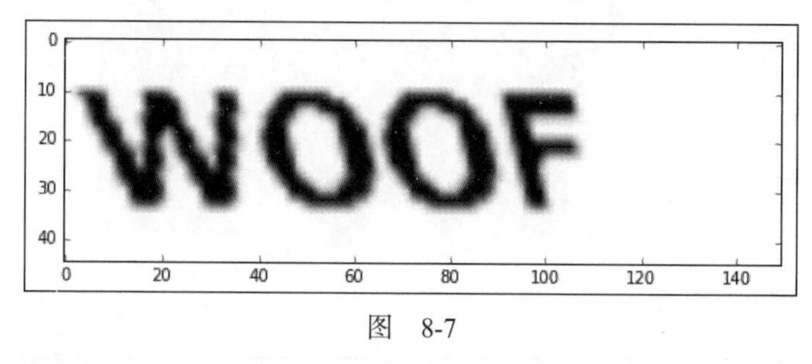

图 8-7

8.2.2 按字母分割图像

虽然验证码都是单词，但我们的工作不是构建一个能识别成千上万可能单词的分类器。我们会把单词这样的大问题分解成小问题：预测图像中的字母。

在我们的实验中，语言为英语，而且字母全都是大写字母，也就是说我们只需要预测 26 种字母类别。如果你用其他语言进行实验，请务必注意调整输出类别的数量。

用算法破解验证码的第一步就是把其中的单词拆分成字母，并识别出所拆分出每一个字母。我们创建一个函数来实现这个需求。该函数能摘出图像中连续成片的黑色像素作为子图像，而这些子图像就是（或者至少应该是）我们想拆分出的字母。scikit-image 库中有完成这些操作的工具函数。

我们的函数以图像为参数，返回子图像的列表，其中每个子图像都是原图像中单词中的字母。首先要做的就是检测字母的位置。我们用 scikit-image 中的 label()（标注）函数来实现，它在值相同的像素中寻找连通集（connected set）[1]。这个概念类似第 7 章中的连通分量。

① 连通集是点集拓扑中的概念。拓扑空间中具有连通性的子集被称为连通集。在本例的代码中，connectivity 参数设为 1。此时，像素的连通性体现为像素的上、下、左、右 4 个方位中的任一方位中存在值相同的像素。——译者注

```
from skimage.measure import label, regionprops

def segment_image(image):
    # 标记函数能找出连通的非黑色像素组成的子图像
    labeled_image = label(image>0.2, connectivity=1, background=0)
    subimages = []
    # 用 regionprops 函数分离子图像
    for region in regionprops(labeled_image):
        # 提取子图像
        start_x, start_y, end_x, end_y = region.bbox
        subimages.append(image[start_x:end_x,start_y:end_y])
        if len(subimages) == 0:
            # 没有找到子图像，则返回完整图像
            return [image,]
    return subimages
```

之后就能用这个函数从示例验证码中找出子图像了[①]。

```
subimages = segment_image(image)
```

可以查看其中的每个子图像。

```
f, axes = plt.subplots(1, len(subimages), figsize=(10, 3))
for i in range(len(subimages)):
    axes[i].imshow(subimages[i], cmap="gray")
```

各个子图像如图 8-8 所示。

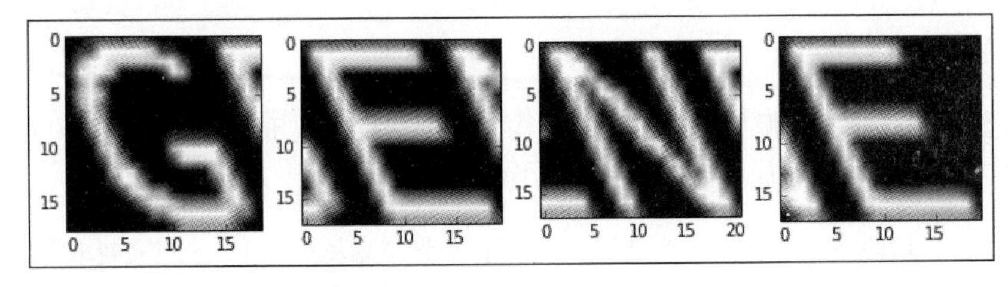

图　8-8

如你所见，我们的图像分割方法取得了合理的成果。不过分割出的子图像仍相当凌乱，夹带着前后字母的一小部分。但这个结果不仅很不错，而且几乎可以说是很好了。这是因为训练数据中的规则噪声会抑制训练效果，而其中的随机噪声却会对训练有所助益。其原因之一是底层数据模型要学习的是训练数据集中的重要方面（aspect），也就是非噪声部分，而不是数据中固有的特定噪声。然而其中噪声的多寡往往难以界定，这也是建立恰当模型的难点。在验证数据集中测试就是一种能提升训练效果的好办法。

要着重注意的是，我们的代码并不总能找到字母。通常，错切角度小的图像分割结果都很准

① 因作者未提供运行时的第三方库版本，此处建议对 `regionprops()` 函数产生的区域（region）按包围盒（bounding box，即 `region.bbox`）排序，以保证子图像顺序正确，实验结果合理有效。——译者注

确。比如，用下面这段代码分割前面的例子 WOOF，结果见图 8-9。

```
image = create_captcha("WOOF", shear=0.25, scale=1.5)
subimages = segment_image(image)
f, axes = plt.subplots(1, len(subimages), figsize=(10, 3), sharey=True)
for i in range(len(subimages)):
    axes[i].imshow(subimages[i], cmap="gray")
```

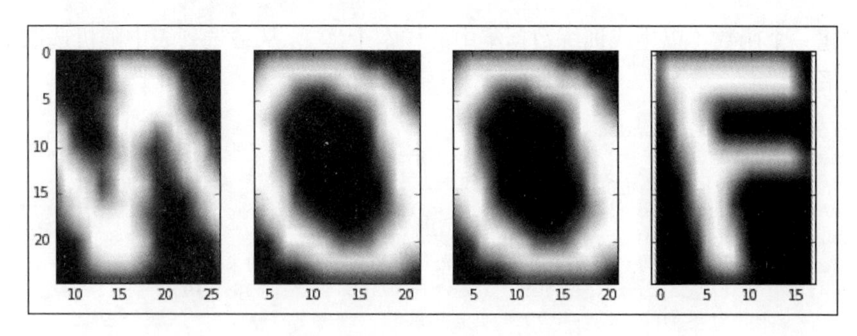

图 8-9

与之相对，错切角度大的图像分割效果就不好。例如图 8-6 中的示例（见图 8-10）。

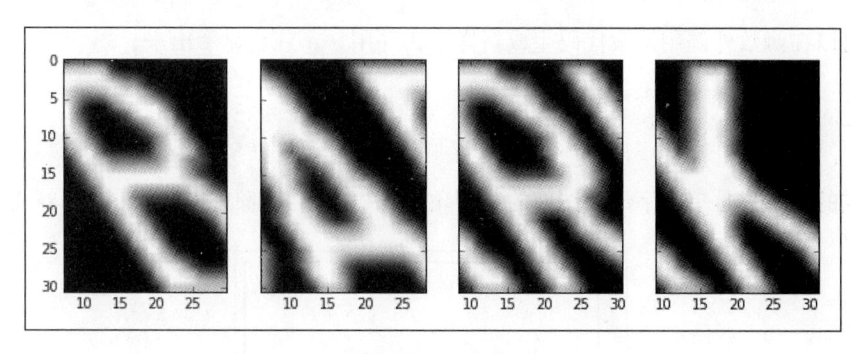

图 8-10

值得注意的是，方形分割会导致大面积的重叠。因此我们建议用查找非方形分割的方法改进本章的代码。

8.2.3 创建训练数据集

现在，我们就可以用定义好的函数创建字母数据集了，而数据集中还要包含不同错切角度的字母。之后，我们就可以通过在数据集上训练神经网络来从图像中识别字母。

首先，设置随机状态，并设置备选字母、错切角度和缩放倍数的数组。之后，从数组中随机选取。如果你以前就用过 NumPy 中的 `arange()`函数，那么此处就没什么好惊讶的；而如果你没用过，那么它与 Python 中的 `range()`函数类似，而两者的区别在于 `arange()`操作的是 NumPy

数组，而且支持浮点数的步长。代码如下。

```
from sklearn.utils import check_random_state
random_state = check_random_state(14)
letters = list("ABCDEFGHIJKLMNOPQRSTUVWXYZ")
shear_values = np.arange(0, 0.8, 0.05)
scale_values = np.arange(0.9, 1.1, 0.1)
```

然后创建一个函数（以生成训练数据集中的样本个体），从备选列表中随机选取字母、错切角度和缩放倍数。

```
def generate_sample(random_state=None):
    random_state = check_random_state(random_state)
    letter = random_state.choice(letters)
    shear = random_state.choice(shear_values)
    scale = random_state.choice(scale_values)
    # 我们把图像尺寸设置为(30, 30)，以确保图像中能显示出所有的文字
    return create_captcha(letter, shear=shear, size=(30, 30), scale=scale),
           letters.index(letter)
```

这个函数返回字母的图像和图像中字母本身的目标值。我们把 A 视为类别 0，B 视为类别 1，C 视为类别 2，以此类推。

我们可以在函数外调用这段代码生成新样本，并用 pyplot 显示出来。

```
image, target = generate_sample(random_state)
plt.imshow(image, cmap="Greys")
print("The target for this image is: {0}".format(target))
```

其生成的图像只是单个字母，图像的错切角度和缩放倍数都是随机的，如图 8-11 所示。

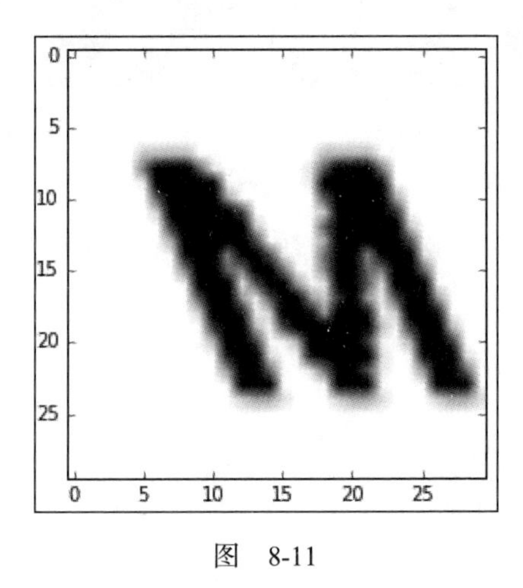

图　8-11

现在我们可以上千次调用这个函数来生成全部数据了。因为 NumPy 数组比列表更容易处理，所以之后我们会把数据放进 NumPy 数组中。代码如下。

```
dataset, targets = zip(*(generate_sample(random_state) for i in
                         range(1000)))
dataset = np.array([tf.resize(segment_image(sample)[0], (20, 20)) for
                    sample in dataset])
dataset = np.array(dataset, dtype='float')
targets = np.array(targets)
```

我们的目标值是 0~25 的整型数，每个值代表字母表中的一个字母。通常，神经网络中的单个神经元不支持输出多个值，但我们可以用多个输出 0 和 1 的神经元表示输出值。这里我们将目标值按独热编码处理，产生一个每个样本 26 个输出的目标矩阵。与对应字母越相似，值越接近 1，反之越接近 0。代码如下。

```
from sklearn.preprocessing import OneHotEncoder
onehot = OneHotEncoder()
y = onehot.fit_transform(targets.reshape(targets.shape[0],1))
```

从输出中可以知道我们的神经网络输出层有 26 个神经元。神经网络的目标是根据输出决定激活哪些神经元，这里的输入是组成图像的像素。

因为我们要用的库不支持稀疏数组，所以需要把稀疏矩阵转换成密集的 NumPy 数组。如果前面的神经元没有激活且输出值为 0，那么下一个神经元的输入也为 0。代码如下。

```
y = y.todense()
X = dataset.reshape((dataset.shape[0], dataset.shape[1] *
                     dataset.shape[2]))
```

最后，把数据集分割成训练数据集和测试数据集两部分以便之后评估算法①。

```
from sklearn.cross_validation import train_test_split
X_train, X_test, y_train, y_test = train_test_split(X, y, train_size=0.9)
```

8

8.3 训练与分类

我们现在要构建一个神经网络。它能以图像为输入，预测图像中的（单个）字母。

我们用之前创建的单个字母训练数据集，它本身很简单。此处图像是 20 像素 × 20 像素大小，每个像素只有 1（黑）和 0（白）两种值。这些像素代表将会被输入到神经网络中的 400 个特征。神经网络的输出为 26 个值，这些值的取值范围为 0~1。其中，输出值越高，所输入的图像中的字母与其关联的字母越可能是同一个（第 1 个神经元是 A，第 2 个是 B，以此类推）。

本章用 `scikit-learn` 中的 `MLPClassifier` 作为我们的神经网络。

① 此处作者未沿用本书惯例指定 `random_state=14`，因而实验结果不可完全重现，具有偶然性。作者的完整运行结果见：https://github.com/PacktPublishing/Learning-Data-Mining-with-Python-Second-Edition/blob/master/Chapter08/Old/ch8_CAPTCHA.ipynb。——译者注

为了使用 MLPClassifer，你需要较新版本的 scikit-learn。如果下面的导入语句执行失败，你可以在升级 scikit-learn 后重新尝试。你可以用 Anaconda 命令来升级，命令如下：**conda update scikit-learn**。

像 scikit-learn 中的其他分类器一样，我们要导入模型类型然后创建一个新实例。在下面的构造器中，我们指定了一个有 100 节点的隐藏层。输入层和输出层的大小将在训练时确定。

```
from sklearn.neural_network import MLPClassifier
clf = MLPClassifier(hidden_layer_sizes=(100,), random_state=14)
```

在 scikit-learn 中的所有神经网络模型中，都有一个 get_params() 函数。用这个函数可以看到神经网络的内部参数。下面就是上面的模型的内部参数，其中的许多参数可以用来改善训练质量或者提升训练速度。例如，增加学习速率（learn rate）虽然能让模型训练得更快，但容易使其错过更优的参数值。

```
{'activation': 'relu',
 'alpha': 0.0001,
 'batch_size': 'auto',
 'beta_1': 0.9,
 'beta_2': 0.999,
 'early_stopping': False,
 'epsilon': 1e-08,
 'hidden_layer_sizes': (100,),
 'learning_rate': 'constant',
 'learning_rate_init': 0.001,
 'max_iter': 200,
 'momentum': 0.9,
 'nesterovs_momentum': True,
 'power_t': 0.5,
 'random_state': 14,
 'shuffle': True,
 'solver': 'adam',
 'tol': 0.0001,
 'validation_fraction': 0.1,
 'verbose': False,
 'warm_start': False}
```

接下来用标准 scikit-learn 接口训练模型。

```
clf.fit(X_train, y_train)
```

我们的模型已经学习出各层的权重。检视 clf.coefs_即可看到这些权重。clf.coefs_是一个罗列各层权重的 NumPy 数组列表。例如，用 clf.coefs_[0] 可以查看 400 个（图像的像素数）神经元的输入层到 100 个（我们设定的值）神经元的隐藏层之间连接的权重；而用 clf.coefs_[1] 则可以查看隐藏层到输出层（26 个神经元）之间连接的权重。这些权重与上述参数一起，定义了整个训练好的神经网络。

现在就可以用训练好的神经网络来对测试数据集做出预测。

```
y_pred = clf.predict(X_test)
```

最后，评估神经网络的训练结果。

```
from sklearn.metrics import f1_score
f1_score(y_pred=y_pred, y_true=y_test, average='macro')
```

得分高达 0.92，令人瞩目。本次使用的 F_1 score 用的是宏平均（macro-average）方法，就是单独计算每个类别的 F_1 score，并直接计算它们的平均值，而不考虑每个类别中有多少样本。

要检查各个类别的结果，可以查看分类报告。

```
from sklearn.metrics import classification_report
print(classification_report(y_pred=y_pred, y_true=y_test))
```

实验结果如下。

```
             precision    recall  f1-score   support

          0       1.00      1.00      1.00         4
          1       1.00      1.00      1.00         1
          2       1.00      1.00      1.00         6
          3       1.00      1.00      1.00         7
          4       1.00      1.00      1.00         3
          5       1.00      1.00      1.00         3
          6       1.00      1.00      1.00         4
          7       1.00      1.00      1.00         4
          8       1.00      1.00      1.00         4
          9       0.00      0.00      0.00         0
         10       1.00      1.00      1.00         6
         11       1.00      1.00      1.00         3
         12       1.00      1.00      1.00         5
         13       1.00      1.00      1.00         4
         14       1.00      1.00      1.00         6
         15       1.00      1.00      1.00         2
         16       1.00      1.00      1.00         3
         17       1.00      1.00      1.00         5
         18       1.00      1.00      1.00         4
         19       1.00      1.00      1.00         3
         20       1.00      1.00      1.00         4
         21       1.00      1.00      1.00         7
         22       1.00      1.00      1.00         5
         23       0.00      0.00      0.00         0
         24       1.00      1.00      1.00         4
         25       1.00      1.00      1.00         3

avg / total       1.00      1.00      1.00       100
```

报告最终的 `f1-score` 是最后一行倒数第二个值：1.0。这个值是用微平均（micro-average）方法计算的，就是计算每个样本的 `f1-score` 然后求平均值。微平均在各类别的大小相差不多时更有意义，而宏平均则更适用于类别不平衡的情况。

从使用 API 的视角来看，神经网络相当简单，这是因为 `scikit-learn` 隐藏了所有复杂细节。不过，神经网络的训练背后到底发生了什么呢？我们要如何训练神经网络呢？

反向传播算法

神经网络的训练主要集中于以下几个方面。

- 首先是神经网络的大小与形状，即神经网络中有多少个层、各层有多大、使用什么误差函数（error function）这些问题。虽然有些种类的神经网络确实可以改变大小与形状，但最常用的前馈神经网络就几乎不能这样操作。前馈神经网络的大小在初始化时就固定了。像本章中的前馈神经网络就确定了第一层有400个神经元，隐藏层有100个神经元，最后一层有26个神经元。元算法（meta-algorithm）可以训练一系列神经网络，并在神经网络外侧确定哪一个是最高效的，通常被用来训练神经网络的形状。
- 神经网络中要训练的第二部分是神经元之间的权重。在标准神经网络中，某一层的节点通过边连接到下一层的节点上，而边上有确定的权重。虽然我们可以随机初始化这些权重（虽然确实有像自动编码器这样的智能方法存在），但之后权重需要被调整，以便神经网络**学习**训练样本与训练类别间的关系。

在早期的神经网络领域，调整权重值是阻碍神经网络发展的关键问题之一。直到名为**反向传播**（back propagation，backprop）的算法被发明之后，这个问题才得到解决。

反向传播算法能把错误预测归责给各个神经元。首先，思考神经网络的这样一种使用情形：我们把样本输入给输入层，看看哪个输出层的神经元被激活。这就是**前向传播**（forward propagation）。反向传播则反过来，从输出层回溯到输入层，按权重值对神经网络出错的影响的比例，给神经网络中的各个权重值划分责任。

权重值的修改幅度取决于两个方面：

- 神经元的激活值；
- 激活函数的梯度。

首先是神经元**激活**的程度。被大（绝对）值激活的神经元对结果影响大，而被小（绝对）值激活的神经元则对结果影响小。因此，修改权重值的幅度取决于神经元激活值的大小。激活值越大，则修改幅度越大，反之越小。

其次是按**激活函数梯度**的比例修改权重值。虽然许多神经网络对所有神经元使用相同的激活函数，但在很多场景中，在不同层的神经元中使用不同的激活函数是非常有意义的（对同一层的神经元使用不同激活函数的情况虽然存在，但很少见）。激活函数的梯度、神经元的激活值、分配给神经元的错误三者组合到一起即为权重值的修改幅度。

因为本书关注实际应用，所以我跳过了反向传播算法中的数学原理。随着对神经网络使用的不断深入，了解算法背后的原理会让你收获良多。我建议你了解一下反向传播算法的幕后细节。而理解算法原理需要一些关于梯度和导数的基础知识。

8.4 预测单词

我们既然已经有了一个预测单个字母的分类器，现在就可以向计划目标迈出下一步：预测单词。我们要从图像的分割中预测出字母，然后把这些对字母的预测组合在一起，作为对给定验证码的单词预测。

这个函数以验证码和训练好的神经网络为参数，返回预测出的单词。

```
def predict_captcha(captcha_image, neural_network):
    subimages = segment_image(captcha_image)
    # 执行转换，与训练数据中的一样
    dataset = np.array([tf.resize(subimage, (20, 20)) for subimage in
                                    subimages])
    X_test = dataset.reshape((dataset.shape[0], dataset.shape[1] *
                                dataset.shape[2]))
    # 用predict_proba和argmax获取最可能的预测
    y_pred = neural_network.predict_proba(X_test)
    predictions = np.argmax(y_pred, axis=1)
    # 把预测转换为字母
    predicted_word = str.join("", [letters[prediction] for prediction in
                                    predictions])
    return predicted_word
```

现在，我们可以用下面的代码测试单词。我们可以尝试不同的单词，看看能遇到什么样的错误。不过要注意，我们的神经网络只适用于大写字母。

```
word = "GENE"
captcha = create_captcha(word, shear=0.2)
print(predict_captcha(captcha, clf))
plt.imshow(captcha, cmap="Greys")
```

把这段代码重构成一个函数，方便执行预测过程。

```
def test_prediction(word, net, shear=0.2, scale=1):
    captcha = create_captcha(word, shear=shear, scale=scale,
                            size=(len(word) * 25, 30))
    prediction = predict_captcha(captcha, net)
    return word == prediction, word, prediction
```

函数返回的结果包括预测是否正确、原始单词和预测出的单词。代码正确地预测了单词GENE，但在其他单词上出错。神经网络的准确率有多高呢？我们要用NLTK创建包含大量四字母英文单词的数据集并将其用于测试。代码如下。

```
from nltk.corpus import words
```

用Anaconda安装NLTK：**conda install nltk**。在安装完成后、调用之前，还需要下载语料库：**python -c "import nltk; nltk.download('word')"**。

这里的 words 实例实际上是一个 corpus（语料库）对象。要从这个对象中提取出单词，需要调用上面的 words()方法。我们还需从这个列表中过滤出四个字母的单词。

```
valid_words = [word.upper() for word in words.words()
               if len(word) == 4]
```

之后，我们可以迭代所有单词。只需对正确预测和错误预测进行计数，就能计算出准确率。

```
num_correct = 0
num_incorrect = 0
for word in valid_words:
    shear = random_state.choice(shear_values)
    scale = random_state.choice(scale_values)
    correct, word, prediction = test_prediction(word, clf, shear=shear,
                                                scale=scale)
    if correct:
        num_correct += 1
    else:
        num_incorrect += 1
print("Number correct is {0}".format(num_correct))
print("Number incorrect is {0}".format(num_incorrect))
```

我取得的结果是：3346 个正确预测，2067 个错误预测，准确率刚好超过 62%。跟我们在单个字母上达到的 92%准确率比起来，下滑幅度很大。这其中发生了什么呢？

准确率下滑的原因有以下这些。

- 影响最终准确率的首要因素就是字母的准确率。在其他条件相同的情况下，字母准确率是 99%时，预测一个包含四个字母的单词的准确率就只有 96%（$0.99^4 \approx 0.96$）了。这是因为单个字母预测结果的错误会导致整个单词预测错误。
- 第二个影响因素是错切角度。在该数据集中，错切角度是从 0~0.5 中随机选取的值，而前面的测试示例中错切角度是 0.2。在错切角度为 0 时，我取得的准确率是 75%；当错切角度为 0.5 时，准确率低至 2.5%。由此可见，错切角度越大，性能越差。
- 第三个影响因素则是单词经常被错误分割。还有一个问题就是，在某些元音上出错非常频繁，导致了比上述错误率更多的错误。

让我们检查一下第二个问题，并映射出错切角度和性能的关系。首先，把评估代码封装成函数，使其与给定错切角度相关。

```
def evaluation_versus_shear(shear_value):
    num_correct = 0
    num_incorrect = 0
    for word in valid_words:
        scale = random_state.choice(scale_values)
        correct, word, prediction = test_prediction(
            word, clf, shear=shear_value, scale=scale)
    if correct:
    num_correct += 1
```

```
    else:
    num_incorrect += 1
    return num_correct / (num_correct+num_incorrect)
```

接下来，取一个错切角度的列表，然后用这个函数评估各个错切角度下的准确率。注意，这段代码需要运行很长时间。运行时间约为 30 分钟，具体时间取决于计算机硬件。

```
scores = [evaluation_versus_shear(shear) for shear in shear_values]
```

最后用 Seaborn 为结果绘图，结果见图 8-12。

```
import seaborn
seaborn.set(style="darkgrid")
plt.figure(figsize=(10, 7))
plt.ylabel = "Accuracy"
plt.xlabel = "Shear"
plt.plot(shear_values, scores)
```

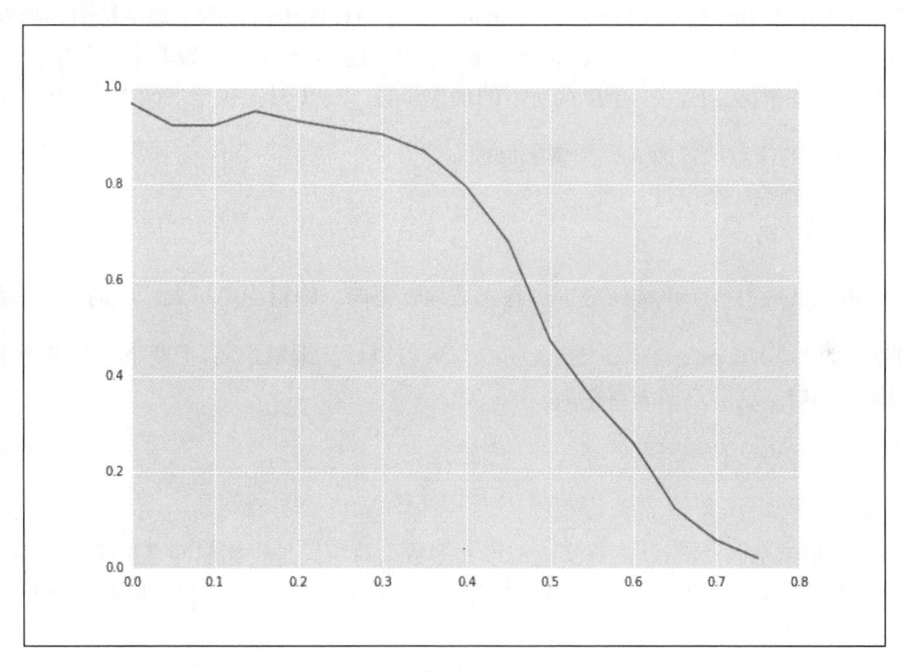

图 8-12

可以看出，错切角度增加至 0.4 后，性能快速跌落。对输入图像做旋转或逆错切变换这样的归一化处理，可以改变此种情况。

另一种令人吃惊的解决方案是增加训练数据集中大错切角度的样本的数量，这样可以让模型学习的输出更加泛化。

在下一节中，我们将研究如何用后处理提升准确率。

8.4.1 用词典提升准确率

我们可以检查预测出的单词在词典中是否存在，而不是直接返回神经网络给出的预测结果。如果该单词存在于字典中，就将其作为预测结果；如果不存在，则可以尝试找出相似的词作为预测结果。要注意，这个策略基于我们的假设：验证码都是有效的英文单词。因此，这个策略不适用于随机字符序列的情况。这就是为什么有些验证码不采用词典中的单词。

这里有一个问题：怎么判断哪个是最相似的词？方法很多，比如可以比较单词的长度。两个单词长度越相近，则单词本身越相似。不过，我们通常认为只有单词中相同字母出现在同样位置，单词才相似。这就需要引入**编辑距离**（edit distance）的概念。

8.4.2 单词相似度的排名机制

莱文斯坦编辑距离（Levenshtein edit distance）[①]是一种用于衡量两个短字符串相似度的常用方法。由于这种方法的可伸缩性（scalable）不好，因而通常不用于比较非常长的字符串。编辑距离计算的是某个单词变成另一个单词所需的操作步数。每步只能执行下面 3 种中的一种操作。

- 在单词中的任意位置插入一个新字母；
- 从单词中删除一个字母；
- 替换一个字母。

把一个单词变成另一个单词的最少步骤就是编辑距离。编辑距离越大，单词就越不相似。

NLTK 中的 `nltk.metrics.edit_distance` 可以计算编辑距离。把两个字符串传递给这个函数并调用该函数，就能返回编辑距离。

```
from nltk.metrics import edit_distance
steps = edit_distance("STEP", "STOP")
print("The number of steps needed is: {0}".format(steps))
```

在处理不同单词时，编辑距离确实近似于大多数人对单词是否相似的直观感觉。编辑距离在检验拼写错误、听写错误时，以及进行姓名匹配（比如 Marc 和 Mark 拼写时相当容易弄混）时都能发挥很大作用。

尽管如此，然而编辑距离并不适用于我们的例子。我们不会遇到字母位置变化的问题，只会遇到字母错误的问题。为此，我们要设立一种不同的距离度量：位置正确的错误字母数量。代码如下。

```
def compute_distance(prediction, word):
    len_word = min(len(prediction), len(word))
```

---

① 莱文斯坦编辑距离（Levenshtein edit distance）是编辑距离的一种，由俄罗斯科学家弗拉基米尔·莱文斯坦（Vladimir Levenshtein，1935—2017）于 1965 年首次提出。——译者注

```
    return len_word - sum([prediction[i] == word[i] for i in
                           range(len_word)])
```

我们用所预测单词的词长（本例中是 4）减去正确字母数量作为新的距离度量。距离度量的值越低，两个词就越相似。

8.4.3 组装成型

现在可以测试改进后的预测函数了，它的代码较之前没什么不同。首先，定义预测函数。其参数中也包含有效单词列表。

```
from operator import itemgetter

def improved_prediction(word, net, dictionary, shear=0.2, scale=1.0):
    captcha = create_captcha(word, shear=shear, scale=scale)
    prediction = predict_captcha(captcha, net)

    if prediction not in dictionary:
        distances = sorted([(word, compute_distance(prediction, word)) for
                            word in dictionary], key=itemgetter(1))
        best_word = distances[0]
        prediction = best_word[0]
    return word == prediction, word, prediction
```

计算预测单词和词典中各个单词的距离，并按距离排序（由低至高）。下面的代码体现了测试代码中的变动。

```
num_correct = 0
num_incorrect = 0
for word in valid_words:
    shear = random_state.choice(shear_values)
    scale = random_state.choice(scale_values)
    correct, word, prediction = improved_prediction(
        word, clf, valid_words, shear=shear, scale=scale)
    if correct:
        num_correct += 1
    else:
        num_incorrect += 1
print("Number correct is {0}".format(num_correct))
print("Number incorrect is {0}".format(num_incorrect))
```

运行上面的代码需要花一些时间（计算距离尤其费时）。最后的结果是：3975 个样本正确，1568 个样本错误。准确率高达 71.5%，提升了将近 10 个百分点[①]！

① 译者重新实现了该实验，修复了子图像顺序、样本重复的问题，结果与原书有一定差异。具体代码、运行环境和结果已发布在 GitHub 上，仅供参考：https://github.com/yinian1992/Learning-Data-Mining-with-Python-Second-Edition。——译者注

想寻求挑战吗？那就在 predict_captcha()函数的返回值中加入分配给各个字母的概率吧。默认情况下，函数会为单词中的每个字母选择最高概率的字母。如果不行，就把各个字母的概率相乘，选择可能性次高的词。

8.5　本章小结

本章中，我们着手处理图像，用其中的相同像素值来预测验证码呈现的字母。我们稍稍简化了一下问题，使验证码中只会出现四个字母的完整英文单词。实际的验证码识别问题会复杂许多，而验证码也更难以识别。在进行一些改进后，用神经网络配合我们所讨论过方法论可以识别更复杂的验证码。scikit-image 库中有许多实用的图像处理工具，可以用于从图像中提取形状和改善图像的对比度。它们能给我们的验证码识别工作提供助力。

我们还处理了预测单词这样的大问题。我们把它分解成小而简单的预测字母问题来解决。为此，我们创建了一个前馈神经网络，以准确地预测图像中的字母。在这一阶段，我们的结果非常优秀，准确率达到了 92%。

神经网络是互相连接的神经元的集合。神经元只包含一个函数，是神经网络的基本计算单元。不过当神经元连接在一起时，就能解决令人难以置信的复杂问题。深度学习是当今数据挖掘领域最活跃的领域之一，而它就是以神经网络为基础的。

尽管我们在预测单个字母时达到了近乎完美的准确率，但在预测整个单词时准确率就跌落到 62%。我们在词典中搜寻最匹配的词，改善了预测单词的准确率。为此，我们考虑采用最常用的编辑距离来衡量相似度。但因为我们只需关注单词中错误的字母，而无须考虑插入或删除字母的情况，所以我们对距离度量做了一些简化。我们的改进虽然有一定的效果，但仍有许多可以完善的地方，读者可以尝试进一步提升准确率。

要加深对本章概念的理解，可以改变神经网络的结构，添加更多的隐藏层或是修改其他层的形状，并研究这些改变对结果的影响。进而，你可以尝试创建更多复杂的验证码，看看能否降低准确率。你能构建一个更复杂的神经网络来学习复杂的验证码吗？

像验证码这样的数据挖掘问题表明，初始问题（比如**猜出单词**）可以被分解成能用数据挖掘方法解决的一个个子任务。此外，这些子任务可以通过不同方法组合在一起，例如利用外部信息。本章把字母预测与词典中的单词结合在一起，以得到最终的结果。这比只用字母准确率更高。

下一章将继续比较字符串。我们要尝试根据文档内容（从一组作者中）确定特定文档的作者，而不借助其他信息。

第9章 作者归属问题

作者分析（authorship analysis）是一种文本挖掘任务，旨在分析作品内容，识别作者的某些特征，如年龄、性别、背景等。在具体的**作者归属**（authorship attribution）任务中，我们的目的是从一组作者中识别特定文档的作者。作者归属也是一种经典的分类任务。作者分析的诸多方面都采用标准的数据挖掘方法论，例如交叉验证、特征提取和分类算法等。

本章将会汇聚前面章节中所有的数据挖掘方法论来解决作者归属问题。我们要确定问题、论述问题的背景与相关知识。这会提供挑选特征的依据。之后我们会通过构建流水直线来提取特征。本章将测试两种类型的特征：功能词（function word）和字符 *n* 元语法特征，最后，我们将深入分析其结果。我们会先处理图书数据集，再尝试现实中杂乱的电子邮件语料库。

本章涵盖以下主题：

- 特征工程以及不同具体应用场景中的特征选择有何区别；
- 带着明确的目标，回顾词袋模型；
- 特征类型与字符 *n* 元语法模型；
- 支持向量机（SVM，support vector machines）；
- 清洗杂乱数据集，以便进行数据挖掘。

9.1 文档的作者归属

作者分析是一个计量文体学（stylometry）[①]问题，它研究的是作者的写作风格。因为每个人对语言的掌握与运用都存在细微差异，所以通过对文字作品进行定量分析，就能让我们从精微之处区分作者。这就是文体学的基本思路。

作者分析曾经（1990 年之前）要靠人工完成重复性的分析、统计工作。这种重复性就是自

① 计量文体学（stylometry）是把文体学（stylistics）与统计学原理结合起来的一门定量科学。这一概念最早由波兰哲学家文岑蒂·卢托斯瓦夫斯基（Wincenty Lutosławski，1863—1954）于 1890 年在其作品 *Principes de stylométrie* 中提出，用来为柏拉图的《对话录》制作一份年表。——译者注

动化的数据挖掘方法能大显身手的标志。当今虽然仍有大量涉及语言风格和文体计量的分析工作要靠人工完成，但几乎所有作者分析研究都使用了基于数据挖掘的方法。现今特征工程中的大多发展也是由计量文体学推动的。换言之，人工分析所发现的新特征会被编为代码，成为数据挖掘过程的一部分。

在计量文体学中，有一个关键的底层特征被称为**作者不变量**（writer invariant），即在某个特定作者的所有作品中都会出现，而其他作者的作品不具备的特征。实践表明，作者不变量可能并不存在，因为随着时间推移，作者的行文风格本身也会变化。不过借助数据挖掘方法，我们能靠近距离利用这一规律的分类器。

作者分析领域有许多子问题，主要有以下这些。

- **作者画像**（authorship profiling）。根据作品内容，确定作者的年龄、性别或者其他特征。比如我们可以通过别人讲英语时的特别之处判断他的母语是什么。
- **作者验证**（authorship verification）。根据作者的已知作品，检验其他作品是否也出自该作者之手。在法庭这样的场景中，就会产生这类问题。例如通过分析犯罪嫌疑人（内容上的）写作风格匹配出勒索信的作者。
- **作者聚类**（authorship clustering）。作者验证的扩展应用。用聚类分析方法为作品分组归类，并将聚类簇中的作品视为出自相同作者。

尽管有很多子问题，但作者分析中最常见的研究形式还是**作者归属**（authorship attribution）问题。它是分类任务的一种，其目的是预测给定文档的作者。

9.1.1　应用与场景

作者分析的使用场景有很多，其中许多场景会涉及作者验证、证明共同作者/出处和关联社会媒体用户等问题。

从历史学的角度出发，我们可以用作者分析来验证文献的假想作者，比如部分莎士比亚的戏剧作品、美国建国初期的联邦党人文集这样作者存在争议的历史文本。

虽然作者分析本身不能证明作者关系，但能为支持或推翻关于作者关系的既成理论提供证据。

例如，在检验某一首十四行诗是否出自莎士比亚笔下之前，可以先分析莎士比亚的戏剧作品，确定他的行文风格（现在的一些研究表明，莎士比亚的部分作品可能有多个作者）。

近年来，作者分析也被用于关联社交网络账号。比如某个恶意用户在多个在线社交网络中都注册了账号。若恶意用户有骚扰其他用户的情况，作者分析可以让当局能够追踪恶意账号的真实使用者。

过去，作者分析一直是司法鉴定的中流砥柱，为法庭提供关于判定文档作者的专家证词。例如，犯罪嫌疑人被指控通过电子邮件骚扰他人时，作者分析可以确定此人实际上是否为邮件的作者。作者分析在司法中还有一种应用：解决著作权争议。比如当两个人均宣称自己是某本书的作者时，作者分析能提供关于作者关系的倾向性证据。

然而，作者分析并非万无一失。最近的研究显示，仅仅要求那些未经特别训练的人刻意隐藏行文风格，就能大大增加作者归属问题的难度。在研究的实验中还专门仿照他人的风格进行了写作，结果发现这种模仿通常能扰乱作者分析，使其结果指向被模仿的人。

尽管存在这些问题，然而作者分析仍在为诸多领域提供强有力的支持，而且其适用场景也在不断扩展。此外，作者分析也是数据挖掘中的一个值得研究的有趣课题。

虽然作者归属的结果可以作为专家证词使用，但是它本身难以单独作为铁证。在处理著作权纠纷这样的正式事务时，请先询问律师。

9.1.2 作者归属

作者归属（authorship attribution）（与作者**分析**区分开）是分类任务中的一种。在该任务中，我们把候选作者集合和候选作者的作品集合视为**训练数据集**，而未知作者的文档则是测试数据集。如果能确定未知作者的文档的实际作者在候选作者里，那么这就是一个**封闭式问题**（closed problem）。如图 9-1 所示。

图 9-1

如果我们不能确认候选作者中有文档的实际作者，那么这就是一个**开放式问题**（open problem）。这两种问题的区别不是只存在于作者归属问题中，而是普遍存在于数据挖掘应用问题中，当训练数据集中可能没有实际类别时，该问题就是开放式问题。这时我们要么在候选作者中找出答案，要么排除所有候选作者，如图 9-2 所示。

图 9-2

解决作者归属问题时，通常会受到如下两种限制。

- 第一个限制是我们只能用文档的内容信息，而不能用成稿时间、出版形式和笔迹等元信息。如果把这些信息也纳入模型，通常我们就不认为该问题是作者归属问题，而认为它是一种**数据融合**（data fusion）的应用。
- 第二个限制则是我们不能关注文档的主题，而要关注更明显的特征，比如措辞、标点符号等其他基于文本的特征。因为同一个作者可以有不同主题的作品，所以文档的主题不能用来建立作者风格模型。如果我们关注主题词，就会导致模型**过拟合**训练数据集。这是因为模型是在相同作者的同一主题的作品上训练的。例如，如果你在阅读本书时为本书作者建立作者风格模型，就会推断“**数据挖掘**”一词可以代表**本书作者**的风格，但其实本书作者也有其他主题的作品。

从这里开始，我们用来执行作者归属的流水线就与第6章中开发的差不多了：

(1) 首先，从文本中提取特征；
(2) 然后，在提取出的特征中挑选；
(3) 最后，训练分类算法，构建模型，以预测文档的类别（在本例中是作者）。

在根据内容进行分类和根据作者进行分类之间存在一些差异，其中最重要的差异就是特征的选取，本章将会涵盖这部分内容。根据不同应用场景选取特征是至关重要的。

在深入研究这些问题之前，我们要确定问题的范围并且采集一些数据。

9.2 获取数据

本章第一部分用到的数据是**古腾堡计划**（Project Gutenberg）中的图书（访问www.gutenberg.org即可下载）。古腾堡计划是一个公共领域文学作品的知识库。作者为本章中的实验选用了下面这些作者的作品：

- 布思·塔金顿（Booth Tarkington），22本；
- 查尔斯·狄更斯（Charles Dickens），44本；
- 伊迪丝·内斯比特（Edith Nesbit），10本；
- 阿瑟·柯南·道尔（Arthur Conan Doyle），51本；
- 马克·吐温（Mark Twain），29本；
- 理查德·弗朗西斯·伯顿爵士（Sir Richard Francis Burton），1本；
- 埃米尔·加博里奥（Emile Gaboriau），10本。

其中共有来自7位作者的177个文档，这为我们提供了数量可观的、可供操作的文本数据。

一个名叫 getdata.py 的代码包中提供了这些作品的标题列表、下载链接以及可以自动获取它们的脚本。要是代码获取到图书数量远少于上述数字，那么可能是古腾堡计划的镜像站故障。访问 https://www.gutenberg.org/MIRRORS.ALL 能找到更多的镜像站 URL，你可以尝试将它们替换到脚本中。

我们用 requests 库下载这些图书文件，并将其放置到数据目录下。

首先，开启一份新的 Jupyter Notebook，设置数据目录，确保下面的代码中的路径正确。

```
import os
import sys
data_folder = os.path.join(os.path.expanduser("~"), "Data", "books")
```

接下来，用 Packt 出版社提供的代码包下载数据，把文件解压到数据目录中。之后，在 books 文件夹下会出现对应各个作者的文件夹。

浏览这些文件，你就会发现它们相当杂乱——至少从数据分析的视角看是这样。在文件的开头会有大段的古腾堡计划免责声明，在我们执行分析前，应该删掉这些声明。

比如，大多数图书的开头包括这样的信息。

> *The Project Gutenberg eBook of Mugby Junction, by Charles Dickens, et al, Illustrated by Jules A.Goodman This eBook is for the use of anyone anywhere at no cost and with almost no restrictions whatsoever.*
>
> *You may copy it, give it away or re-use it under the terms of the Project Gutenberg License included with this eBook or online at www.gutenberg.org*
>
> *Title: Mugby Junction*
>
> *Author: Charles Dickens*
>
> *Release Date: January 28, 2009 [eBook #27924]Language: English*
>
> *Character set encoding: UTF-8*
>
> ****START OF THE PROJECT GUTENBERG EBOOK MUGBY JUNCTION****

此后的文本才是图书的实际内容。***START OF THE PROJECT GUTENBERG EBOOK MUGBY JUNCTION***字样相当地一致，因此我们能根据该行文字确认正文开始，而忽略之前的内容。

我们可以逐一修改磁盘上的文件，删掉这些声明。但要是丢失了数据会怎么样？我们不仅会丢失所做的改动，还可能无法重现研究。为此，我们要在加载文件时做预处理（preprocssing），以确保实验结果可以重现（只要数据源是相同的）。下面的代码会从图书中去除主要的噪声源，也就是古腾堡计划在文件前添加的声明信息。

```
def clean_book(document):
    lines = document.split("n")
    start= 0
```

```
    end = len(lines)
    for i in range(len(lines)):
        line = lines[i]
        if line.startswith("*** START OF THIS PROJECT GUTENBERG"):
            start = i + 1
        elif line.startswith("*** END OF THIS PROJECT GUTENBERG"):
            end = i - 1
    return "n".join(lines[start:end])
```

你可能还想用这个函数去除其他噪声源，比如不一致的格式、脚注信息等。这就需要调查文件内容以发现更多问题。

现在我们就可以用下面的函数获取文档和类别。它会在文件夹之间循环，加载文本文档然后记录作者所对应的目标类别的数值。

```
import numpy as np

def load_books_data(folder=data_folder):
    documents = []
    authors = []
    subfolders = [subfolder for subfolder in os.listdir(folder)
                  if os.path.isdir(os.path.join(folder, subfolder))]
    for author_number, subfolder in enumerate(subfolders):
        full_subfolder_path = os.path.join(folder, subfolder)
        for document_name in os.listdir(full_subfolder_path):
            with open(os.path.join(full_subfolder_path, document_name)
                      errors='ignore') as inf:
                documents.append(clean_book(inf.read()))
                authors.append(author_number)
    return documents, np.array(authors, dtype='int')
```

然后，调用函数以加载图书。

```
documents, classes = load_books_data(data_folder)
```

因为这个数据集占用内存较少，所以我们可以一次性加载所有文本。如果数据集太大，内存空间无法容纳，就要逐个（或分批）从文档中提取特征，并把提取结果的值保存到文件或者内存中的矩阵里。

一般在估计数据属性时，我首先会为文档长度绘制一幅直方图。文档在长度相对一致时，通常要比长度参差不齐时易于学习。本例中的各文档长度就差异很大。首先从列表中提取文档长度，看一下情况。

```
document_lengths = [len(document) for document in documents]
```

接下来画出直方图。在 `matplotlib` 中，可以用 `hist()` 函数。你也可以用基于 `matpltlib` 的 Seaborn 库，它的默认样式更美观。

```
import seaborn as sns
sns.distplot(document_lengths)
```

代码生成的图表中展示了文档长度的变化情况，如图 9-3 所示。

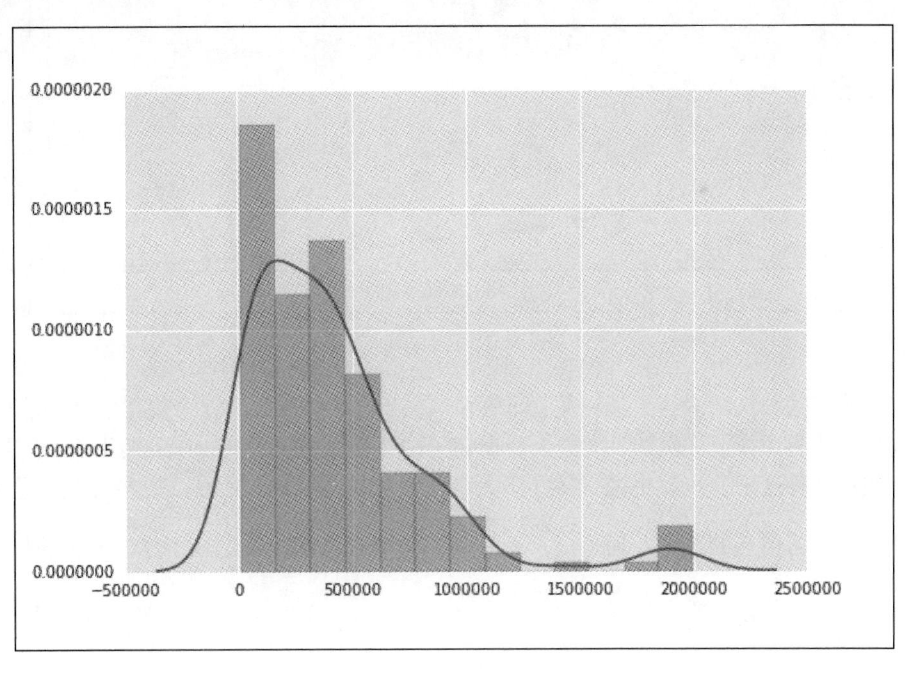

图　9-3

9.3　功能词的使用

在作者分析领域早期的各类特征中，有一个特征至今仍能发挥作用。它就是功能词，可以用于词袋模型。功能词就是那些本身没有重要意义，但在组成（英语）句子时必不可少的词语。比如，this 和 which 这种词就是本身意思不明显，只在句子中才有特定含义的词。与之相反，tiger 这样的内容词意义明确，用在句中能让人想起大型猫科动物的形象。

哪些词语属于功能词？这个问题并非总是有明确的答案。根据经验，我们可以选取那些使用最频繁的词语（在所有可能的文档中选取，而不局限于同一作者）。

一般而言，使用越频繁的词语，就越适用于作者分析。相反，不常使用的词更适用于基于内容的文本挖掘任务。下一章就会介绍基于内容的文本挖掘，并关注不同文档的主题。

图 9-4 直观展示了词语与使用频率的关系。

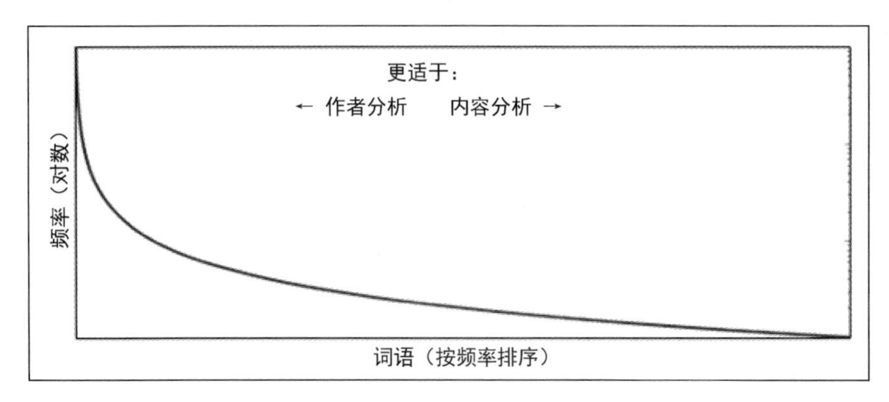

图 9-4

功能词的用法与文档内容不甚相关，而更多取决于作者的想法。这个规律使得功能词成为了区分不同作者的有力特征。例如，美国人会在句子中特地区分 that 和 which 的用法；但是澳大利亚人就不在意这种区别。也就是说，某些澳大利亚人总是用 that，而另一些人则总是用 which。

功能词使用习惯上的不同，加上成千上万其他的细微差别，就形成了作者分析的模型。

9.3.1 统计功能词

我们可以用第 6 章就使用过的 `CountVectorizer` 类为功能词计数。我们可以把词汇表传给这个类以查找词语。如果我们没有提供词汇表（第 6 章中就是如此），该类就会从训练数据集中学习词汇表。文档所构成的训练数据集包含了全部的词语（当然，这要依赖于其他参数）。

首先，建立一份功能词的词汇表，即一个包含了每个功能词的列表。究竟哪些词是功能词、哪些不是还有待商榷。下面的这份列表，结合了我本人的研究和别人已发表的研究，效果相当不错。你可以从 Packt 出版社（或者官方 GitHub 仓库）获取代码包，这样就不需要手动输入这个列表了。

```
function_words = ["a", "able", "aboard", "about", "above", "absent",
    "according" , "accordingly", "across", "after", "against","ahead",
    "albeit", "all", "along", "alongside", "although", "am", "amid", "amidst",
    "among", "amongst", "amount", "an", "and", "another", "anti", "any",
    "anybody", "anyone", "anything", "are", "around", "as", "aside",
    "astraddle", "astride", "at", "away", "bar", "barring", "be", "because",
    "been", "before", "behind", "being", "below", "beneath", "beside",
    "besides", "better", "between", "beyond", "bit", "both", "but", "by",
    "can", "certain", "circa", "close", "concerning", "consequently",
    "considering", "could", "couple", "dare", "deal", "despite", "down", "due",
    "during", "each", "eight", "eighth", "either", "enough", "every",
    "everybody", "everyone", "everything", "except", "excepting", "excluding",
    "failing", "few", "fewer", "fifth", "first", "five", "following", "for",
    "four", "fourth", "from", "front", "given", "good", "great", "had", "half",
    "have", "he", "heaps", "hence", "her", "hers", "herself", "him", "himself",
```

```
"his", "however", "i", "if", "in", "including", "inside", "instead",
"into", "is", "it", "its", "itself", "keeping", "lack", "less", "like",
"little", "loads", "lots", "majority", "many", "masses", "may", "me",
"might", "mine", "minority",
"minus", "more", "most", "much", "must", "my", "myself", "near", "need",
"neither", "nevertheless", "next", "nine", "ninth", "no", "nobody", "none",
"nor", "nothing", "notwithstanding", "number", "numbers", "of", "off",
"on", "once", "one", "onto", "opposite", "or", "other", "ought", "our",
"ours", "ourselves", "out", "outside", "over", "part", "past", "pending",
"per", "pertaining", "place", "plenty", "plethora", "plus", "quantities",
"quantity", "quarter", "regarding", "remainder", "respecting", "rest",
"round", "save", "saving", "second", "seven", "seventh", "several", "shall",
"she", "should", "similar", "since", "six", "sixth", "so", "some",
"somebody", "someone", "something", "spite", "such", "ten", "tenth", "than",
"thanks", "that", "the", "their", "theirs", "them", "themselves", "then",
"thence", "therefore", "these", "they", "third", "this", "those", "though",
"three", "through", "throughout", "thru", "thus", "till", "time", "to",
"tons", "top", "toward", "towards", "two", "under", "underneath", "unless",
"unlike", "until", "unto", "up", "upon", "us", "used", "various",
"versus", "via", "view", "wanting", "was", "we", "were", "what", "whatever",
"when", "whenever", "where", "whereas", "wherever", "whether", "which",
"whichever", "while", "whilst", "who", "whoever", "whole", "whom",
"whomever", "whose", "will", "with", "within", "without", "would", "yet",
"you", "your", "yours", "yourself", "yourselves"]
```

现在，我们就可以设置提取器，为功能词计数。注意要把功能词的列表 vocabulary 传给 CounVectorizer 的初始化函数。代码如下。

```
from sklearn.feature_extraction.text
import CountVectorizer
extractor = CountVectorizer(vocabulary=function_words)
```

如你期望的一样，这组功能词在文档中出现的频率非常高。训练提取器实例以使其适应数据，然后用提取器取出计数并调用 transform()（或者直接调用快捷方法 fit_transform()）。代码如下。

```
extractor.fit(documents)
counts = extractor.transform(documents)
```

在绘图之前，要通过除以相应的文档长度的方式对这些计数进行归一化处理。下面的代码就是如此，它会返回功能词在所有词中所占的百分比。

```
normalized_counts = counts.T / np.array(document_lengths)
```

在所有文档的范围内取平均百分比。

```
averaged_counts = normalized_counts.mean(axis=1)
```

最后用 matplotlib 绘图（Seaborn 缺少这样的基本绘图接口）。

```
from matplotlib import pyplot as plt
plt.plot(averaged_counts)
```

结果如图 9-5 所示。

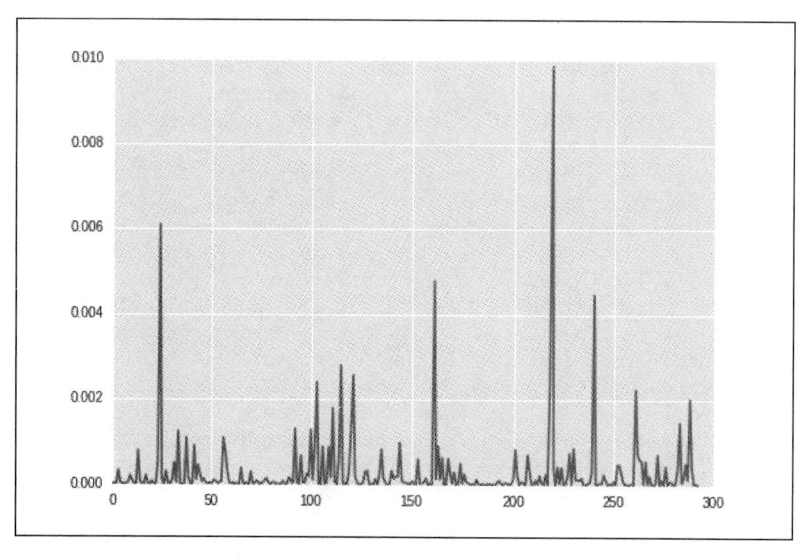

图　9-5

9.3.2　用功能词分类

本节介绍的唯一新内容就是**支持向量机**（SVM，support vector machine）的使用方法。目前你可以只把它当成是标准的分类算法，我们在下一节会详细介绍它。

接下来，导入要用到的类。导入用于分类的支持向量机类 SVC，还有我们之前就介绍过的其他标准工作流程工具。

```
from sklearn.svm import SVC
from sklearn.model_selection import cross_val_score
from sklearn.pipeline import Pipeline from sklearn import grid_search
```

支持向量机接受的参数数量很多，因为在下一节才会对其进行详细介绍，所以这里我们将随意选择一个参数。之后，用一个字典设置要搜索的参数。对于 `kernel` 参数，我们要尝试 `linear` 和 `rbf`。针对 `C`，我们要尝试 1 和 10（下一节会介绍这些参数）。然后创建网格搜索实例，搜索这些参数的最优值。

```
parameters = {'kernel':('linear', 'rbf'), 'C':[1, 10]}
svr = SVC()
grid = grid_search.GridSearchCV(svr, parameters)
```

高斯核函数（比如 RBF）对数据集的大小有要求，比如特征数量要小于 10 000。

接下来，设置一条流水线，使其以 CountVectorizer（只用功能词）作为提取特征的步骤，用 SVM 进行网格搜索。代码如下。

```
pipeline1 = Pipeline([('feature_extraction', extractor), ('clf', grid) ])
```

然后，应用 cross_val_score 得出这个流水线的交叉验证分数。结果是 0.811，这意味着我们的预测正确率约为 80%。

9.4 支持向量机

支持向量机分类算法的实现思路虽然简单而直观，其背后却隐藏着一些复杂且具有创新性的数学原理。支持向量机通过在两个类别（我们可以用各种元算法扩展支持向量机，以让它支持更多的类别）之间画出一条分割线（或是高维度中画出超平面）来进行分类。其直观思路即选出一条最好的分割线，而不是用任意的直线来分割。

设想，有一条直线可以划分出两个类别，使直线之上的点属于一个类别，直线之下的点属于另一个类别。支持向量机会找出这条直线，其方法跟线性回归（linear regression）基本一样。只不过支持向量机会针对数据集找出一条最佳的分割线。在图 9-6 中有 3 条分割数据集的直线，颜色分别是蓝色、黑色和红色。你认为哪条是最佳的分割线？

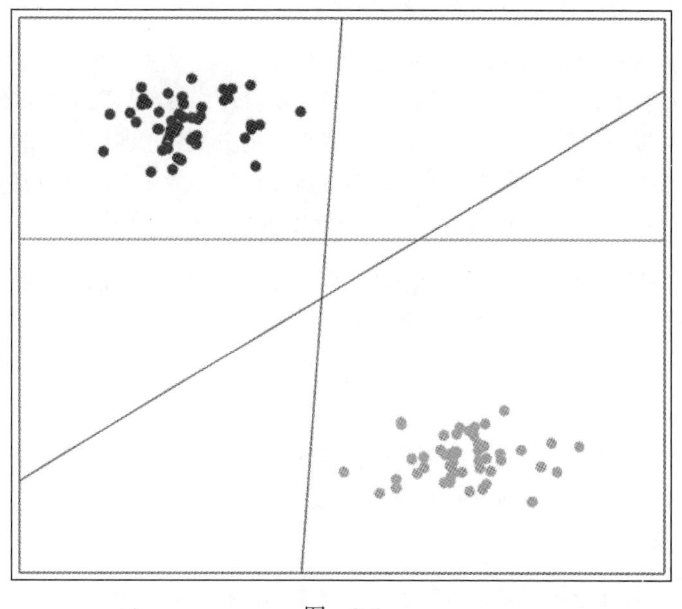

图 9-6

通常，一般人直观上会认为蓝色的直线是最佳的分割线，因为这条直线的分割方法最为干净利落。更规范地讲，这条直线到每个类别中的任意点的距离都是最大的。寻找最大分割线的思路，就是找出与分类边界距离最大的直线。这是一个最优化问题，而支持向量机训练中的主要任务就是解决这个最优化问题。

虽然支持向量机的数学原理及公式超出了本书范畴，不过我推荐感兴趣的读者阅读一下这部分的派生内容，以了解更多详情。

请在 Wikibooks 网站上搜索“Support Vector Machines”，或登陆 OpenCV 网站，搜索“Introduction to Support Vector Machines”。

9.4.1　用支持向量机分类

在训练模型后，我们就有了一条分类边界最大的分割线。分类新样本就变成了这样简单的问题：样本落在分割线之上还是分割线之下？如果在分割线之上，就预测为某个类别；如果在分割线之下，就预测为另一个类别。

处理多个类别时，我们会创建多个支持向量机，使其中每一个都作为一个二值分类器，然后再用多种策略中的某一种把它们连接到一起。这里介绍一种简单的策略。为每个类别创建一个一对多（one-versus-all）分类器，即把数据集划成给定类别样本和所有其他类别的样本两部分，并将其视为只有两个类别；然后为每个类别都创建这样的分类器，并且在每个新样本上运行这个分类器，从而选取最匹配的预测结果。大多数支持向量机实现会自动执行这个过程。

在前面的代码中我们看到了这两个参数：`C` 和 `kernel`（核函数）。我们在下一节会介绍 `kernel` 参数。而 `C` 参数是一个训练支持向量机的重要参数，参数与权衡样本预测结果的正确率与过拟合风险有关。取较高的 `C` 值能找出分类间隔更小的分割线，训练样本的分类结果更可能正确；取较低的 `C` 值会找出分类间隔更大的分割线，然而这样会导致某些训练样本分类错误。这就是说，较低的 `C` 值不太可能导致过拟合，但容易选出效果较差的分割线。

支持向量机有一种（由其基本形式带来的）局限性：只能分割可以被线性分割数据。如果数据不能被线性分割的话要如何处理呢？为解决这一问题，核函数（`kernel`）应运而生。

9.4.2　核函数

在数据不能线性分割时，分割的诀窍是把数据嵌入到高维空间中。它的含义，一言以蔽之，就是向数据集中添加新特征，直到数据可以被线性分割。如果你加入的特征类型正确，那么线性分割的情况终将出现。

在寻找数据集的最佳分隔线时，通常要计算样本的内积（inner-product）。给定一个点积的函数，就能有效地创建特征，而无须实际定义新特征。这就是被称为“核”的技巧。因为我们不必知道这些特征要变成什么样子，所以这个方法非常便于使用。现在我们把核定义为数据集中两个样本点积的函数，而不是基于样本（还有构造的特征）本身的函数。

我们可以计算（或估计）点积以备后续使用。

常用的核函数有很多。**线性核函数**（linear kernel）是最直接的一种，它只是两个样本特征向量的点积、权重特征和偏差值。还有**多项式核函数**（polynomial kernel），计算点积给定次数（例如，2）的多项式。其他的还有**高斯（径向基）核函数**（Gaussian rbf，radial basis function）和 **Sigmoidal 核函数**。在上一节的例子中，我们测试了**线性**（linear）核函数和 rbf 核函数选项。

所有这些推导的最终结果表明，这些核函数所定义的两个样本间的距离，在支持向量机为新样本分类时表现出色。但在支持向量机训练时产生的最优化问题上，这些方法实现的难易程度不一。

在 `scikit-learn` 的支持向量机实现中，我们可以根据 `kernel` 参数选取不同的核函数参与计算，上一节中的代码就是如此。

9.5　字符 *n* 元语法

在预测文档作者的问题中，我们已经见过了将功能词作为特征的方法。此外，我们还可以用另一种特征形式：字符 *n* 元语法。*n* 元语法是 *n* 个标记（token）的序列，其中 *n* 是一个数值（对于文本而言通常是 2~6）。许多像前一章那样与文档主题相关的研究使用了词语 *n* 元语法。不过在作者归属问题中，久经考验且效果突出的是字符 *n* 元语法。

在文本文档中找出字符 *n* 元语法，就要先把文档表示成字符的序列，之后从序列中提取 *n* 元语法并训练模型。这种用途的模型数量很多，不过其中的一种标准模型与我们之前用过的词袋模型很类似。

我们要为训练语料库中的每个不同 *n* 元语法创建一个特征。比如 *n* 元语法`<e t>`就是字母 e、空格和字母 t（尖括号不包含在内，只是用来指示 *n* 元语法的开头和结尾）。之后，我们根据训练文档的 *n* 元语法频率训练模型，然后用创建好的特征矩阵训练分类器。

字符 *n* 元语法有多种定义方式。比如某些应用忽略空格和标点符号，只选用词内字符。但有些应用则会把这些信息用于分类（比如我们在本章的实现）。归根结底，模型的用途取决于数据挖掘人员（也就是你！）的选择。

一种关于字符 *n* 元语法能奏效的原因一般性理论是人们通常写的都是容易说的词，而字符 *n* 元语法（*n* 至少是 2~6 的值时）则近似**音素**（phoneme）。音素是我们讲出词语时的发音。这种意义下，字符 *n* 元语法近似词语的发音，而发音又近似写作风格。创建新特征的常见模式是：首先搞清楚什么样的概念会影响最终结果（作者风格），然后创建近似这些概念的特征或能够测量这些概念的特征。

字符 *n* 元语法矩阵有一个关键的特性，那就是它是稀疏矩阵，*n* 值越大越稀疏，而且稀疏程度变化相当大。若 n 值为 2，则特征矩阵中 75%的值都是零值；而 n 值为 5 时，则特征矩阵中 93%以上的值都是零值。因为字符 n 元语法矩阵不但与词语 n 元语法矩阵属于同一类型，而且相比之下其稀疏程度要低一些，所以在使用基于词语的分类器时不会出现很多问题。

提取字符 n 元语法

我们要用 CountVectorizer 类提取字符 n 元语法。为此，我们要设置分析器参数，指定一个提取 n 元语法的 n 值。

scikit-learn 中的 n 元语法实现会为 n 值设定一个取值范围，并支持同时提取多个 n 值的 n 元语法。然而因为本例中的实验不深究多个 n 值的用法，所以我们会设置相同的 n 值范围边界，即设置固定的 n 值。要提取三元语法，就需要指定(3, 3)的 n 值范围。

我们可以重新使用之前网格搜索的代码。我们需要做的就是在新的流水线中指定新的特征提取器，然后运行它。

```
pipeline = Pipeline([('feature_extraction',
                      CountVectorizer(analyzer='char', ngram_range=(3,3))),
                     ('classifier', grid)]
scores = cross_val_score(pipeline, documents, classes, scoring='F1')
print("Score: {:.3f}".format(np.mean(scores)))
```

功能词和字符 n 元语法中隐含着很多重叠的部分，因为在功能词中字符序列的出现频率更高。不过，两种方法的实际特征大有不同。字符 n 元语法会捕获标点符号，而这是功能词方法不具备的特点。例如，字符 n 元语法会包括句子结尾的句号，而基于功能词的方法只会采用句号前的词语本身。

9.6　安然（Enron）数据集

安然公司（Enron Corporation）曾是世界上最大的能源公司之一，成立于 20 世纪 90 年代末，营业收入超过 1000 亿美元。在 2000 年时，安然公司已拥有超过 20 000 名员工，而当时人们看不出有一些东西已经偏离了轨道。

2001 年，安然公司被发现存在蓄意的系统性财务造假，**安然丑闻**（Enron Scandal）爆发。整个公司都参与了造假行为，而且涉及金额巨大。在丑闻公之于众后，安然公司的股价从 2000 年的 90 美元跌落至 2001 年的 1 美元。不久后，安然公司申请了破产保护，而其残局花了 5 年时间才处理完毕。

作为针对安然公司的调查的一部分，美国联邦能源管理委员会（Federal Energy Regulatory Commission）公开了超过 60 万份安然公司的电子邮件。自此，这份数据集就被应用到各类研究中，其中包括社交网络分析和欺诈行为分析。因为我们可以从这份数据集中提取来自各个用户发件箱的邮件，所以它同样也非常适用于作者分析。这也让我们有了一份从前十分罕见的大型数据集。

9.6.1 获取安然数据集

安然公司电子邮件的完整数据集可以从 https://www.cs.cmu.edu/~./enron/下载。

完整的数据集相当大，而且其格式是 gzip 这种压缩格式。如果你没有基于 Linux 的计算机，不能解压缩这个文件，那么你也可以使用 7-zip 这样的替代程序。

下载完整的语料库并将其解压到你的数据文件夹中。默认状态下，它会被解压到一个名为 enron_mail_20110402 的文件夹中，其中包含一个名为 maildir 的文件夹。在笔记本中设置安然数据集的数据文件夹，代码如下。

```
enron_data_folder = os.path.join(os.path.expanduser("~"), "Data",
                                 "enron_mail_20150507", "maildir")
```

9.6.2 创建数据集加载函数

因为我们关注的是作者信息，所以只需要能找到特定作者的电子邮件。为此，我们会在每个用户的发件文件夹中寻找他们发出的电子邮件。我们现在可以创建一个函数，随机选取几个用户，并返回他们发件文件夹中的每封电子邮件。需要明确的一点是，我们关注的是电子邮件的内容，而不是电子邮件本身。要满足这一需求就需要一个电子邮件解析器。代码如下。

```
from email.parser
import Parser p = Parser()
```

我们之后会用它从数据文件夹下的电子邮件文件中提取内容。

在我们的数据加载函数中会有很多选项，其中多数确保了数据集相对均匀。某些用户可能发送过上千封电子邮件，而另一些用户则可能只发送过几十封邮件。我们用 min_docs_author 参数限定，只在发送过至少 10 封电子邮件的用户中搜索。再用 max_docs_author 参数限定，对每个用户，只采纳最多 100 封邮件到数据集。我们还通过 num_authors 参数指定了要获取的用户数，默认状态下数目为 10。

函数定义见下面的代码。其主要目的是迭代用户，取出该用户的电子邮件，然后在几个列表中存储**文档**和**类别**信息。我们还会存储用户名与对应类别数值的映射，以便随后取回这些信息。

```
from sklearn.utils import check_random_state

def get_enron_corpus(num_authors=10, data_folder=enron_data_folder,
                     min_docs_author=10,
                     max_docs_author=100, random_state=None):
    random_state = check_random_state(random_state)
    email_addresses = sorted(os.listdir(data_folder))
```

```
    # 随机打乱用户。利用 random_state 重现打乱的顺序
    random_state.shuffle(email_addresses)
    # 设置存储信息（包括用户信息在内）的数据结构

    documents = []
    classes = []
    author_num = 0
    authors = {} # 映射用户名和类别值
    for user in email_addresses:
        users_email_folder = os.path.join(data_folder, user)
        mail_folders = [os.path.join(users_email_folder, subfolder)
                        for subfolder in os.listdir(users_email_folder)
                        if "sent" in subfolder]
        try:
            authored_emails = [open(os.path.join(mail_folder, email_filename),
                               encoding='cp1252').read()
                               for mail_folder in mail_folders
                               for email_filename in
                               os.listdir(mail_folder)]
        except IsADirectoryError:
            continue
        if len(authored_emails) < min_docs_author:
            continue
        if len(authored_emails) > max_docs_author:
            authored_emails = authored_emails[:max_docs_author]
        # 解析电子邮件，把内容存储到 documents 中，并把用户记录在 classes 列表中。
        contents = [p.parsestr(email)._payload for email in
                    authored_emails]
        documents.extend(contents)
        classes.extend([author_num] * len(authored_emails))
        authors[user] = author_num
        author_num += 1
        if author_num >= num_authors or author_num >= len(email_addresses):
            break
    return documents, np.array(classes), authors
```

> 我们给电子邮件地址排序却只是为了将其打乱，这看起来很奇怪。这是因为，由于 os.listdir 不能保证每次返回的结果一致，所以我们首先要对结果排序，以保证顺序稳定，之后再指定随机状态打乱电子邮件地址，这样才能在有需要的时候重现以前的打乱顺序。

通过在函数体外调用函数，可以得到一份数据集。这里我们用的随机状态是 14，本书中一贯如此。不过你也可以尝试其他的值，或者干脆设置成 None，让函数每次调用时都返回随机顺序的结果。

```
documents, classes, authors = get_enron_corpus(
    data_folder=enron_data_folder, random_state=14)
```

如果留意一下数据集，你就会发现我们还需要对它做进一步的预处理工作。我们的电子邮件相当杂乱，最糟糕的地方之一（以作者分析的立场而言）就是这些电子邮件中还包含来自其他用

户的内容，也就是回复邮件时附带的原文。比如我们来看一下这封电子邮件，`documents[100]`。

> I would like to be on the panel but I have on a conflict on the conference dates. Please keep me in mind for next year.
> Mark Haedicke

电子邮件的格式非常杂乱，可谓臭名昭著。比如回复中的引用，有时（而又不总是）以“>”字符开头。而有时候，回复中会嵌入原始内容。为了获得更好的结果，在大规模的电子邮件中做数据挖掘的时候，你要多花一些时间把数据清理干净。

我们可以像处理图书数据集那样，画出文档长度的直方图，以了解文档长度的分布情况，见图 9-7。

```
document_lengths = [len(document) for document in documents]
sns.distplot(document_lengths)
```

短文档在结果中的聚集非常明显，另外也能看出有些文档非常长。这种两极分化会使结果出现偏斜，在某些作者倾向于长篇大论时尤其明显。为了抵消这一影响，我们可以扩展本节工作，对文档长度进行归一化处理，只取前 500 个字符用于训练。

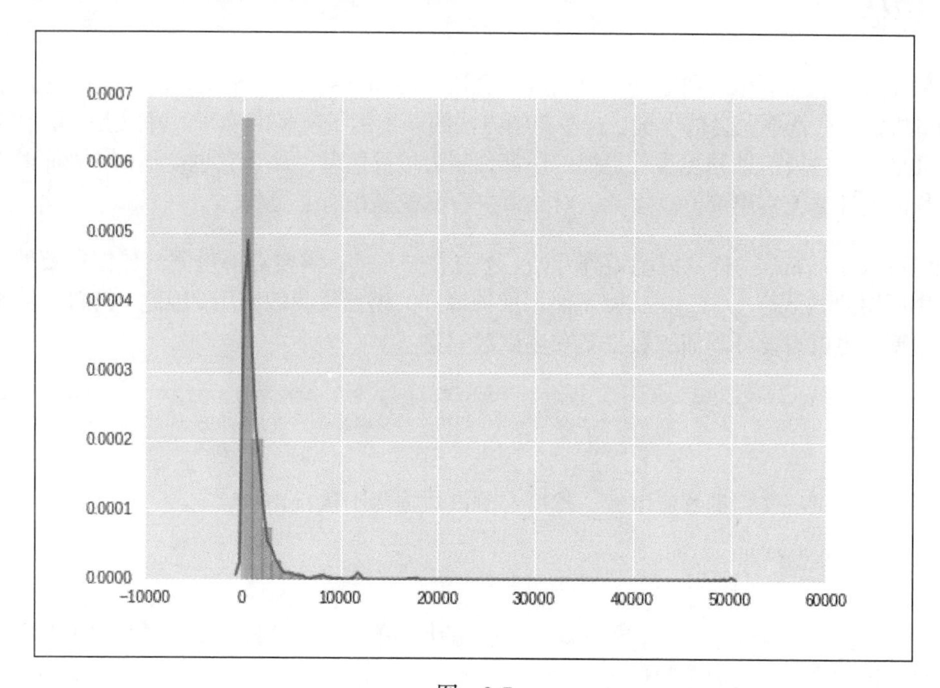

图 9-7

9.7 组装成型

我们可以采用之前实验中的参数空间和分类器，这样一来，我们只需要在新数据上重新训练即可。scikit-learn 中的训练默认都是从头开始的，也就是说只要调用 fit()就会丢弃之前的训练信息。

有一类叫在线训练（online training）的算法，可以在遇到新样本时更新训练信息而不用每次都从头开始训练。

像之前一样，我们用 cross_val_score 计算分数，然后打印出结果。代码如下。

```
scores = cross_val_score(pipeline, documents, classes, scoring='f1')
print("Score: {:.3f}".format(np.mean(scores)))
```

结果是 0.683。对于这样一个杂乱无章的数据集来说，这个得分还是较为合理的。若想要改善结果，你既可以添加更多数据（如增加数据集的加载步骤中的 max_docs_author 参数），也可以做一些额外的清理工作，提升数据本身的质量。

9.8 评估

一般而言，只通过单一数值评估算法并不合适。比如 F-score，相比其他花哨的、会打出无用高分的方法，它就不太会被干扰。这些花哨方法的一个例子就是准确率。就像上一章中我们提到的，如果一个垃圾信息分类器总是把一切都预测为垃圾信息，那么它也能达到 80%的准确率，但是这样的设计毫无实用价值。因此，对结果进行深挖是很有必要的。

我们可以像第 8 章一样从混淆矩阵开始。不过在开始前，需要对一份测试数据集做预测。之前代码中所用的 cross_val_score 不能返回训练好的模型供我们使用。因此，我们需要重新训练一个模型，也就需要分割训练数据集和测试数据集。

```
from sklearn.cross_validation import train_test_split training_documents,
testing_documents, y_train, y_test = train_test_split(documents, classes,
                                                      random_state=14)
```

接下来，用训练文档训练流水线，然后在测试数据集中执行预测。

```
pipeline.fit(training_documents, y_train)
y_pred = pipeline.predict(testing_documents)
```

到了这一步，你也许想看一下最佳参数组合是什么样子的。我们可以从网格搜索对象（流水线中的分类器步骤）中提取参数信息。

```
print(pipeline.named_steps['classifier'].best_params_)
```

这会返回分类器的所有参数。不过大多数参数是未经修改的默认值，我们只搜索了 C 和 kernel

的参数，它们分别被设置为 1 和 linear。

现在就可以创建一个混淆矩阵了。

```
from sklearn.metrics import confusion_matrix
cm = confusion_matrix(y_pred, y_test)
cm = cm / cm.astype(np.float).sum(axis=1)
```

接下来，从加载安然数据集时产生的 authors 字典取出邮件作者的名字，这就给图中的轴做好了刻度标记。代码如下。

```
sorted_authors = sorted(authors.keys(), key=lambda x:authors[x])
```

最后用 matplotlib 为混淆矩阵绘图。此处代码与上一章的代码稍微有一些不同：之前的字母标签被替换成了本章实验中的邮件作者。

```
%matplotlib inline
from matplotlib import pyplot as plt
plt.figure(figsize=(10,10))
plt.imshow(cm, cmap='Blues', interpolation='nearest')
tick_marks = np.arange(len(sorted_authors))
plt.xticks(tick_marks, sorted_authors)
plt.yticks(tick_marks, sorted_authors)
plt.ylabel('Actual')
plt.xlabel('Predicted')
plt.show()
```

结果如图 9-8 所示。

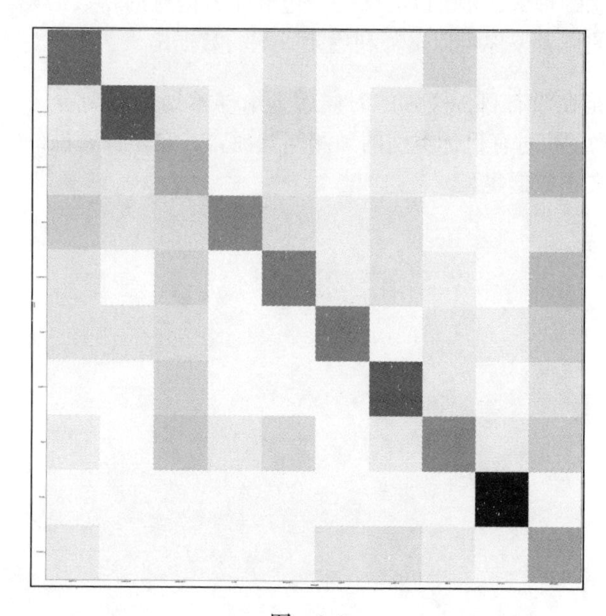

图 9-8

我们可以看出大多数场景下预测出的邮件作者是正确的——图 9-8 中对角线清晰，对角线上的值也很大。不过也有一些错误预测频发的数据源（值越大，颜色越深）。例如用户 rapp-b 的邮件就经常被预测为 reitmeyer-j 的。

9.9　本章小结

在本章中，我们研究了基于文本挖掘的作者归属问题。在研究过程中，我们分析了两种类型的特征：功能词和字符 *n* 元语法。对于功能词，我们可以对事先选好的词使用词袋模型，然后计算出这些词的频率。对于字符 *n* 元语法，我们用同样的类实现了类似的工作流程，但换用了针对字符而不是词的分析器。此外，*n* 元语法是一行中 *n* 个标记的序列。对于字符 *n* 元语法而言，标记则是字符。因为词语 *n* 元语法能很方便地提供词语用法的上下文信息，所以它在某些应用中也值得一试。

我们用支持向量机实现了分类功能，它会遵循分割间隔最大的基准，找出最优的类别分割线，使分割线之上的样本属于一个类别，而分割线之下的样本属于另一个类别。与其他分类任务一样，此时我们也需要样本集（本章中是文档集）。

之后我们处理了一份非常杂乱的数据集：安然电子邮件数据集。由于这份数据集中包含很多人为干扰和其他问题，因而其结果准确率低于显然更规整的图书数据集。不过在 10 个备选邮件作者中，我们有一半以上的概率能找出正确的邮件作者。

为加深对本章概念的理解，你可以尝试一下包含作者信息的新数据集。比如你可以预测博客文章的作者或者推文的作者（你可以重复利用第 6 章的数据）。

下一章要探究的是在没有目标类别的时候怎么给样本划定类别。这就是所谓的无监督学习（unsupervised learning）。相对有目标类别的预测问题而言，它是探索性的问题。在下一章中，我们将继续处理杂乱的文本数据集。

第 10 章 聚类新闻文章

在前面大多数章节中，数据挖掘任务有明确的目的。在训练阶段，我们用**目标类别**学习我们的特征如何对目标建模，让算法设置内部参数，以最大化其学习效果。这种有训练目标的学习过程叫作**监督学习**（supervised learning）。然而本章将要研究没有目标的学习过程，也就是**无监督学习**（unsupervised learning），这种过程更像是一种探索性的任务。无监督学习旨在通过探索数据本身来洞彻数据中的现象，而不是用模型进行分类。

本章关注通过聚类新闻文章，从数据中发现趋势与模式。本章还会介绍如何从链接聚合网站上提取其他网站中五花八门的新闻报道数据。

本章的关键概念包括：

- 用 reddit API 采集新闻报道；
- 从任意网站获取文本数据；
- 无监督数据挖掘中的聚类分析；
- 从文档中抽取话题；
- 用在线学习更新模型以避免重新训练模型；
- 组合不同模型的聚类集成算法。

10.1 发现热门话题

在本章中，我们会构建一个获取在线推送新闻文章并且按相似话题为它们分组的系统。你可以在几周（或更长的时间）里多次运行这个系统，看看期间新闻趋势的变化。

该系统从广受欢迎的链接聚合网站 reddit 起步，这种网站存储着通向其他网站的链接的列表，并配有评论板块以供讨论。reddit 上的链接被分割成几个被称为 subreddit 的分类。subreddit 的主题可能是关于某部电视剧、搞笑图片或者其他东西。这里我们关注的是新闻话题的 subreddit。虽然本章将使用/r/worldnewssubreddit，但代码其实也可以在其他基于文本的 subreddit 中奏效。

本章的目的是下载热门报道，然后进行聚类，以从中发现所涉及的主要主题或概念。这让我们无须手动分析成千上万的新闻报道，就能洞察大众关注的焦点。大体过程可以概括为如下步骤：

(1) 从 reddit 采集最新的热门新闻报道链接；
(2) 根据这些链接下载 Web 页面；
(3) 从下载的页面中提取新闻报道；
(4) 执行聚类分析，发现新闻报道的聚类；
(5) 分析已经发现的聚类，探索新闻趋势。

10.1.1 用 Web API 获取数据

在前面的几章中，我们已经试过用基于 Web 的 API 获取数据。比如在第 7 章中，我们就用 Twitter 的 API 获取了数据。数据采集是数据挖掘工作流程中至关重要的一步。基于 Web 的 API 能妥善有效地采集有关各类话题的数据，是一种绝佳的数据采集途径。

在使用基于 Web 的 API 采集数据时，要考虑 3 件事情：认证方法、访问速率限制和 API 端点（endpoint）。

认证方法让数据提供方获悉数据采集者的信息，确保数据采集者能遵循访问速率限制，以及数据的访问路径能被追踪。对于大多数网站数据的采集而言，注册个人账号通常就够了，不过某些网站会要求你注册一个正式的开发者账号才能访问数据。

访问速率限制会针对数据采集过程，在免费的服务中尤其如此。在使用 API 时需要特别留意这些规则，因为每个网站的限制都不同。Twitter 的 API 限制每 15 分钟最多 180 次请求（取决于具体的 API 请求），而 reddit 的限制则是每分钟最多 30 次请求（之后我们将会见到）。即便在同一个网站内，针对不同 API 调用的限制也可能相差悬殊。比如，谷歌地图对每个资源的限制都较为严格，且具体资源不同，其 API 限制也不同，即对其每个小时内的调用请求数量限制不同。

如果你创建的应用或运行的实验需要更多的请求数或更快的响应速度，大多数 API 提供商为此准备了支持更多调用的商业套餐。欲知更多详情请联系提供商。

API 端点是提取信息的具体 URL，网站不同，URL 不同。基于 Web 的 API 大多遵循 `RESTful`（**表现层状态转换**，representational state transfer 的缩写）接口。`RESTful` 接口通常与 HTTP 使用相同的运作谓词，`GET`、`POST`、`DELETE` 这几个是最常见的。例如，要从某个资源取出信息，就要访问这个 API 端点（只是一个例子）：www.dataprovider.com/api/resource_type/resource_id/。

向这个 URL 发送一个 HTTP 的 `GET` 请求，就会返回给定类型和 ID 的资源信息。虽然大多数 API 遵循这种结构，不过其实现上还是有一些差异。很多网站的 API 文档很完善，能帮助你详细了解你能访问到的所有 API。

首先，设置连接到服务的参数。为此，你需要一个 reddit 的开发者密钥。在 https://www.reddit.

com/login 处登录，然后访问 https://www.reddit.com/prefs/apps 页面，点击页面中的 are you a developer? create an app...，然后填写表单，设置 type 为 script。之后你就可以拿到客户端 ID 和密钥，并将其添加到新的 Jupyter Notebook 实例中。

```
CLIENT_ID = "<Enter your Client ID here>"
CLIENT_SECRET = "<Enter your Client Secret here>"
```

reddit 还要求你（在使用其 API 时）将用户代理（user agent）设置为包含用户名在内的唯一值。创建一个独一无二的用户代理字符串，作为应用的标识。我用本书的名字、第 10 章和版本号 0.1 组成用户代理字符串，不过它也可以是其他任何你想用的字符串。注意，如果你没有按这一步骤操作，连接的访问速率就会受到很大限制。

```
USER_AGENT = "python:<your unique user agent> (by /u/<your reddit
username>)"
```

此外，你还需要以用户名和密码登录 reddit。如果你没有账号，请注册一个（账号是免费的，而且无须验证个人信息）。

因为要完成下一步还需要你的密码，所以在向他人共享代码之前，一定要删除其中的密码。如果你没有把密码放在代码里，那么你可以将其设置为 None，之后你会收到输入提示。

下面创建用户名和密码这两个变量。

```
from getpass import getpass
USERNAME = "<your reddit username>"
PASSWORD = getpass("Enter your reddit password:")
```

接下来，创建一个用这些信息执行登录的函数。reddit 的登录 API 会返回一个可供后续连接使用的令牌（token），我们将把它作为函数的返回值。下面的代码获取登录 reddit 所需的必要信息，设置用户代理字符串，并且获取后续请求中要用到的访问令牌。

```
import requests
def login(username, password):
    if password is None:
        password = getpass.getpass("Enter reddit password for user {}:
                                   ".format(username))
    headers = {"User-Agent": USER_AGENT}
    # 根据凭据设置一个 auth 对象
    client_auth = requests.auth.HTTPBasicAuth(CLIENT_ID, CLIENT_SECRET)
    # 向 access_token 端点发起 POST 请求

    post_data = {"grant_type": "password", "username": username,
                 "password": password}
    response = requests.post("https://www.reddit.com/api/v1/access_token",
                             auth=client_auth, data=post_data,
                             headers=headers)
    return response.json()
```

这之后我们就可以调用函数获取访问令牌了。

```
token = login(USERNAME, PASSWORD)
```

虽然访问令牌只是个字典，但其中不仅包含了后续请求中需要传递的 access_token 字符串，还包含了令牌的作用域（所有资源）和过期时间等其他信息。示例如下。

```
{'access_token': '<semi-random string>', 'expires_in': 3600, 'scope': '*',
 'token_type': 'bearer'}
```

如果你正在创建一个用于生产环境的应用，请确保及时检查令牌过期时间，并在过期前及时刷新令牌。在访问令牌失效后尝试调用 API 时，你也能知道发生了什么。

10.1.2　把 reddit 作为数据源

reddit 是一个链接聚合网站，尽管其英文版本主要面向美国，但其数百万用户遍布全球。每个用户都能在 reddit 上发表有趣的网站链接，并为其附上网站的标题。之后，其他用户就能根据喜好为链接投出赞同票或者反对票。高分链接将被置顶，而低分链接则不会被显示。随着时间推移，旧的链接会逐渐被从首页上移除。用户会从获得的赞同票中得到被称为 karma①的积分，作为提供优秀新闻报道的奖励。

reddit 还支持非链接的内容，这些内容被称为原创帖（self-post），其中包含发布者输入的标题和文字内容。咨询问题和发起讨论都是采用这种形式。本章只考虑基于链接的帖子，而不是这种基于评论的帖子。

reddit 中的帖子会被划分到不同的版块，这些版块称为 subreddit。subreddit 是话题相关的帖子的集合。当用户提交链接给 reddit 时，需要选择相应的 subreddit。subreddit 中有负责维护内容的管理员，他们会为 subreddit 制定内容准入规则。

默认情况下，帖子会按热度（Hot）排序。热度是关于一个帖子发帖至今的时间、赞同票数和反对票数，以及所反映内容的自由程度的函数。帖子也可以按**最新发表**（New）排序，这种排序会给出最新发表的新闻报道（也可能包含大量的垃圾信息或是质量低劣的帖子）。帖子还可以按**最受欢迎**（Top）排序，这种方法会列出最近的高质量新闻报道（按"最新发表"排序实在是有太多低质量链接了）。

用之前创建的令牌可以获取 subreddit 下的链接集合。为此，需要访问/r/<subredditname>这样的 API 端点，默认情况下会返回按热度排序的新闻报道。这里我们用/r/worldnews（世界新闻）这个 subreddit。

① karma（业）是一个印度宗教中的普遍观念，可以指因果报应。reddit 中用 karma 作为用户对社区贡献的指标。——译者注

```
subreddit = "worldnews"
```

用字符串格式化方法，从之前的端点创建完整的 URL。

```
url = "https://oauth.reddit.com/r/{}".format(subreddit)
```

然后需要设置 HTTP 请求头。这有两个原因：需要使用之前获取到的认证令牌以及设置用户代理字符串，以避免访问速率受到过多限制。代码如下。

```
headers = {"Authorization": "bearer {}".format(token['access_token']),
           "User-Agent": USER_AGENT}
```

像之前一样，用 `requests` 库发起调用。此时需要确保已经设置好了请求头。

```
response = requests.get(url, headers=headers)
```

在响应结果上调用 `json()` 会得到一个 Python 字典。字典里面是 reddit 返回的信息，其中包括我们指定的 subreddit 中的前 25 条新闻报道。迭代响应结果中的新闻报道，读出标题，而报道内容存储在字典的 `data` 键中。代码如下。

```
result = response.json()
for story in result['data']['children']:
    print(story['data']['title'])
```

10.1.3 获取数据

本节的数据集中会包含 `/r/worldnews` 这个 subreddit 中按热度排序的帖子。在上一节中我们了解了如何连接到 reddit 以及如何下载链接。这里我们要创建一个函数，把从给定 subreddit 中的帖子中提取标题、链接、票数等信息的功能整合在一起。

我们会迭代该 subreddit，一次性取出最多 100 条新闻报道。我们还可以利用分页功能获取更多查询结果。虽然在触及 reddit 的限制前可以读取很多页，但我们仍自行限制其为 5 页。

因为本节的代码会重复调用 API，所以要注意限制调用速率。为此，我们需要用 `sleep()` 函数。

```
from time import sleep
```

该函数接受 subreddit 名称和授权令牌作为参数，还可以指定读取的页数（我们设置默认页数为 5）。

```
def get_links(subreddit, token, n_pages=5):
    stories = []
    after = None
    for page_number in range(n_pages):
        # 在执行调用前休眠，避免超出 API 访问速率限制
        sleep(2)
        # 像 login()函数中一样，设置 HTTP 请求头，发起调用
```

```
        headers = {"Authorization": "bearer{}".format(token['access_token']),
                   "User-Agent": USER_AGENT}
        url = "https://oauth.reddit.com/r/{}?limit=100". format(subreddit)
        if after:
            # 如果有下一页的游标，附加到 URL 中
            url += "&after={}".format(after)
        response = requests.get(url, headers=headers)
        result = response.json()
        # 为下次循环获取新游标
        after = result['data']['after']
        # 把新闻报道中的各项加入 stories 列表
        for story in result['data']['children']:
            stories.append((story['data']['title'], story['data']['url'],
                            story['data']['score']))
    return stories
```

我们在第7章中使用过 Twitter API 的分页功能。我们在返回结果中可以得到一个游标，在发送请求的时候会附上游标。Twitter 之后会根据游标返回下一页的结果。reddit 的 API 同样实现了这一功能，只是游标的参数叫作 `after`。因为在获取第1页时不需要提交游标，所以可以将其初始化为 `None`，但在获取第1页之后的结果时，就要把这个参数设置成有意义的值。

把授权令牌和 subreddit 名称传给这个函数，然后调用函数即可。

```
stories = get_links("worldnews", token)
```

返回的结果中包含 500 篇新闻报道的标题、内容和 URL，之后我们会用它们从所涉及的网站中提取实际的文本内容。下面给出我运行脚本时返回的标题作为参考。

Russia considers banning sale of cigarettes to anyone born after 2015

Swiss Muslim girls must swim with boys

Report: Russia spread fake news and disinformation in Sweden - Russia has coordinated a campaign over the past 2years to influence Sweden's decision making by using disinformation, propaganda and false documents, according to a report by researchers at The Swedish Institute of International Affairs.

100% of Dutch Trains Now Run on Wind Energy. The Netherlands met its renewable energy goals a year ahead of time.

Legal challenge against UK's sweeping surveillance laws quickly crowdfunded

A 1,000-foot-thick ice block about the size of Delaware is snapping off of Antarctica

The U.S. dropped an average of 72 bombs every day — the equivalent of three an hour — in 2016, according to an analysis of American strikes around the world. U.S. Bombed Iraq, Syria, Pakistan, Afghanistan, Libya, Yemen, Somalia in 2016

The German government is investigating a recent surge in fake news following claims that Russia is attempting to meddle in the country's parliamentary elections later this year.

Pesticides kill over 10 million bees in a matter of days in Brazil countryside

The families of American victims of Islamic State terrorist attacks in Europe have sued Twitter, charging that the social media giant allowed the terror group to proliferate online

Gas taxes drop globally despite climate change; oil & gas industry gets $500 billion in subsidies; last new US gas tax was in 1993

Czech government tells citizens to arm themselves and shoot Muslim terrorists in case of 'Super Holocaust'

PLO threatens to revoke recognition of Israel if US embassy moves to Jerusalem

Two-thirds of all new HIV cases in Europe are being recorded in just one country – Russia: More than a million Russians now live with the virus and that number is expected to nearly double in the next decade

Czech government tells its citizens how to fight terrorists: Shoot them yourselves | The interior ministry is pushing a constitutional change that would let citizens use guns against terrorists

Morocco Prohibits Sale of Burqa

Mass killer Breivik makes Nazi salute at rights appeal case

Soros Groups Risk Purge After Trump's Win Emboldens Hungary

Nigeria purges 50,000 'ghost workers' from State payroll in corruption sweep

Alcohol advertising is aggressive and linked to youth drinking, research finds | Society

UK Government quietly launched 'assault on freedom' while distracting people, say campaigners behind legal challenge – The Investigatory Powers Act became law at the end of last year, and gives spies the power to read through everyone's entire internet history

Russia's Reserve Fund down 70 percent in 2016

Russian diplomat found dead in Athens

At least 21 people have been killed (most were civilians) and 45 wounded in twin bombings near the Afghan parliament in Kabul

Pound's Decline Deepens as Currency Reclaims Dubious Honor

虽然世界新闻版块通常不怎么积极乐观，却能让我们了解全世界正在发生的事情。而且从这个 subreddit 的帖子中，我们可以一窥世界趋势。

10.2 从任意网站提取文本

我们从 reddit 获取的链接指向许多不同组织运营的网站。由于这些网站中的页面是为了方便人类阅读设计的，因而要让计算机程序理解页面中的内容就要花些工夫了。现今的网站背后运行着许多东西，它们会让我们在从链接获取实际内容/报道时遇到一些麻烦。各种各样的技术，包括 JavaScript 库的调用、样式表的应用、用 AJAX 加载广告和边栏中的额外内容等，让现今的网站页面成为了复杂的文档。虽然有了这些技术，才有了现在的 Web，但这些技术的应用也增加了自动提取有效信息的难度。

10.2.1 寻找任意网站中的新闻报道内容

首先，根据链接下载完整的 Web 页面，然后将其存储在数据文件夹下的 `raw`（原始数据）子文件夹下。之后，处理这些数据，从中提取有效信息。请注意缓存结果，这样就不需要在工作时不断下载网站中的数据了。首先，设置数据文件夹路径。

```
import os
data_folder = os.path.join(os.path.expanduser("~"), "Data", "websites", "raw")
```

导入 `hashlib`，用 MD5 散列算法计算 URL 的散列值，作为新闻报道文章的文件名。

散列（hash）函数能把输入（本例中是包含标题的字符串）转换成看起来像是随机的字符串。虽然散列函数在接受同样的输入时，总会返回相同的结果，但输入只要发生细微变化，其结果就会天差地别。而且，散列函数是单向函数，从散列值无法推出原始的输入值。

```
import hashlib
```

本章的实验将直接跳过下载失败的网站。为了不会因这种操作而丢失太多信息，我们维护了一个简单的报错计数。我们会抑制那些会阻止下载的系统性错误。如果报错计数值太高，请看一下发生了什么错误并尝试修复它们。例如，如果计算机不能访问互联网，那么所有的 500 个下载任务都会失败，而你应该在继续下载前修复这一问题。

```
number_errors = 0
```

接下来，迭代每篇新闻报道，下载网站页面，并把结果保存到文件中。

```
for title, url, score in stories:
    output_filename = hashlib.md5(url.encode()).hexdigest()
    fullpath = os.path.join(data_folder, output_filename + ".txt")
    try:
        response = requests.get(url)
        data = response.text
        with open(fullpath, 'w') as outf:
            outf.write(data)
        print("Successfully completed {}".format(title))
    except Exception as e:
        number_errors += 1
        # 如果报错太多，请用下面的语句查看错误
        # raise
```

如果在获取网站上的内容时发生错误，那么代码会跳过这个网站，继续执行后续任务。因为我们关注的是趋势，而不是精准内容，而这份代码能用在许多网站上，所以对于眼下的应用场景而言它已经足够好了。

值得一提的是，如果确实需要100%地获取到查询响应，那么你就应该调整代码以适应更多的报错情况。不过知易行难，要写出能可靠地处理互联网数据的代码，需要付出相当多的努力。获取最后5%~10%网站所用的代码会异常复杂。

在前面的代码中，我们只是捕获所发生的错误，并在记录该错误后继续工作。

如果出现了太多错误，那么你可以取消 `raise` 前的注释，使代码正常抛出异常，帮助你调试问题。

完成这一步之后，在 `raw` 子文件夹下就有了许多网站的页面。看一下这些页面的内容（用文本编辑器打开之前创建的页面文件），你会发现其中虽然确实有分析所需的内容，但也有很多HTML、JavaScript、CSS代码和一些其他内容。因为我们只关注新闻报道本身，所以就需要一种方法，从这些不同的网站页面中提取出这类信息。

10.2.2 提取内容

在获取原始数据之后，我们要从中找出新闻报道的内容。不仅复杂的算法能达成这一目的，有一些简单的算法也可以达成这一目的。这里我们还是坚持使用简单的方法，而且请记住，简单的算法通常就已经足够好了。搞清楚什么时候用简单的算法完成任务，什么时候用复杂的算法取得性能优势，也是数据挖掘工作的一部分。

首先，获得一份 `raw` 子文件夹下的文件列表。

```
filenames = [os.path.join(data_folder, filename) for filename in
             os.listdir(data_folder)]
```

然后，创建一个输出文件夹，以保存提取出的纯文本内容。

```
text_output_folder = os.path.join(os.path.expanduser("~"), "Data",
                                  "websites", "textonly")
```

之后，编写代码，以完成从页面文件提取文本的任务。我们将用 `lxml` 库解析HTML文件。这个库能处理很多格式异常的表达式，是一个优秀的HTML解析器。代码如下。

```
from lxml import etree
```

实际提取文本的代码可以分为以下3个步骤。

(1) 迭代HTML文件中的各个节点，从中提取文本。
(2) 跳过JavaScript、样式和注释等节点，因为这种节点中的信息不是我们要关注的。
(3) 确保内容不少于100字符。这是一条能提升结果准确率的好基线。

如前文所述，我们不关注页面中的脚本、样式和注释。因此，我们要创建一个要忽略的节点类型列表。可以认为，符合列表中的类型的节点都不包含新闻报道内容。代码如下。

```
skip_node_types = ["script", "head", "style", etree.Comment]
```

现在我们要创建一个函数，把 HTML 文件解析成 lxml 中的 etree。然后再创建另一个函数处理该元素树，以查找其中的文本内容。前者的实现直截了当，只需打开文件，然后用 lxml 库解析 HTML，创建元素树即可。代码如下。

```
parser = etree.HTMLParser()

def get_text_from_file(filename):
    with open(filename) as inf:
        html_tree = etree.parse(inf, parser)
    return get_text_from_node(html_tree.getroot())
```

函数中的最后一行调用 getroot()函数获取元素树的根节点，而不是整个 etree。这让我们可以写出参数是任意节点的函数，并由此写出一个递归函数。

这个函数会以子节点为参数调用自己，并从中提取文本，然后把子节点中的文本拼接在一起作为返回值。

如果传给函数的节点没有子节点，函数就会返回该节点中的文本内容。如果节点中没有文本内容，函数就会返回一个空字符串。注意还要检查第三个条件——文本长度不少于 100 字符。

检查文本长度不少于 100 字符的代码如下。

```
def get_text_from_node(node):
    if len(node) == 0:
        # 没有子节点，只返回文本
        if node.text:
            return node.text
        else:
            return ""
    else:
        # 如果包含子节点，则返回子节点中的文本
        results = (get_text_from_node(child)
                   for child in node
                   if child.tag not in skip_node_types)
    result = str.join("n", (r for r in results if len(r) > 1))
    if len(result) >= 100:
        return result
    else:
        return ""
```

这时候，如果发现当前节点有子节点，就以子节点为参数递归地调用这个函数，然后把所有结果合并到一起返回。

最后一处判断，也就是返回语句涉及的判断会控制是否返回空行（例如节点没有子节点也没有文本内容的时候）。我们还用生成器特性保证代码整洁有效，只抓取必要节点的文本内容，即最后直接返回的内容，而不是创建出很多套着列表的列表。

现在就可以在原始 HTML 页面上运行这些代码了。迭代这些页面，为每个页面调用文本提取函数，并把结果保存到 text-only 子文件夹中。

```
for filename in os.listdir(data_folder):
    text = get_text_from_file(os.path.join(data_folder, filename))
    with open(os.path.join(text_output_folder, filename), 'w') as outf:
            outf.write(text)
```

你可以打开 `text-only` 子文件夹下的各个文件中的内容，手动评估一下提取结果。如果你发现结果中有很多不是新闻报道的内容，可以尝试提高 100 字符的最低限制。如果还是没能有效改善结果，或仍对改善后的结果不满意，请尝试附录中列出的方法。

10.3 为新闻文章分组

本章的目的是用聚类、分组的方法发现新闻文章中的趋势。为此，我们要用到一种 1957 年就开发出来的经典机器学习算法：*k*-均值（*k*-means）算法。

聚类（clustering）是一种无监督学习技术。通常我们使用聚类算法是为了探索数据。当前数据集中包含将约 500 份新闻报道，因此难以逐个研究每一份新闻报道。聚类能把相似的新闻报道归为一组，这样我们就可以探索各个聚类簇中的话题了。

在我们没有明确的目标类时，可以在数据中应用聚类技术。从这种意义上讲，聚类算法的学习过程几乎没有方向性。聚类算法的学习只取决于某些函数，而会无视数据中蕴含的意义。

因此，特征选择的好坏就是决定成败的关键。在监督学习中，如果你选取的特征不好，学习算法可以选择不使用这些特征。比如支持向量机会为那些没有为分类起作用的特征分配很低的权重。但是聚类会用所有特征来产生最终结果，即使其中的特征不能为我们提供想要的结果时也是如此。

在用现实世界中的数据执行聚类分析时，最好先对哪些类型的特征适用于当前应用场景有一个清晰的概念。本章会使用词袋模型。因为要按话题分组，所以要用基于话题的特征来建立文档的模型。我们清楚这些特征是有效的，因为之前已经用这些特征完成了监督学习的任务。与之相反，如果要执行基于作者的聚类分析，就要采用第 9 章中发现的那些特征。

10.4 *k*-均值算法

k-均值聚类算法能通过迭代过程找出能表示数据的最佳形心（centroid）。算法从预定义的形心集合开始，这些形心通常是训练数据中的数据点。*k*-均值中的 *k* 是算法要寻找的形心数量，也是算法找出的聚类簇数量。例如在 *k* 为 3 时，会在数据集中找出 3 个聚类簇。

k-均值算法的计算分为两个阶段：**分配**（assignment）和**更新**（updating）。对它们的解释如下。

- 在**分配**步骤中，我们为数据集中的每个样本设置一个标签，把样本连接到最近的形心。给距离形心 1 最近的样本分配标签 1，给距离形心 2 最近的样本分配标签 2，而形心 *k* 的情形则以此类推。根据这些标签形成聚类簇，即标签 1 下的数据点都位于聚类簇 1 中（仅限于当前，随着算法的运行，标签的分配也会发生变化）。

- 在**更新**步骤中，我们迭代各个聚类簇并计算形心。形心是聚类簇中所有样本的均值。

算法会不断迭代执行分配步骤和更新步骤。每次计算更新步骤时，形心都会有一小段位移，这也会导致标签的分配发生细微变化，进而导致下次迭代时形心还会有一小段位移。如此循环往复，直到触发某些停止准则后，该过程终止。

我们通常可以在迭代达到一定次数时，或者形心位移足够小时终止算法运行。但在某些场景下算法也会自动完成，此时聚类簇是稳定的，标签分配不会继续变化，形心也不会再发生位移。

图 10-1 展示了在一个随机创建的数据集中运行 k-均值算法的结果，其中产生了 3 个聚类簇。星形标记表示形心的起始位置，而这些形心是从数据集中随机挑选的样本。在 k-均值算法的 5 次迭代后，这些形心移动到图中三角形标记的位置。

图　10-1

k-均值算法因其数学性质和非凡的历史意义而著名。（大体上讲）这个算法只需要一个参数。即使在50年后的今天，它仍是相当高效的算法，并且依然被广泛使用。

scikit-learn 中实现了 *k*-均值算法，可以从 cluster 模块导入它。

```
from sklearn.cluster import KMeans
```

我们还要导入 CountVectorizer 类的近亲：TfidfVectorizer。这个向量化转换器根据词语在文档中出现的次数，用 tf/log(df)公式为词语计数加权。其中 tf 是词频（词语在当前文档中出现的次数），df 是词语的文档频率（词语在语料库里的多少篇文档中出现）。出现在很多文档中的词语权重较低（除以词语出现的文档数量的对数）。这种类型的权重计算形式能可靠高效地提升许多文本挖掘应用的性能。代码如下。

```
from sklearn.feature_extraction.text import TfidfVectorizer
```

之后，我们要为分析过程设置流水线。这个流水线由两个步骤组成。第一个步骤是应用向量化转换器，第二个步骤是应用 *k*-均值算法。代码如下。

```
from sklearn.pipeline import Pipeline
n_clusters = 10
pipeline = Pipeline([('feature_extraction', TfidfVectorizer(max_df=0.4)),
                     ('clusterer', KMeans(n_clusters=n_clusters))])
```

max_df 参数被设置为 0.4 这样低的值，意在忽略出现在 40%以上文档中的词语，从而把那些与话题无关的功能词移除干净。

去掉出现在 40%以上文档中的词语就可以剔除功能词。这使得第 9 章中剔除功能词的预处理过程显得非常无用。

```
documents = [open(os.path.join(text_output_folder, filename)).read()
             for filename in os.listdir(text_output_folder)]
```

接下来，训练流水线并执行预测。迄今为止，我们已经在本书的分类任务中如此操作过很多次了，不过这次有一点不同——我们没有给 fit()函数提供数据集的目标类。这就是无监督学习任务的特点。代码如下。

```
pipeline.fit(documents)
labels = pipeline.predict(documents)
```


现在 labels 变量中就有各个样本的聚类簇编号了。标签相同的样本位于相同的聚类簇中。这里要注意一点，聚类簇标签本身是无意义的：聚类簇 1 与聚类簇 2 并不比聚类簇 1 与聚类簇 3 之间更相似。

用 Counter 类可以计算出每个聚类簇中的样本数。

```
from collections import Counter
c = Counter(labels)
for cluster_number in range(n_clusters):
print("Cluster {} contains {} samples".format(cluster_number,
                                                c[cluster_number]))
```

```
Cluster 0 contains 1 samples
Cluster 1 contains 2 samples
Cluster 2 contains 439 samples
Cluster 3 contains 1 samples
Cluster 4 contains 2 samples
Cluster 5 contains 3 samples
Cluster 6 contains 27 samples
Cluster 7 contains 2 samples
Cluster 8 contains 12 samples
Cluster 9 contains 1 samples
```

许多聚类分析的结果（要注意，你的数据集跟我用的可能很不一样）包含一个容纳了多数样本的大聚类簇、几个中等大小的聚类簇，还有一些只有寥寥几个样本的小聚类簇中。在聚类应用中，结果不平均的状况是相当普遍的。

10.4.1　评估结果

聚类分析以探索性质为主，因此聚类算法结果的评估就成为了一个难题。我们可以直接用算法学习的标准本身来评估算法性能。

在 *k*-均值算法中，这个标准就是形心的计算方式：最小化样本到最近形心的距离。这叫作算法的惯性（inertia），调用 `KMeans` 实例的 `fit()`方法即可获取惯性。

```
pipeline.named_steps['clusterer'].inertia_
```

在我的数据集中得出的结果是 343.94。不幸的是，这个数值本身毫无意义。不过我们可以参照这个数值确定聚类簇的数量。在前面的例子中我们把 `n_clusters` 设置为 10，这是最佳的取值吗？下面的代码会为 `n_clusters` 在 2~20 取值，并对不同取值分别运行 10 次 *k*-均值算法。因为计算的东西有些多，所以要花费一些时间。

每次运行 *k*-均值算法后，都记录一下结果的惯性权重。

你也许已经注意到了，下面的代码没有使用流水线，而是由我们自己分成了几个步骤。我们为每个不同的 `n_clusters` 取值只创建一次文本文档的 ***X*** 矩阵，这样可以大幅提升代码的运行速度。

```
inertia_scores = []
n_cluster_values = list(range(2, 20))
for n_clusters in n_cluster_values:
    cur_inertia_scores = []
```

```
    X = TfidfVectorizer(max_df=0.4).fit_transform(documents)
    for i in range(10):
        km = KMeans(n_clusters=n_clusters).fit(X)
        cur_inertia_scores.append(km.inertia_)
        inertia_scores.append(cur_inertia_scores)
```

代码运行完成后，`inertia_scores` 变量中就包含了 `n_clusters` 在 2~20 中取不同值时的惯性权重。我们可以作图展现 `n_cluster_values` 与惯性权重的关系，如图 10-2 所示。

```
%matplotlib inline
from matplotlib import pyplot as plt
inertia_means = np.mean(inertia_scores, axis=1)
inertia_stderr = np.std(inertia_scores, axis=1)
fig = plt.figure(figsize=(40,20))
plt.errorbar(n_cluster_values, inertia_means, inertia_stderr, color='green')
plt.show()
```

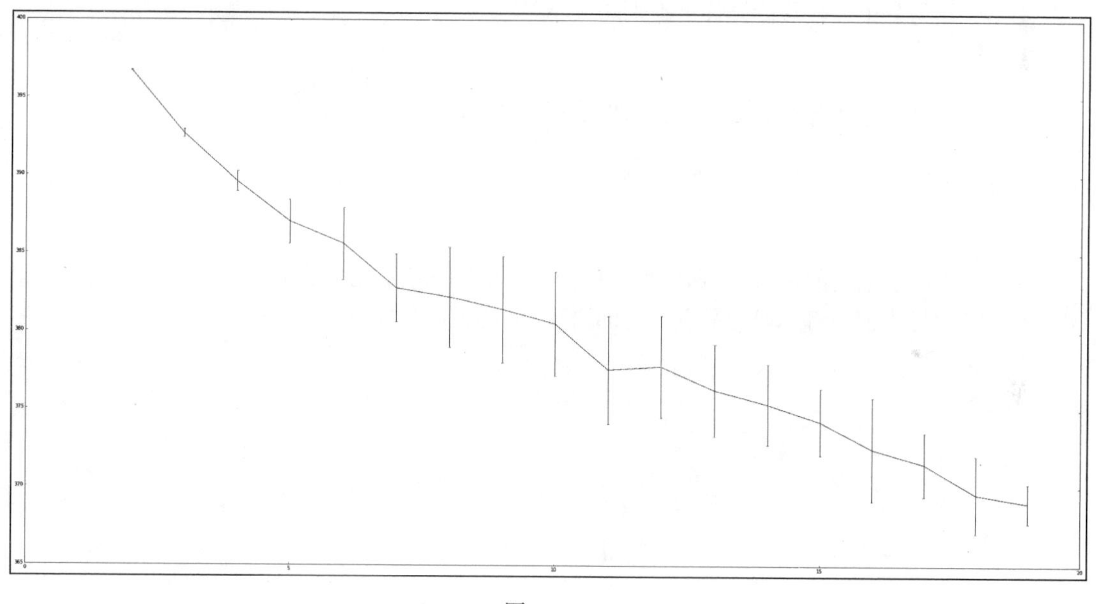

图 10-2

如图 10-2 所示，从整体上可以大致看出，惯性权重的增长幅度随着聚类簇的数量增长而下降。在聚类簇数量为 6~7 时，惯性权重的增长只是由于形心选择过程的随机性，这种随机性也会影响最终结果的好坏。即便如此，还是可以看出惯性权重最后一次显著增长出现在聚类簇数量 6 附近的普遍趋势（我的数据是这样，你自己产生的结果可能会不一样）。

尽管像这样模糊的标准很难明确，但之后惯性权重的增长幅度就很小了。因为在图表中寻找的是肘形的弯曲部分，所以找出这种模式的方法被称为肘部法则（elbow rule）。虽然在某些数据集中会有很多明显的肘形，但在某些图中这种特性甚至不会出现（有些图表会更平滑）。

根据以上分析，我们把 n_clusters 设置为 6，然后重新运行算法。

```
n_clusters = 6
pipeline = Pipeline([('feature_extraction', TfidfVectorizer(max_df=0.4)),
                     ('clusterer', KMeans(n_clusters=n_clusters))])
pipeline.fit(documents)
labels = pipeline.predict(documents)
```

10.4.2 从聚类簇中提取话题信息

现在我们把目光投向聚类簇，尝试从各个聚类簇中发现话题。

首先，从特征提取步骤中提取词语列表。

```
terms = pipeline.named_steps['feature_extraction'].get_feature_names()
```

然后，用另一个计数器计算各个类别的大小。

```
c = Counter(labels)
```

像前面一样，迭代各个聚类簇，打印出聚类簇的大小。

在评估算法结果时，要留意聚类簇的大小。某些聚类簇可能只有一个样本，因此这样的聚类簇不能作为总体趋势的指示。

接下来，（仍然在循环内部）迭代聚类簇中最重要的词语。为此，我们要从形心附近找出得分最高的 5 个样本值，将其视为最重要的词语。

```
for cluster_number in range(n_clusters):
    print("Cluster {} contains {} samples".format(cluster_number,
          c[cluster_number]))
    print(" Most important terms")
    centroid = pipeline.named_steps['clusterer'].cluster_centers_[cluster_number]
    most_important = centroid.argsort()
    for i in range(5):
        term_index = most_important[-(i+1)]
        print("{0}) {1} (score: {2:.4f})".format(i+1, terms[term_index],
              centroid[term_index]))
```

其结果可以相当有效地指示当前趋势。我（在 2017 年 1 月）取得的结果是：聚类簇对应健康问题、中东紧张局势、朝鲜半岛紧张局势和俄罗斯事态。这就是当时热门新闻的主要话题——不过多年来几乎没发生什么变化！

你会注意到有些词虽然没有提供什么有价值的信息，但排名靠前，比如 you、her，还有 mr。在第 9 章中我们就已经见过这些功能词，它们虽然对作者分析非常有用，但对分析话题通常没有太大意义。把功能词列表作为流水线中 TfidfVectorizer 的 stop_words 参数，就可以忽略这些词。下面的代码已经据此更新好了流水线。

```
function_words = [... list from Chapter 9 ...]
pipeline = Pipeline([('feature_extraction', TfidfVectorizer(max_df=0.4,
                       stop_words=function_words)),
                     ('clusterer', KMeans(n_clusters=n_clusters))])
```

10.4.3 把聚类算法作为转换器

顺便一提，*k*-均值算法（以及其他任何聚类算法）有一个有趣的性质，即它可以用来做特征归约（feature reduction）。特征归约的方法有很多，比如**主成分分析**、**潜在语义索引**（LSI，latent semantic indexing）。这类算法多有一个通病，即对计算性能要求非常高。

在前例中，词语列表中有 14 000 项，这形成了一个相当大的数据集。我们用 *k*-均值算法把这些数据转换成了仅仅 6 个聚类簇。这样我们把样本到形心的距离作为特征，就可以创建一个特征比之前少得多的数据集。

因为流水线的最后一步是 `KMeans` 类实例，所以此时流水线已经训练好了。因此我们可以调用 `KMeans` 类实例的 `transform()` 方法。

```
X = pipeline.transform(documents)
```

这会调用流水线最后一步上的 `transform()` 方法，而最后一步就是 *k*-均值算法实例。返回的结果是一个有 6 个特征的矩阵，而样本数量与文档长度一致。

之后，你可以在新生成的数据集上再次执行聚类分析，如果有目标类别值，你也可以在分类任务中使用它。其工作流程可能是这样：先利用有监督的数据进行特征选择，用聚类分析把特征归约至可控的数量，再把结果中的数据集用于支持向量机这样的分类算法。

10.5 聚类集成

在第 3 章中我们就已经掌握了用随机森林算法完成分类集成的方法，即把许多低质量的、基于树的分类器集成到一起。集成学习方法同样可以用于聚类算法，这么做的一个关键原因就是通过多次运行算法可以平滑算法运行结果。正如我们之前见到的，*k*-均值算法的结果取决于形心起始位置，因此该结果十分多变。多次运行算法，并组合利用多次结果就可以削弱这种变化。

集成学习同样也可以降低参数选择对最终结果的影响。大多数聚类算法对算法的参数值相当敏感。只要参数出现细微变化，形成的聚类簇就截然不同。

10.5.1 证据积累方法

我们可以先从基本的集成学习方法开始，多次聚类数据并记录每次运行产生的标签，还要在一个新矩阵中记录每对样本在聚类后分配到同一个聚类簇的次数。这就是**证据积累聚类**（EAC，evidence accumulation clustering）算法的精髓。

证据积累聚类算法分为两步。

(1) 用 *k*-均值算法这样的低级聚类算法多次聚类数据，然后在每次迭代时记录样本出现在同一聚类簇中的频率，并将其存储在一个**共协矩阵**（co-association matrix）中。

(2) 在上一步产生的共协矩阵中，用被称为层次聚类（hierarchical clustering）的另一种聚类算法执行聚类分析。这个算法在数学上等同于找出连接所有节点的树并且移除弱连接，这个性质在图论意义下非常有趣。

我们可以通过迭代标签，从标签数组中创建一个共协矩阵，并记录两个样本标签相同的情况。这里我们用到了 SciPy 中的 `csr_matrix`，它是一种稀疏矩阵。

```
from scipy.sparse import csr_matrix
```

我们的函数定义接受标签数组为参数，并在列表中记录每次匹配的行编号与列编号。稀疏矩阵通常只是记录非零值位置的列表组，而且 `csr_matrix` 就是这种稀疏矩阵。我们在列表中记录了每对标签相同的样本的位置。

```
import numpy as np
def create_coassociation_matrix(labels):
    rows = []
    cols = []
    unique_labels = set(labels)
    for label in unique_labels:
        indices = np.where(labels == label)[0]
        for index1 in indices:
            for index2 in indices:
                rows.append(index1)
                cols.append(index2)
    data = np.ones((len(rows),))
    return csr_matrix((data, (rows, cols)), dtype='float')
```

调用这个函数，就可以从标签列表中生成一个共协矩阵。

```
C = create_coassociation_matrix(labels)
```

自此我们就可以把多个这样的矩阵联合在一起，这也让我们能把 *k*-均值算法的多次运行结果组合起来使用。在输出 `C`（直接在 Jupyter Notebook 中的新输入框中输入 C 然后运行）中可以看到矩阵中有多少个非零值。因为我运行聚类算法产生的聚类簇较大，所以在我得到的结果中，有将近一半的矩阵元素是有值的（聚类簇越均匀，非零值越少）。

下一步就要涉及共协矩阵中的层级聚类算法了。在算法实现中，我们会从这个矩阵中找出最小生成树，然后根据给定的阈值移除权重较低的边。

在图论中，生成树（spanning tree）是图中能连接到所有节点的边的集合。**最小生成树**（MST，minimum spanning tree）就是总权重最低的生成树。在我们的应用场景中，图中的节点是数据集中的样本，边上的权重就是两个样本聚类在相同聚类簇中的次数——也就是共协矩阵中的值。

图 10-3 就是一个 6 节点图中的最小生成树。图中的节点在最小生成树中可以被连接不止一次，只要满足图中所有的节点都连接在一起即可。

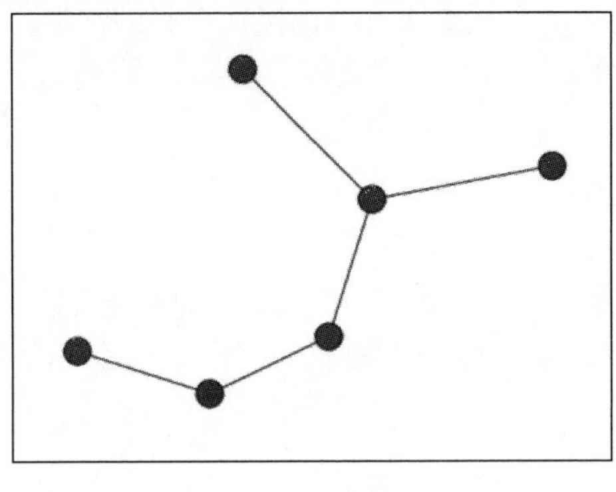

图　10-3

导入 SciPy 中的 sparse 包，用其中的 minimum_spanning_tree() 函数计算最小生成树。

```
from scipy.sparse.csgraph import minimum_spanning_tree
```

之前共协函数生成的稀疏矩阵可以直接用于 mst() 函数。

```
mst = minimum_spanning_tree(C)
```

不过，在我们的共协矩阵 ***C*** 中，较高的值代表样本更多地被聚类在相同的聚类簇中，即代表相似度的值。与此相对，minimum_spanning_tree() 函数会把输入矩阵中的值视为距离，值越高，边受的处罚越大。为此，我们要先给共协矩阵取相反数再进行最小生成树的计算。

```
mst = minimum_spanning_tree(-C)
```

上面这个函数返回的矩阵虽然与共协矩阵的大小一样（行列数都是数据集中的样本数量），但它只保留了最小生成树中的边，而移除了其他边。

之后，定义一个阈值，并移除权重低于阈值的边。为此，我们会迭代最小生成树矩阵中的边，移除权重低于特定值的边。仅迭代一次并不能处理好共协矩阵中的边（矩阵中的值只有 0 和 1，不能提供足够的信息）。因此，我们要先创建额外的标签和共协矩阵，然后把两个矩阵相加。代码如下。


```
pipeline.fit(documents)
labels2 = pipeline.predict(documents)
C2 = create_coassociation_matrix(labels2)
C_sum = (C + C2) / 2
```

之后，计算最小生成树，并移除没有同时出现在两份标签列表中的边。

```
mst = minimum_spanning_tree(-C_sum)
mst.data[mst.data > -1] = 0
```

这里取阈值为 1 是为了剔除没有在两个聚类簇中都出现过的边。不过，因为我们对共协矩阵取了相反数，所以也对阈值取了相反数。

最后，在移除低权重的边后，找出所有仍连接在一起的样本，也就是找出所有连通分量。返回的第一个值是连通分量的数量（也是聚类簇的数量），而第二个值是每个样本的标签。代码如下。

```
from scipy.sparse.csgraph import connected_components
number_of_clusters, labels = connected_components(mst)
```

我用自己的数据集找出了 8 个聚类簇，跟之前取得的聚类簇数量基本一致。该结果仍在意料之中，毕竟我们只迭代了两次 *k*-均值算法。迭代更多次 *k*-均值算法（下一节就会这样做），结果就会大有变化。

10.5.2　工作原理

在 *k*-均值算法中，使用特征时没有将其按权重区分开来。这一做法的本质是假定所有特征的数值规模相同。我们在第 2 章中就见过由于忽视特征数值规模差异而导致的问题。其结果是 *k*-均值算法找出的聚类簇是圆形的，如图 10-4 所示。

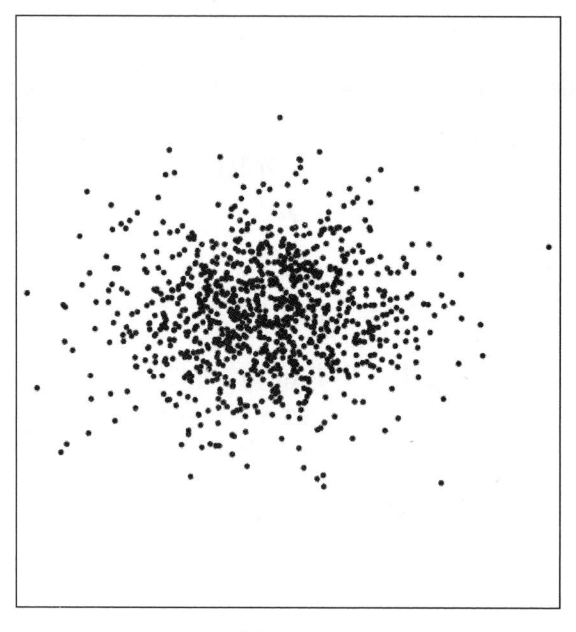

图　10-4

k-均值算法也能找出椭圆形的聚类簇。虽然样本间的分离程度通常不会这么平滑，不过该问题可以通过缩放特征值来解决。这种形状的聚类簇见图 10-5。

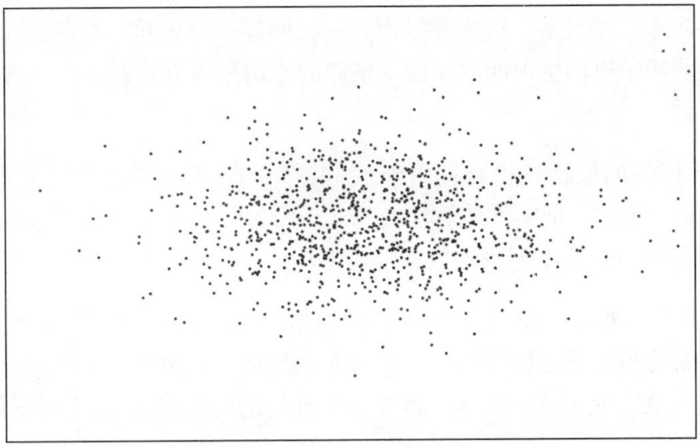

图 10-5

从前面的截图中可以看出，并非所有聚类簇都是这种形状。图 10-4 中的聚类簇是圆形，*k*-均值算法很容易找出这种形状的聚类簇。图 10-5 中的聚类簇是椭圆形，在缩放特征值后，*k*-均值算法也能得出该形状的聚类簇。

图 10-6 的第三种聚类簇甚至不是凸状的。虽然该聚类簇形状奇特，*k*-均值算法难以发现，但它仍被认为是一个聚类簇，因为大多数人能用肉眼从图片中将它识别出来。

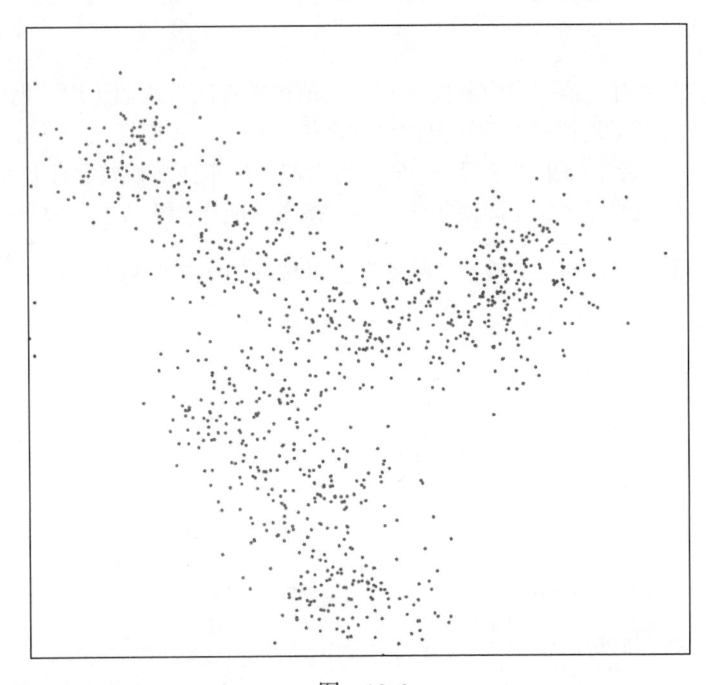

图 10-6

聚类分析是一项艰巨的任务，这主要是因为定义问题十分困难。大多数人虽然能直观地理解问题的意义，但很难用（机器学习所必须的）精确的术语来对其进行定义。人们往往不能就使用哪一个术语达成一致。

证据积累聚类算法的思路是把特征重新映射到新的特征空间，其实质是利用上一节中用 *k*-均值算法归约特征的原理，把 *k*-均值算法的每次运行都作为一个转换器。不过此时我们只采用实际的标签，也就是共协矩阵中记录的数据，而不用样本到形心的距离。

这样一来，证据积累聚类算法就只关心样本之间的相似程度，而不是它们在原始特征空间中的位置。不过，未缩放的特征还是会带来一些问题。因此无论如何都要执行特征缩放，这很重要（本章在 tf-idf 算法中就完成了这一工作，该算法处理过的特征已经是相同规模的数值）。

第9章在讲支持向量机中的核函数时，已经展示了类似的转换过程。这种转换的功能强大，非常值得在复杂的数据集中使用。不过，要把数据重新映射到新的特征空间中，并不需要如此复杂，使用证据积累聚类算法就较为简便。

10.5.3 算法实现

现在，我们可以创建一个符合 scikit-learn 接口要求的聚类算法实现，把证据积累聚类算法中需要执行的各步骤组合在一起。首先，利用 scikit-learn 中的 ClusterMixin 创建算法实现类的基本结构。

这个类需要的参数有：第一步中要执行的 *k*-均值聚类算法的次数（用于创建共协矩阵）、用来移除边的阈值、每次 *k*-均值聚类算法要找出的聚类簇数量。我们把 n_clusters 设置成一个范围，以扩大结果的方差。在集成学习中，方差通常都是好东西。如果没有方差，那么集成学习方案不会比单独运行聚类好多少（即便如此，高方差也不能作为集成学习效果好的证明）。

下面的代码展示了完整的类实现，之后本节会具体介绍类中的每个函数。

```
from sklearn.base import BaseEstimator, ClusterMixin
class EAC(BaseEstimator, ClusterMixin):
    def __init__(self, n_clusterings=10, cut_threshold=0.5,
                 n_clusters_range=(3, 10)):
        self.n_clusterings = n_clusterings
        self.cut_threshold = cut_threshold
        self.n_clusters_range = n_clusters_range

    def fit(self, X, y=None):
        C = sum((create_coassociation_matrix(self._single_clustering(X)
                 for i in range(self.n_clusterings)))
        mst = minimum_spanning_tree(-C)
        mst.data[mst.data > -self.cut_threshold] = 0
        mst.eliminate_zeros()
        self.n_components, self.labels_ = connected_components(mst)
```

```
        return self

    def _single_clustering(self, X):
        n_clusters = np.random.randint(*self.n_clusters_range)
        km = KMeans(n_clusters=n_clusters)
        return km.fit_predict(X)

    def fit_predict(self, X):
        self.fit(X)
        return self.labels_
```

fit()函数的目标是运行一定次数的 *k*-均值聚类算法，合并各次运行中生成的共协矩阵，之后再找出最小生成树分割共协矩阵，其思路与前面的证据积累聚类示例是一样的。我们可以用低级的 *k*-均值算法执行聚类分析，并把每次迭代产生的共协矩阵加在一起。这里我们用生成器来完成这步操作，并且为了节省内存，只在需要时才创建共协矩阵。生成器在每次迭代中，都会在我们的数据集中单独运行一次 *k*-均值，并创建相应的共协矩阵。我们用 sum()函数把共协矩阵相加到一起。

像之前一样，我们会创建最小生成树，根据给定的阈值（前面解释过为什么要取相反数）移除低权重的边，然后找出连通分量。和 scikit-learn 中的所有 fit()函数一样，该函数也要返回 self，以保证这个类也能在流水线中正常使用。

函数_single_clustering()在每次迭代里对数据集执行单次 *k*-均值算法，然后返回预测出的标签。为此，我们用 NumPy 的 randint()函数配合指定聚类簇数量区间的 n_clusters_range 参数随机选取聚类簇的数量，再用 *k*-均值算法聚类分析数据集，产生预测值。这里的返回值就是 *k*-均值算法生成的标签。

最后是 fit_predict()函数，它只是调用 fit()函数并返回文档的标签。

现在我们就可以像前面一样设置好流水线，运行上述代码。注意，要把流水线的最后一步设置为 EAC 类的实例，以替换之前的 KMeans 类实例。代码如下。

```
pipeline = Pipeline([('feature_extraction', TfidfVectorizer(max_df=0.4)),
                     ('clusterer', EAC())])
```

10.6 在线学习

在某些场景下，学习开始前我们并不具备全部的训练数据。我们之所以有时需要新数据，既可能是因为现有数据太大，难以读取到内存中，也可能是因为我们需要从预测中读取额外的新数据。为适应这种情形，能随着时间训练模型的在线学习方法应运而生。

在线学习（online learning）是指用新数据增量更新模型。支持在线学习的算法能用一个或少量样本完成一次性的训练，之后用新样本更新模型。相反，非在线的算法在训练时就需要访问到全部的数据。到目前为止，本书中大多数算法如后者，标准的 *k*-均值算法亦不例外。

在线版本的算法能用少量样本部分更新模型。神经网络就是这类在线算法的一个标准示例。每当向神经网络输入新样本，神经网络中的权重值就会根据学习速率进行更新，不过通常权重只会发生如 0.01 这样小的数值变化。即数据中的一个新样本只会对模型产生微小的影响（但这种影响很可能是正面的）。

神经网络也可以通过一次性投入一组样本的方式批量训练，这样训练过程可以一步完成。批量训练算法虽然通常速度更快，但也需要更大的内存。

我们也可以使用同样的方法在读入单个样本或小批样本时小幅度更新 *k*-均值算法中的形心。为此，我们要在 *k*-均值算法的更新步骤，把学习速率引入到形心的位移中。假定样本是从总体中随机抽取的，那么形心应向其在标准、离线的 *k*-均值算法中的位置移动。

在线学习与流式学习有关，不过两者有一些区别。在线学习能回顾模型中使用过的样本，而流式机器学习算法只能读取每个样本一次。

算法实现

`scikit-learn` 包中实现了 MiniBatchKMeans 算法，它可以支持在线学习。这个类中实现了 `partial_fit()` 函数，该函数可以以一组样本为参数更新模型。与它正好相反，`fit()` 会移除之前的训练成果，只用新数据重新训练模型。

因为 MiniBatchKMeans 与 `scikit-learn` 中其他算法一样，遵循相同的聚类参数与接口，所以其实例的创建方法和使用方法也与 `scikit-learn` 中其他算法一样。

算法从流式读取过的所有样本点中取均值。计算这个均值，只需要关注两个值：数据点的总数和已经读取的数据点数量。之后，在遇到新一组样本时，就可以用这些信息完成更新步骤中新均值的计算。

因此，我们要用 `TfidfVectorizer` 从数据集中提取特征，创建一个 ***X*** 矩阵，然后从数据集中采样，并用增量更新模型。代码如下。

```
vec = TfidfVectorizer(max_df=0.4)
X = vec.fit_transform(documents)
```

之后，导入 `MiniBatchKMeans` 类，创建该类的实例。

```
from sklearn.cluster import MiniBatchKMeans
mbkm = MiniBatchKMeans(random_state=14, n_clusters=3)
```

接下来，从 ***X*** 矩阵中随机取样，模拟从外部数据源传入的数据，并在每次读取到新数据时更新模型。

```
batch_size = 10
for iteration in range(int(X.shape[0] / batch_size)):
    start = batch_size * iteration
    end = batch_size * (iteration + 1)
    mbkm.partial_fit(X[start:end])
```

随后，我们就可以让 MiniBatchKMeans 类的实例从原始数据集预测标签了。

```
labels = mbkm.predict(X)
```

在这一阶段，由于 TfidfVectorizer 不是在线算法，因而我们不能把它投入到流水线中使用。HashingVectorizer 可以解决这一问题，这个类巧妙地使用散列算法大幅减少了计算词袋模型时的内存占用。我们只记录特征名的散列值，而不是文档中找出的词语这样的特征名称。因为它会生成所有可能散列值的集合，所以我们在查看数据集之前就能掌握特征的情况。这个集合会非常大，其中的散列值数量通常在 2^{18} 级。即使是这种大小的矩阵，也可以用稀疏矩阵的方法来轻松解决，因为这种矩阵中零值占了很大比例。

目前 Pipeline 类不能用于在线学习。不同的应用场景存在细微差异，这就意味着不存在普遍适用的办法。相反，我们可以创建一个 Pipeline 的子类，然后用它执行在线学习。首先继承 Pipeline 类，因为我们只需要实现其中的一个函数。

```
class PartialFitPipeline(Pipeline):
    def partial_fit(self, X, y=None):
        Xt = X
        for name, transform in self.steps[:-1]:
            Xt = transform.transform(Xt)
        return self.steps[-1][1].partial_fit(Xt, y=y)
```

这里要实现的唯一函数就是 partial_fit()，它会首先执行所有转换步骤，然后在最后一步（可能是分类器或者聚类算法）调用部分训练。因为其他函数与普通的 Pipeline 类一样，所以我们直接（通过类继承）引用即可。

现在我们就可以用 MiniBatchKMeans 类创建一条流水线，配合 HashingVectorizer 实现在线学习了。虽然这个流程在本章其他部分也被使用过，但这次我们一次只输入少量文档用于训练。代码如下。

```
from sklearn.feature_extraction.text import HashingVectorizer

pipeline = PartialFitPipeline([('feature_extraction', HashingVectorizer()),
                               ('clusterer',
                                MiniBatchKMeans(random_state=14, n_clusters=3)) ])
batch_size = 10
for iteration in range(int(len(documents) / batch_size)):
    start = batch_size * iteration end = batch_size * (iteration + 1)
    pipeline.partial_fit(documents[start:end])
labels = pipeline.predict(documents)
```

这种方法有一些不利的地方。例如，用它找出各个聚类簇中最重要的词语就不是很方便。要解决这一问题，可以先把词语的散列值输入到另一个 `CountVectorizer` 实例中过滤，之后再查找散列值，而不是词语本身。但是这样做不但有点麻烦，而且会把 `HashingVectorizer` 节省的内存挥霍一空。不仅如此，这样一来我们还不能沿用之前使用过的 `max_df` 参数，因为这个参数需要知道特征是什么并随着时间推移对特征进行计数。

另外，在执行在线学习时也不能使用 td-idf 权重。尽管近似地计算并应用这种权重是可行的，不过其方法还是很烦琐。尽管如此，由于 `HashingVectorizer` 应用散列算法的方式很巧妙，因而它仍是一种非常实用的算法。

10.7　本章小结

本章关注一种无监督学习算法——聚类算法。无监督学习的目的是探索数据，而非分类或预测。在本章的实验中，因为我们事先不知道从 reddit 上取得的新闻条目所包含的话题，所以对其执行分类任务也就无从谈起。我们用 *k*-均值聚类算法把新闻报道聚集到一起，以找出共同的话题，发现数据内在的趋势。

在从 reddit 获取数据时，要求我们能从任意网站提取数据。我们通过查找大段文本，而不是借助于成熟的机器学习方法来实现这一需求。不过也有一些有趣的机器学习方法可以用于这个任务，并改善文本提取的效果。在本书的附录中，我按章列出了拓展各章学习的方向和改善实验结果的方法，其中包括来自其他渠道的参考资料和各章方法的更复杂的应用。

我们还研究了一种直接的集成学习算法，即证据积累聚类算法。集成学习通常能有效利用结果中的方差，在你不知道如何选取合适的参数时（聚类中的参数选择总是很困难）这种方法尤其有帮助。

最后，本章还介绍了在线学习，它是迈向包括大数据处理在内的更大规模机器学习实践的大门。本书的最后两章将会阐述与大数据相关的问题。最后两章中的实验涉及的数据规模相当庞大，我们不仅要探讨训练模型的方法，还要研究管理如此大规模数据的方法。

你可以尝试把积累聚类算法实现成支持在线学习的版本，以此作为对本章内容的扩展。这个任务并不简单，你需要考虑在更新算法后会发生什么。你还可以从更多数据源（其他的 subreddit 或直接从新闻网站、博客）采集更多数据，并从中发现一般性的趋势。

下一章将离开无监督学习的领域，重新深入分类问题。该章将着眼于深度学习，这是一种基于复杂神经网络的分类方法。

第 11 章

用深度神经网络实现图像中的对象检测

我们在第 8 章的学习中掌握了基础神经网络的用法。通过研究神经网络，人们创造出了最为先进、准确的分类算法，它们在许多领域中得到了广泛应用。本章要介绍的概念与第 8 章中的概念的区别在于**复杂度**。本章不仅关注具有很多隐藏层的**深度神经网络**（deep neural network），还关注为了处理像图像这样特定类型的信息而应用的复杂层的更多类型。

随着算力提升而来的技术进步让我们可以训练更大、更复杂的神经网络。但是，这些进步并非是通过简单地在问题中投入更多算力取得的。除了计算能力之外，新的算法和新类型的层也大幅提升了神经网络的性能。但是，这也带来了代价：这些新分类器完成训练需要的数据要比其他数据挖掘分类器多。

本章着眼判断图像中出现的对象。向神经网络输入图片的像素值，之后神经网络会自动找出有用的像素组合，以形成更高级别的特征，再把这些这特征用于实际的分类过程。

总之，本章的研究内容如下：

- 为图像中的对象分类；
- 不同类型的深度神经网络；
- 用 TensorFlow 和 Keras 库构建并训练神经网络；
- 用 GPU 提升算法运行速度；
- 用云服务为数据挖掘增添助力。

11.1 对象分类

计算机视觉（computer vision）将会成为未来科技的重要组成部分。可以预见，在不久的将来我们就会见到自动驾驶汽车。汽车厂商计划在 2017 年发布自动驾驶的车型，而且现在就已经有部分支持自动驾驶的车型了。[1]要让车载计算机自动驾驶，就要让它能够观察周围的环境并识

① 本书原版出版于 2017 年。——编者注

别障碍物、其他车辆和天气状况，进而据此规划安全的行程。

虽然用雷达就能很容易判断障碍物是否存在，但获悉该障碍物具体是什么也很重要。比如，如果前方道路上有一只动物，那么我们可以停车，等它自行离开；如果前面有一幢建筑物，这样做就不对了。

使用案例

计算机视觉在许多场景中有应用。下面举例说明计算机视觉的重要应用场景。

- 在线地图网站，比如谷歌地图，使用计算机视觉技术的原因有很多。其中一个原因就是该技术可以自动找出人类面孔并对其进行模糊处理，以保护进入街景拍摄范围的路人隐私。
- 很多行业还会应用人脸检测技术。现今相机能自动检测人脸，以此改善拍摄照片的质量（用户往往想要在面部对焦）。人脸检测还能用于身份识别。例如 Facebook 可以识别照片中的人，让用户更容易标记出照片中的好友。
- 如前文所述，自动驾驶汽车在识别道路和避开障碍物方面高度依赖于计算机视觉技术。计算机视觉是正在被解决的关键问题之一。该技术的应用范围并非仅限于民用自动驾驶汽车，采矿业等其他产业也会使用这种技术。
- 其他行业也采用了计算机视觉技术，比如自动检测仓库中的缺陷货物。
- 航天工业运用计算机视觉技术辅助数据的自动化采集。因为从地球向火星上的探测车发送信号时，信号抵达需要很长时间，而且在某些情况下（例如两颗行星没有“面对面”时）信号是无法抵达的，所以该技术对能否有效利用航天器就至关重要。随着我们开始更频繁、更远距离地发射航天器，增加航天器的自主性势在必行，计算机视觉就是其中的关键部分之一。图 11-1 是美国国家航空航天局（NASA）设计的火星探测车，它充分应用了计算机视觉技术，能在陌生且环境恶劣的星球上识别周遭环境。

图　11-1

11.2　应用场景

本章要构建这样一套系统，它以图像为输入，给出关于图像中对象是什么的预测。我们要扮演车载视觉系统的角色。该系统会环顾四周，发现道路上或道路两旁的障碍物。输入图像的形式如图 11-2 所示。

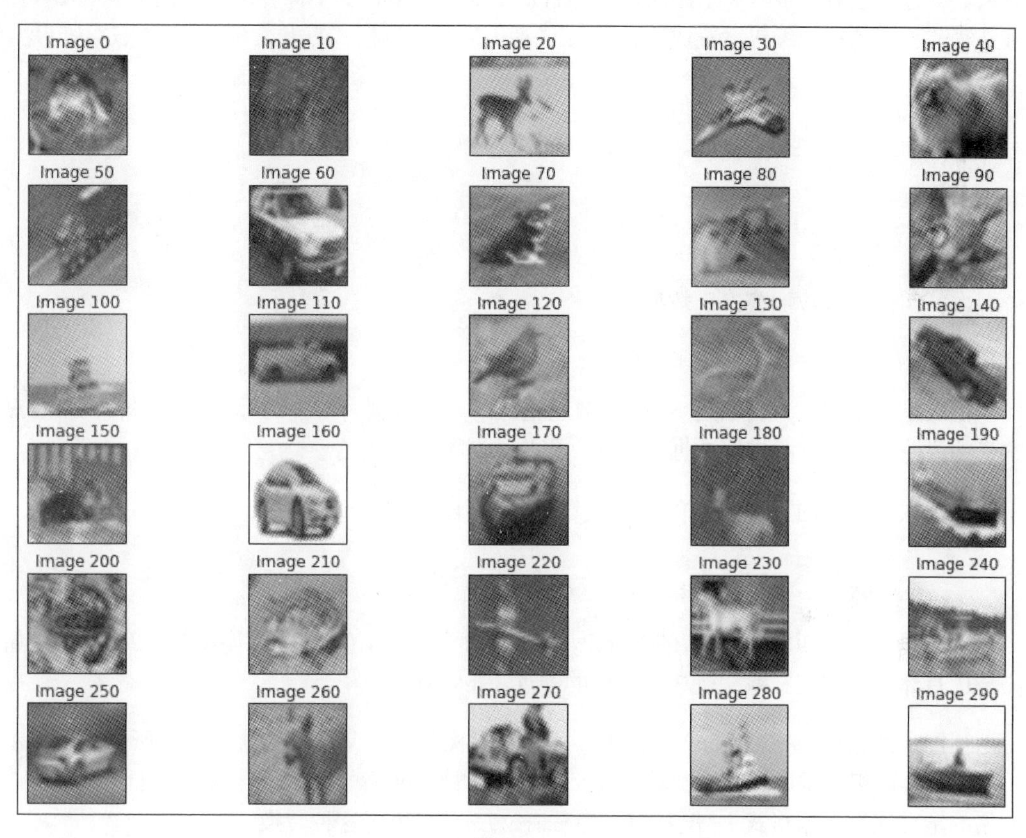

图　11-2

本章的数据集取自备受欢迎的 CIFAR-10 数据集，包含了宽为 32 像素、高为 32 像素的 60 000 张图像，其中每个像素都有一个红–绿–蓝（RGB）值。虽然该数据集已经被分割为训练数据集和测试数据集两个部分，但我们在训练完成之前不会用到测试数据集。

你可以访问 http://www.cs.toronto.edu/~kriz/cifar.html 下载 CIFAR-10 数据集。请下载 Python 版本的数据集，它已经被转换成了 NumPy 数组的形式。

打开一份新的 Jupyter Notebook，看看数据是什么样子的。首先，设置好数据的文件名。我们起初只关心数据的第 1 批次，然后会扩大所用数据规模，直到最后采用完整的数据集。

```
import os
data_folder = os.path.join(os.path.expanduser("~"), "Data", "cifar-10-batches-py")
batch1_filename = os.path.join(data_folder, "data_batch_1")
```

下一步，创建一个函数读取各批次的数据。各批次的数据是以 `pickle` 格式保存的。`pickle` 是一个用于保存对象的 Python 库，通常我们可以直接调用 `pickle.load(file)`，从文件中取出对象。不过这些数据中有一个小问题：尽管对象是在 Python 2 中保存的，我们却想在 Python 3 中打开它。我们通过把编码设置成 `latin`（尽管仍以二进制模式打开文件）来解决这一问题。

```
import pickle
# Bug 修正要感谢:
http://stackoverflow.com/questions/11305790/pickle-incompatability-of-numpy-arrays-
between-python-2-and-3
def unpickle(filename):
    with open(filename, 'rb') as fo:
        return pickle.load(fo, encoding='latin1')
```

现在，用这个函数加载这批数据。

```
batch1 = unpickle(batch1_filename)
```

该批次是一个字典，其中是 NumPy 数组格式的实际数据、对应的标签和文件名，以及对批次本身的说明（例如这是训练数据集的 5 个批次中的第 1 批）。

在该批次字典中的 `data` 键中取索引就能提取出图像。

```
image_index = 100
image = batch1['data'][image_index]
```

`image` 是一个有 3072 个元素的 NumPy 数组，每个元素值的取值范围都是 0~255。每个值代表图像中具体位置的红、绿、蓝 3 种颜色的强度（intensity）。

由于图像的格式与 `matplotlib` 中（用于显示图像的）常用的格式不同，所以为了显示图像，要先变换数组的维度，然后旋转矩阵。虽然这对神经网络的训练没什么意义（我们可以使神经网络的定义匹配数据格式），但我们要为 `matplotlib` 执行这种转换。

```
image = image.reshape((32,32, 3), order='F')
import numpy as np
image = np.rot90(image, -1)
```

现在就可以用 `matplotlib` 展示图片了。

```
%matplotlib inline

from matplotlib import pyplot as plt
plt.imshow(image)
```

这会展示出一艘船的图像，如图 11-3 所示。

图 11-3

图像的分辨率相当低，因为它只有 32 像素宽、32 像素高。即便如此，大多数人仍能看出图像中是一艘船。我们能让计算机也做到这一点吗？

你可以调整图像索引展示其他图像，感受这个数据集的性质。

本章项目的目的是构建这样一个分类系统：它接受图像作为输入，可以预测图像中的对象是什么。不过在着手该项目之前，我们要先绕个弯子，了解一下即将用于该项目的分类器：**深度神经网络**（deep neural network）。

11.3 深度神经网络

第 8 章使用的神经网络有一些奇特的**理论**性质。比如它在学习任何映射时都只需要单一隐藏层（虽然这个中间层可能非常大）。因其理论的完善性，神经网络领域的研究曾在 20 世纪 70 年代至 80 年代非常活跃。然而，与支持向量机等其他分类算法相比，神经网络存在几个问题，这导致它们不再受人青睐。下面列出了主要的几个问题。

- 问题之一是，许多神经网络运行时所需的算力远远多于其他算法，而很多人缺乏这种算力资源。
- 另一个问题就是神经网络的训练。尽管反向传播算法已经为人所知有一段时间了，但它在应用到大型神经网络中时仍存在一些问题：它需要大规模的训练才能稳定权重。

这些问题在最近得到了解决，这推动了神经网络的复兴。相比 30 年前，如今我们不仅更容易获取算力，而且训练算法的进步使我们更容易应用算力。

11.3.1 直观感受

深度神经网络与第 8 章中更基础的神经网络之间的区别在于大小。

拥有两个以上隐藏层的神经网络就可以视为深度神经网络。实际使用中的深度神经网络往往规模更大，层数更多，各层的节点数也更多。尽管 2005 年左右的一些研究聚焦于庞大的层数，不过随着更智能的算法的出现，运算实际所需的层数也在减小。

虽然大小确实是一个区别因素，但新类型的层和神经网络的新结构都有助于在特定领域创建相应的深度神经网络。我们已经见过了由**稠密层**（dense layer）[①]组成的前馈神经网络。这意味着我们拥有一系列有序的层，每层的各个神经元都连接到下一层中的各个神经元。深度神经网络还包括其他一些类型。

- **卷积神经网络**（CNN，convolutional neural network），用于图像分析。它会把图像的分割作为单次输入，而这些输入会被传递给池化层（pooling layer）来组合成输出。这有助于解决图像中的旋转、平移问题。本章就会使用这种类型的神经网络。
- **递归神经网络**（RNN，recurrent neural network），用于文本和时间序列分析。这种网络是有状态的，它会保留上一个状态用于调整当前的输出。试想，在一个句子中前一个词修饰短语中当前词的输出，如：United States。其中最常见的一种就是**长短期记忆**（LSTM，long-short term memory）递归神经网络。
- **自动编码器**（autoencoder），它通过隐藏层（通常只有很少节点）从输入中学习映射，然后再返还给输入。它能找出输入数据的压缩方法，并且该层可以重新用到其他神经网络中，以减少其他神经网络所需的有标记训练数据数量。

不同种类的神经网络层出不穷。随着深度神经网络的应用与理论的研究，神经网络的新形式也不断被发现。有的神经网络是为一般学习而设计，有些则是为特定任务而设计。不仅如此，神经网络中组合各层、调优参数以及调整学习策略的方法都很丰富。比如**失落层**（dropout layer）在训练时会随机把某些权重置 0，以使整个神经网络学习出优良的权重。

尽管存在这些差异，但神经网络通常都以非常基础的特征为输入。例如在解决计算机视觉问题时，特征就只是像素值。通过神经网络的组合与传递，这些基础的特征值会形成更复杂的特征，有时这些复杂特征甚至让人难以理解。不过，这些特征却能以计算机能理解的方式表示样本的各个方面，从而帮助计算机为样本分类。

11.3.2 实现深度神经网络

由于深度神经网络规模庞大，因而其实现相当具有挑战性。相比良好的实现，较差的实现不仅运行时间长得多，甚至还会因为占用过多内存而无法运行。

要实现一个基础的神经网络，我们可以这样开始：创建一个节点类，然后把节点类整合到层

① 全连接层的另一种说法。——译者注

类中。这样一来，每个节点都用边类连接到了下一层的节点。这是基于类的实现，能清晰展示神经网络的运作方式。但是，对大型神经网络而言，这种实现方式的效率太低了。神经网络有太多可动的部分，而这降低了这种策略的效率。

相反，大多数神经网络的操作能用矩阵的数学表达式来表示。神经网络中两层之间连接的权重可以表示成矩阵的值，其中行代表第一层的节点，列代表第二层的节点（有时我们也会采用这个矩阵的转置形式）。矩阵中的值就是两层之间边上的权重。如此就能用一系列这样的权重矩阵来定义神经网络了。除了节点之外，我们还在各层中添加一个偏置项（bias term），它基本上是一个总处于激活状态的节点，会连接到下一层中的所有神经元。

这种认识与基于类的实现不同，让我们可以以矩阵操作来构建、训练以及使用神经网络。这种数学操作非常巧妙，因为许多耳熟能详的库代码是为矩阵操作高度优化的，能非常高效地执行这些运算。

第 8 章中使用了 `scikit-learn` 中的实现，其中虽然包括构建神经网络的一些特性，但缺少神经网络领域中的最新成果。针对更大规模、更定制化的神经网络，我们就需要借助于功能更强大的库。我们会用 Keras 库替代 `scikit-learn` 来创建深度神经网络。

本章一开始会用 Keras 实现一个基础的神经网络，之后将（几乎完整地）重现第 8 章中的实验：预测图像中的字母。最后，我们会用比其复杂得多的卷积神经网络为 CIFAR 数据集中的图像分类。另外，在此过程中我们还会通过在 GPU（而不是 CPU）上运行神经网络来提升性能。

Keras 是一套用图计算库实现深度神经网络的高级接口。图计算库会描绘出一系列操作的概要，之后再计算其值。因为图计算库能用来表示数据流、跨多个系统分发这些数据流，以及执行其他优化操作，所以对矩阵操作是相当有利的。Keras 支持两个图计算库作为后端：其一是 Theano，它虽然稍微老一些，但人气也很旺（也是本书第 1 版采用的库）；其二是 TensorFlow，是谷歌公司近年发布的库，谷歌公司就是用这个库加强其深度学习能力的。你可以在这两个库中自由选择，完成本章的学习。

11.4 TensorFlow 简介

TensorFlow 是由谷歌公司工程师设计的图计算库，推动谷歌公司在**深度学习**和**人工智能**领域取得了许多进展。

图计算库的工作包括下列两个步骤。

(1) 定义操作的序列（或更复杂的图），其中包括接受输入数据、操作数据和将数据转换成输出。

(2) 输入给定值，计算第(1)步产生的图。

虽然许多程序员不会天天接触这种形式的编程，但大多数程序员会跟与此相关的系统打交道，那就是**关系型数据库**（relational database），尤其是基于 SQL 的那种。其中有一个被称为**声明范式**（declarative paradigm）的类似概念。程序员可能会在定义 `SELECT` 查询的时候附带 `WHERE` 子句，而数据库会解释 SQL 语句，并基于一系列因素创建一个优化过的查询，这些因素包括 `WHERE` 子句能否应用在主键上、数据存储的格式等。SQL 语句体现了程序员所想，而数据库系统会决定 SQL 语句的所为。

你可以用 Anaconda 安装 TensorFlow：**`conda install tensorflow`**。更多选项见 Google 提供的安装详情页面。

我们可以用 TensorFlow 定义许多类型的函数，用于操作标量、数组、矩阵以及其他数学表达形式。例如，我们可以创建一个图来计算二次等式。

```
import tensorflow as tf

# 定义方程的参数为常量
a = tf.constant(5.0)
b = tf.constant(4.5)
c = tf.constant(3.0)

# 定义 x 为变量，允许改变 x 的值
x = tf.Variable(0., name='x') # 默认为 0.0

# 定义 y 为输出，它是 a、b、c 和 x 上的操作
y = (a * x ** 2) + (b * x) + c
```

这里的 `y` 是一个 `Tensor`（张量）对象，在计算完成前它是没有实际值的。我们只是完成了图的创建，用图来表示下面的内容：

在我们计算 *y* 时，首先取 *x* 的平方，然后乘以 a，再相加 b 倍的 *x*，然后再给结果加上 c。

通过 TensorFlow 可以展示这个图本身。在 Jupyter Notebook 中运行如下代码就能使这个图可视化了（代码由 Stack Overflow 用户 Yaroslav Bulatov 提供，详情见回答页面：http://stackoverflow.com/a/38192374/307363）。

```
from IPython.display import clear_output, Image, display, HTML

def strip_consts(graph_def, max_const_size=32):
    """去掉 graph_def 中的大数值。"""
    strip_def = tf.GraphDef()
    for n0 in graph_def.node:
        n = strip_def.node.add()
        n.MergeFrom(n0)
        if n.op == 'Const':
            tensor = n.attr['value'].tensor
            size = len(tensor.tensor_content)
            if size > max_const_size:
                tensor.tensor_content = "<stripped %d bytes>"%size
    return strip_def
```

```
    def show_graph(graph_def, max_const_size=32):
        """ 将 TensorFlow 中的图可视化"""
        if hasattr(graph_def, 'as_graph_def'):
            graph_def = graph_def.as_graph_def()
        strip_def = strip_consts(graph_def, max_const_size=max_const_size)
        code = """
            <script>
            function load() {{
                document.getElementById("{id}").pbtxt = {data};
            }}
            </script>
        <link rel="import" href="https://tensorboard.appspot.com/tf-graph-basic.
build.html" onload=load()>
            <div style="height:600px">
                <tf-graph-basic id="{id}"></tf-graph-basic>
            </div>
        """.format(data=repr(str(strip_def)), id='graph'+str(np.random.rand()))

        iframe = """
            <iframe seamless style="width:1200px;height:620px;border:0"
srcdoc="{}"></iframe>
        """.format(code.replace('"', '&quot;'))
        display(HTML(iframe))
```

之后，在新输入框中键入如下代码，执行实际的可视化操作。

```
show_graph(tf.get_default_graph().as_graph_def())
```

结果中体现了前面各步操作是如何连接成一个有向图的。这个出自 TensorFlow 的可视化平台叫作 TensorBoard，如图 11-4 所示。

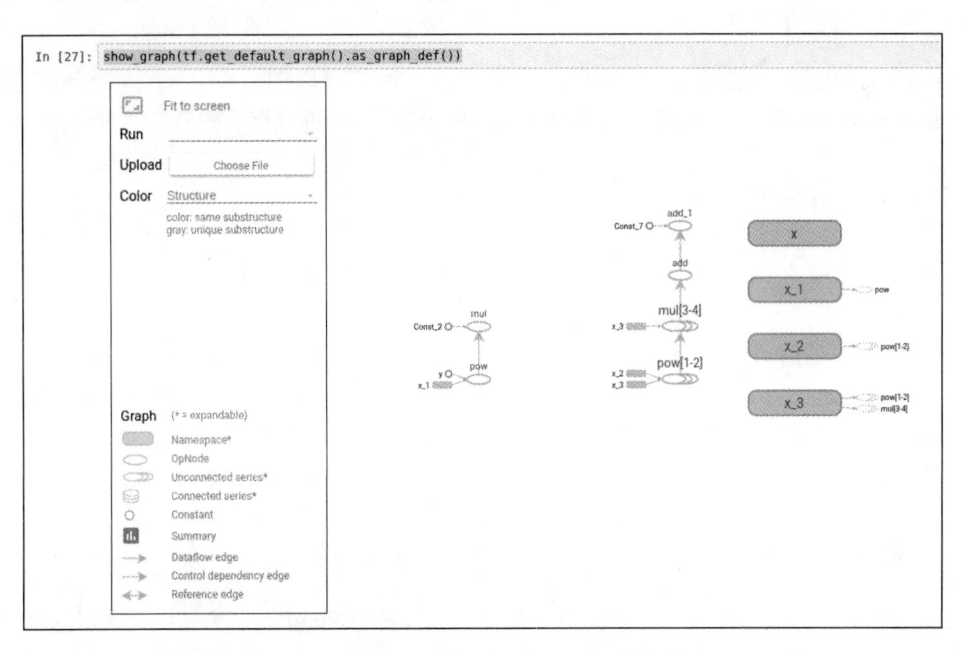

图 11-4

要计算 y 值，就要把 x 的值传给图中的其他节点。这些节点在图 11-4 中被称作 OpNodes，该名称是**操作节点**（operation node）的缩写。

至此，我们已经完成了对图本身的定义。接下来，计算等式的值。考虑到 x 是一个 Variable（变量），方法有很多。创建一个 TensorFlow 的 `Session` 对象，让它用 x 的当前值计算 y。

```
model = tf.global_variables_initializer()
with tf.Session() as session:
    session.run(model)
    result = session.run(y)
print(result)
```

上述代码中的首行会初始化变量。TensorFlow 允许你指定操作的作用域和命名空间。此时，我们只采用全局命名空间，该行中函数就是初始化对应作用域的快捷方式，也是 TensorFlow 编译图的必要步骤。

第 2 行创建运行模型的新会话。`tf.global_variables_initializer()`的返回值是图中的操作，而且必须要执行操作，才会产生结果。接下来的一行实际运行变量 y，处理计算 y 值时所需的 OpNodes。虽然本例中的计算需要全部节点，但在图更大时并不总需要计算所有的节点。TensorFlow 会为得出答案做最少的计算。

如果你遇到了 `global_variables_initializer` 未定义的错误，就把它替换成 `initialize_all_variables`。这个接口在最近调整过。

打印结果，y 的值是 3。

我们还可以进行其他操作，比如修改 x 的值。例如我们可以创建一个分配（assign）操作，向现有的 Variable（变量）分配新值。本例会把 x 的值改为 10 再计算 y 的值，结果会是 548。

```
model = tf.global_variables_initializer()
with tf.Session() as session:
    session.run(model)
    session.run(x.assign(10))
    result = session.run(y)
print(result)
```

虽然这个例子简单到用 Python 也能实现，并没有展现出 TensorFlow 的强大实力。但 TensorFlow（Theano 也一样）中有大量的分布式选项，可以在多台计算机上计算更大规模的神经网络，而且它的优化工作也足够到位，能保证神经网络高效运行。这两个库还提供了额外的工具，用以保存、加载神经网络和其中的值，让我们能保存这两个库创建出的模型。

11.5　使用 Keras

TensorFlow 不是一个直接构建神经网络的库。同样地，NumPy 也不是执行数据挖掘的库，它通常只是被其他库调用，执行繁重的计算任务。TensorFlow 中有一个称为 TensorFlow Learn 的内置库，可以用于构建神经网络和执行数据挖掘任务。其他库，比如 Keras，也会基于这样的思路构建并以 TensorFlow 为后端。

Keras 实现了近期出现的种种不同类型的层和构建神经网络的组件。本章要用到的卷积层在设计中模仿人类视觉。这种层中只用一小部分互相连接的神经元分析输入值的一个片段（在本例中即图像）。这能让神经网络处理图像中的标准变化，比如图像的平移。本例就是一个基于计算机视觉的实验，会用卷积层处理图像的平移作为示范。

相反，传统神经网络的神经元通常都连接紧密——任何一个层的所有神经元都会连接到下一层的所有神经元。这种层就是稠密层。

Keras 的神经网络标准模型是 `Sequential`（顺序）模型，传入一个层的列表即可创建该模型。根据标准的前馈神经网络构造，输入（`X_train`）会被传给第 1 个层，其输出将被传给下一层，以此类推。

用 Keras 构建神经网络要比直接用 TensorFlow 进行构建简单得多。除非你需要高度定制神经网络的结构，否则强烈建议你使用 Keras。

我们将基于鸢尾数据集实现一个基础的神经网络，以介绍用 Keras 创建神经网络的基本流程。我们在第 1 章中就用过鸢尾数据集，该数据集能出色地测试新算法的性能，即便是在深度神经网络这样复杂的算法中也是如此。

首先，打开一份新的 Jupyter Notebook。在本章后面的部分，我们会重返包含 CIFAR 数据集的笔记本。

然后加载数据集。

```
import numpy as np
from sklearn.datasets import load_iris
iris = load_iris()
X = iris.data.astype(np.float32)
y_true = iris.target.astype(np.int32)
```

在使用 TensorFlow 这样的库时，最好要显式指明数据类型。尽管 Python 能隐式转换数值数据类型，然而 TensorFlow 这样的库是底层代码（在本例中是 C++）的封装，并不总能支持这种数值数据类型的转换操作。

我们当前的输出是分类值（取决于类别，是 0、1 或 2）的单个数组。虽然我们可以让神经网络输出这种格式的数据，但神经网络开发的一般惯例是让神经网络有 n 个输出，其中 n 是类别的数量。为此，我们要用独热编码方法为分类值 y 编码，生成 `y_onehot`。

```
from sklearn.preprocessing import OneHotEncoder

y_onehot = OneHotEncoder().fit_transform(y_true.reshape(-1, 1))
y_onehot = y_onehot.astype(np.int64).todense()
```

之后分割成训练数据集和测试数据集两部分。

```
from sklearn.model_selection import train_test_split
X_train, X_test, y_train, y_test = train_test_split(X, y_onehot,
                                                     random_state=14)
```

下一步，创建不同的层，构建神经网络。该数据集中有 4 个输入变量和 3 个输出类别，即虽然给出了神经网络中第一层和最后一层的大小，但没有指明中间层的大小。因为调整这些数值会产生不同的结果，所以这些值变化后的结果值得跟踪。先用下面的维度，创建一个小型神经网络。

```
input_layer_size, hidden_layer_size, output_layer_size = 4, 6, 3
```

然后，创建隐藏层和输出层（输入层是隐式的）。本例使用 Dense（稠密）层。

```
from keras.layers import Dense
hidden_layer = Dense(output_dim=hidden_layer_size,
                     input_dim=input_layer_size, activation='relu')
output_layer = Dense(output_layer_size, activation='sigmoid')
```

我建议你尝试不同的 activation()（激活函数）参数值，观察它们对结果能产生什么影响。如果你对问题本身的掌握有限，那么最好选用上面的默认参数值，即为隐藏层选用 relu，为输出层选用 sigmoid。

把各层组装到一个 Sequential 模型中。

```
from keras.models import Sequential
model = Sequential(layers=[hidden_layer, output_layer])
```

这里有一个必要的步骤，那就是编译神经网络以创建图。从编译步骤中，我们能看出神经网络是如何训练与评估的。下面代码中的值精确定义了神经网络收敛的方法，本例采用了输出神经元和期望值之间的均方误差（MSE，mean squared error）方法。优化器的选择也会在很大程度上影响收敛效率，我们通常要在速度和内存占用间取舍。

```
model.compile(loss='mean_squared_error',
              optimizer='adam',
              metrics=['accuracy'])
```

然后，用 fit()函数训练模型。Keras 模型的 fit()会返回一个 history（历史）对象，让我们能在细粒度上查看数据。

```
history = model.fit(X_train, y_train)
```

你会得到相当多的输出。神经网络会训练 10 轮（epoch）。一轮代表一套完整的训练周期，包括：输入训练数据、运行神经网络、更新权重和评估结果。如果你查看了 history 对象（尝试运行 print(history.history)），就会看到每轮过后的损失函数分值（越低越好）和准确率（越高越好）。你还能注意到，神经网络的效果可能没有提升多少。

用 matplotlib 为 history 对象绘图，结果如图 11-5 所示。

```
import seaborn as sns

from matplotlib import pyplot as plt
plt.plot(history.epoch, history.history['loss'])
plt.xlabel("Epoch")
plt.ylabel("Loss")
```

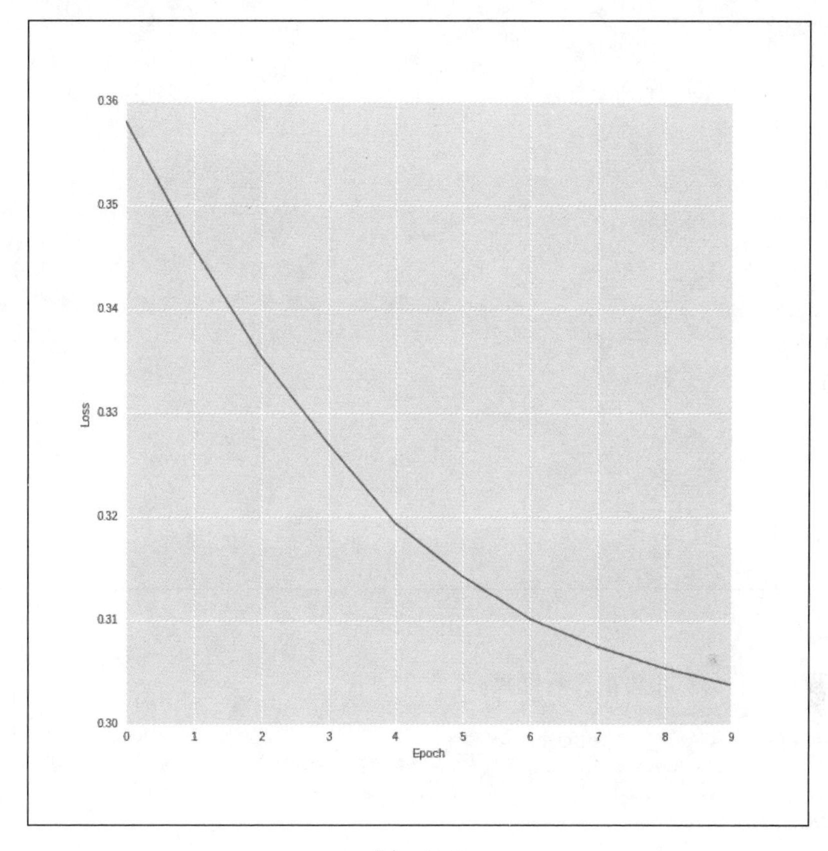

图 11-5

如图 11-5 所示，虽然训练损失在降低，但也没有降低多少。这就是神经网络的问题之一，训练速度慢。默认情况下 `fit()` 函数只会执行 10 轮，这对几乎任何一个应用而言都是远远不够的。我们用神经网络预测测试数据集并运行分类报告以展示这一现象。

```
from sklearn.metrics import classification_report
y_pred = model.predict_classes(X_test)
print(classification_report(y_true=y_test.argmax(axis=1), y_pred=y_pred))
```

其结果相当差，不仅整体的 `f1-score` 只有 0.07，分类器还把所有的样本都预测成了类别 2。起初这会让人觉得神经网络不过如此，但训练 1000 轮后再回头看，情况会大不相同。

```
history = model.fit(X_train, y_train, nb_epoch=1000, verbose=False)
```

我们依旧要将每一轮的损失函数值可视化，在运行像神经网络这样的迭代式算法时，可视化这一方法相当实用。如图 11-6 所示，运行上面的代码后，结果大有改观。

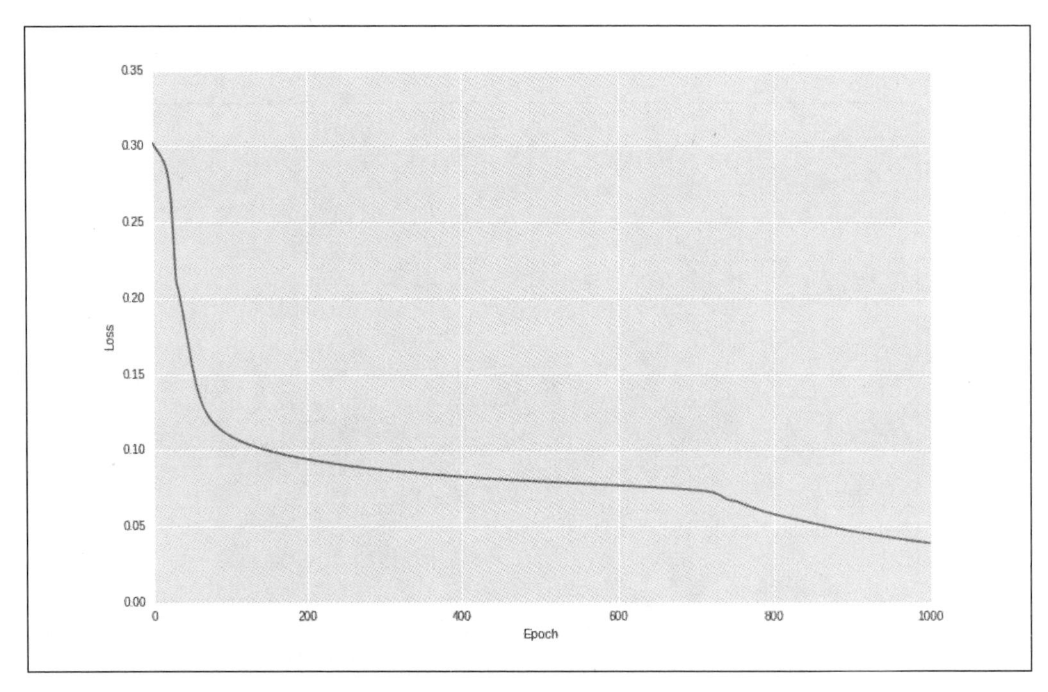

图　11-6

最后，再次运行分类报告来查看结果。

```
y_pred = model.predict_classes(X_test)
print(classification_report(y_true=y_test.argmax(axis=1), y_pred=y_pred))
```

结果很完美。

卷积神经网络

本节将重新实现第 8 章中的示例，并用 Keras 分析图像，以预测图像中的字母。我们会重新创建第 8 章中的稠密神经网络。为此，我们要在笔记本中访问创建数据集的代码。关于下面代码的解释见第 8 章（**请记得更新 Coval 字体的文件位置**）。

```
import numpy as np
from PIL import Image, ImageDraw, ImageFont
from skimage import transform as tf

def create_captcha(text, shear=0, size=(100, 30), scale=1):
    im = Image.new("L", size, "black")
    draw = ImageDraw.Draw(im)
```

```
    font = ImageFont.truetype(r"bretan/Coval-Black.otf", 22)
    draw.text((0, 0), text, fill=1, font=font)
    image = np.array(im)
    affine_tf = tf.AffineTransform(shear=shear)
    image = tf.warp(image, affine_tf)
    image = image / image.max()
    shape = image.shape
    # 应用缩放
    shapex, shapey = (shape[0] * scale, shape[1] * scale)
    image = tf.resize(image, (shapex, shapey))
    return image

from skimage.measure import label, regionprops
from skimage.filters import threshold_otsu
from skimage.morphology import closing, square

def segment_image(image):
    # 标记函数能找出连通的非黑色像素组成的子图像
    labeled_image = label(image>0.2, connectivity=1, background=0)
    subimages = []
    # 用 regionprops 函数分离子图像
    for region in regionprops(labeled_image):
        # 提取子图像
        start_x, start_y, end_x, end_y = region.bbox
        subimages.append(image[start_x:end_x,start_y:end_y])
    if len(subimages) == 0:
        # 没有找到子图像，则返回完整图像
        return [image,]
    return subimages

from sklearn.utils import check_random_state
random_state = check_random_state(14)
letters = list("ABCDEFGHIJKLMNOPQRSTUVWXYZ")
assert len(letters) == 26
shear_values = np.arange(0, 0.8, 0.05)
scale_values = np.arange(0.9, 1.1, 0.1)

def generate_sample(random_state=None):
    random_state = check_random_state(random_state)
    letter = random_state.choice(letters)
    shear = random_state.choice(shear_values)
    scale = random_state.choice(scale_values)
    return create_captcha(letter, shear=shear, size=(30, 30), scale=scale),
                          letters.index(letter)

dataset, targets = zip(*(generate_sample(random_state) for i in
                         range(1000)))
dataset = np.array([tf.resize(segment_image(sample)[0], (20, 20)) for
                    sample in dataset])
dataset = np.array(dataset, dtype='float')
targets = np.array(targets)

from sklearn.preprocessing import OneHotEncoder
onehot = OneHotEncoder()
```

```
y = onehot.fit_transform(targets.reshape(targets.shape[0],1))
y = y.todense()

X = dataset.reshape((dataset.shape[0], dataset.shape[1] *
                     dataset.shape[2]))

from sklearn.model_selection import train_test_split
X_train, X_test, y_train, y_test = train_test_split(X, y, train_size=0.9)
```

重新运行上面的代码后，你就有了一份与第 8 章实验中类似的数据集了。但接下来，我们用来实现神经网络的库不是 scikit-learn，而是 Keras。

首先，创建两个 **Dense**（稠密）层并将其组合到一个 **Sequential**（顺序）模型中。本节选择在隐藏层中放置 100 个神经元。

```
from keras.layers import Dense
from keras.models import Sequential
hidden_layer = Dense(100, input_dim=X_train.shape[1])
output_layer = Dense(y_train.shape[1])
# 创建模型
model = Sequential(layers=[hidden_layer, output_layer])
model.compile(loss='mean_squared_error', optimizer='adam',
              metrics=['accuracy'])
```

然后，训练模型。由于前面的那些原因，你会需要相当多的训练轮数。本节还是设置训练轮数为 1000，如果你想要更好的结果，可以增大这一数值。

```
model.fit(X_train, y_train, nb_epoch=1000, verbose=False)
y_pred = model.predict(X_test)
```

你同样可以像在鸢尾例子中一样采集 history 对象中的信息，进一步研究训练过程。

```
from sklearn.metrics import classification_report
print(classification_report(y_pred=y_pred.argmax(axis=1),
      y_true=y_test.argmax(axis=1)))
```

我们再一次取得了完美的结果。

至少在我的计算机上是这样，你的结果可能稍微有些出入。

11.6 GPU 优化

神经网络在扩张到一定规模之后，会对内存占用有一定的影响。不过，在采用稀疏矩阵之类的高效数据结构之后，在内存中训练神经网络就不再是问题了。

神经网络规模变大之后的主要问题是其所需的计算时间非常长。此外，某些数据集和神经网络需要训练许多轮才能达到训练好的状态。

尽管我的计算机性能相当强大，然而它运行本章的神经网络每轮训练至少要耗费 8 分钟，而我们还希望运行数十轮，甚至是上百轮。某些大型神经网络完成一轮训练可能需要数个小时。为了获得最佳性能，你可能会考虑训练数千轮。

神经网络的规模与训练时间成正比。

神经网络有一个有利的特性，那就是它们内部都是浮点运算。而且由于神经网络的训练主要是矩阵运算，因而大部分运算可以并行执行。这些因素让人不禁想到用 GPU 完成计算来提升训练速度的方法。

11.6.1 适用 GPU 的计算场景

GPU 原本是为渲染显示图形而设计的。这些图像是由矩阵以及矩阵的数学方程式表示的，之后它们会被转换成屏幕上可见的像素。这个过程就会涉及大量的并行计算。尽管现今的 CPU 有多个核心（2 核、4 核，甚至 16 核或更多！），然而 GPU 有成千上万个专门为图形设计的小核心。

由于 CPU 的单核性能好，因而它在执行诸如访问计算机内存的任务时效率很高，适合执行顺序任务。而且，因为让 CPU 执行高负载任务比较容易，所以几乎所有机器学习库都默认使用 CPU。因此要想让 GPU 参与计算，还需要一些额外工作。但是这么做效果会非常突出！

GPU 更适合并行执行大量简单的数值运算。因为许多机器学习任务采用这种计算方式，所以可以使用 GPU 来提升运算效率。

要让代码在 GPU 上运行起来，你会遭遇一些令人沮丧的问题，这取决于你拥有的 GPU 的类型、其配置方式、计算机的操作系统等因素。不仅如此，你还要准备好对计算机做一些底层改动。

幸运的是，如果 Keras 发现运算适用于 GPU，并且找到了可用的 GPU（而且还用 TensorFlow 作为后端），它就能自动利用 GPU 完成运算。不过你仍然需要设置计算机，以便 Keras 和 TensorFlow 找到 GPU。

有 3 种主要途径可供选取。

- 第一种，看一下你的计算机型号，为你的 GPU 搜索相应操作系统的工具和驱动，并探寻各类教程找出适用于当前场景的方法。这个方法能否奏效，取决于你的系统。不过，最近几年出现了更好的工具与驱动，这大大简化了在计算中启用 GPU 的场景。
- 第二种，选择一套系统配置，寻找详细的设置文档，购买一套匹配的系统。这样的效果会更好，不过也会相当贵。在当今的计算机中，GPU 是最为昂贵的部件之一。如果你想要构建一套性能优异的系统，就需要一颗性能相当强劲的 GPU，但它的价格也很可观。如果是为了商业用途（或者预算充足），你就可以特别为深度学习选购高端 GPU。你可以直接与供应商沟通，以保证购置的硬件合理有效。

- 第三种，使用已经配置好的用于神经网络计算的虚拟机。例如，Altoros Systems 公司就在 AWS（Amazon's Web Service）上创建了这样的系统。虽然这种系统的运行是收费的，但费用要比购置新计算机便宜的多。该系统根据你的位置、具体系统型号与用量收费，而你的支出可能不到 1 美元每小时，通常费用甚至会远少于这个数。如果你采用 AWS 中的竞价型（spot）实例，那么运行的花费只有每小时几美分（不过，为了能在竞价型实例运行，你要单独开发代码）。

如果你支付不起虚拟机的费用，我建议你研究第一种途径，用现有系统完成任务。你也可以从经常升级计算机的亲友手中淘到一块不错的二手 GPU（游戏爱好者这时就能帮上忙了！）。

11.6.2　在 GPU 上运行代码

本章采用的是第三种途径，即创建一台基于 Altoros Systems 基础系统的虚拟机，它将被运行在亚马逊弹性计算云服务（Amazon's EC2 Service）中，你也可以用其他的云服务，但操作流程各有细微差异。本节只介绍亚马逊云服务的操作流程。

如果你想用自己的计算机完成计算并且已经完成了让 GPU 参与运算的配置工作，那么你可以放心地跳过本节。

欲了解关于配置的更多详情，请登录 AWS Marketplaces 网站，搜索"Ubuntu x64 AMI with TensorFlow（GPU）"。

(1) 从 AWS 控制台开始：https://console.aws.amazon.com/console/home?region=us-east-1。

(2) 登入亚马逊账号以继续。如果没有账号，就根据提示注册一个。

(3) 接下来，访问 EC2 服务控制台：https://console.aws.amazon.com/ec2/v2/home?region=us-east-1。

(4) 点击 Launch Instance 然后在 Location 下拉列表的右上角找到 N.Califonia 并选择它。

(5) 点击 Community AMIs 查找 Ubuntu x64 AMI with TensorFlow (GPU)，这个型号的虚拟机是 Altoros Systems 创建的。然后点击 Select。在下一屏中选择虚拟机类型 g2.2xlarge，然后点击 Review and Launch。在随后一屏中再点击 Launch。

(6) 此时将会收取费用，因此请记得在用完后关闭虚拟机。你可以在 EC2 服务中选择虚拟机然后停止它的运行。没有处于运行状态的虚拟机不会产生费用。

(7) AWS 会提示你关于连接到实例的方法的一些信息。如果以前没用过 AWS，那么你可能需要创建用于安全连接实例的密钥对。此时请给密钥对起名，下载 `pemfile` 并将其安全妥善地保存。如果你弄丢了密钥对，就再也不能连接实例了！

(8) 点击 Connect 以了解如何用 `pem` 文件连接实例。最常见的场景就是用 ssh 连接实例，命令如下。

```
ssh -i <证书名>.pem ubuntu@<服务器 IP 地址>
```

11.6.3 设置环境

下面，把代码放置到虚拟机中。尽管其方法很多，不过最简单的还是复制粘贴。

首先，开启之前用过的 Jupyter Notebook（在本机里，而不是亚马逊上的虚拟机里），点击笔记本本身菜单中 File，然后选择 Download as 下的 Python，把代码保存到计算机中。这步操作会下载 Jupyter Notebook 中的代码，并将其保存成 Python 脚本的形式，之后该脚本就能在命令行中运行。

打开该文件（在某些系统中，你可能需要用右键点击文件并选择在某个文本编辑器中将其打开）。选择全部内容然后将其复制到剪贴板中。

在亚马逊上的虚拟机中，移动到用户主目录，用新文件名打开 nano。

```
$ cd~/
$ nano chapter11script.py
```

这会打开 nano 程序，它是一个命令行下的文本编辑器。

nano 程序打开后，把剪贴板中的内容粘贴到文件中。在某些系统中你需要使用 ssh 程序的文件选项，而不是直接按 Ctrl+V 粘贴。

在 nano 中，按 Ctrl+O 把文件保存到磁盘中，然后按 Ctrl+X 推出程序。

你还需要字体文件。简单起见，再次从原始位置下载即可。请输入如下命令。

```
$ wget
http://openfontlibrary.org/assets/downloads/bretan/680bc56bbeeca95353ede363a3744fdf/
bretan.zip

$ sudo apt-get install unzip

$ unzip -p bretan.zip
```

还是在虚拟机里，请用下面的命令运行程序。

```
$ python chapter11script.py
```

程序会如之前在 Jupyter Notebook 中一样运行，其结果会打印到命令行中。

其结果应该跟之前运行时一样，但神经网络实际训练与实际测试的过程会快很多。注意这个程序的其他部分并没有变快很多，这是因为我们没有用 GPU 去创建验证码数据集。

你可以暂时关闭 Amazon 虚拟机来省些钱。虽然本章的最后还会用到它来完成主要实验，不过你可以先在自己的主力计算机上开发代码。

11.7 应用

现在回到你的主力计算机，打开在本章创建的第一份 Jupyter Notebook，也就是用来加载 CIFAR 数据集的那份。在这个主要实验中，我们会以 CIFAR 数据集为例，创建一个深度卷积神经网络，然后在基于 GPU 的虚拟机上运行它。

11.7.1 获取数据

首先，读取 CIFAR 数据集中的图像，以此创建数据集。与前面不同，我们要保留像素的行列结构。请先把所有批次放置到一个列表中。

```
import os
import numpy as np

data_folder = os.path.join(os.path.expanduser("~"), "Data", "cifar-10-
                           batches-py")

batches = []
for i in range(1, 6):
    batch_filename = os.path.join(data_folder, "data_batch_{}".format(i))
    batches.append(unpickle(batch_filename))
    break
```

最后一行的 `break` 是为了大幅减少训练样本数量以测试代码，它让我们能很快看出代码是否在正常工作。测试过代码后，我会提示你删除这行。

接下来，由下到上堆叠批次，创建数据集。这里用到了 NumPy 的 `vstack()` 函数，其原理可以理解为在数组的最后添加行。

```
X = np.vstack([batch['data'] for batch in batches])
```

然后，把数据集归一化到 0~1 这一区间，再把数据类型强制转换为 32 位单精度浮点数（这是我们运行的虚拟机中的 GPU 支持的唯一数据类型）。

```
X = np.array(X) / X.max()
X = X.astype(np.float32)
```

之后，对类别值做相同的处理，但要用 `hstack` 堆叠，这相当于在数组的最后添加列。然后我们可以用 `OneHotEncoder` 把它转换成独热数组。不过，我在这里用了另一种方法：用 Keras 中的实用函数。但是两种方法的结果都是一样的。

```
from keras.utils import np_utils
y = np.hstack(batch['labels'] for batch in batches).flatten()
nb_classes = len(np.unique(y))
y = np_utils.to_categorical(y, nb_classes)
```

下一步，把数据集分割成训练数据集和测试数据集两份。

```
from sklearn.model_selection import train_test_split
X_train, X_test, y_train, y_test = train_test_split(X, y, test_size=0.2)
```

再之后，变换数组维度以保留原始数据结构。原始数据是 32 像素×32 像素的图像，每个像素有 3 个值（分别代表红、绿、蓝的强度）。比起标准前馈神经网络只能接受单个数组作为输入数据（见第 8 章的验证码示例），卷积神经网络是为处理图像而构建的，它能接受三维的图像数据（图像是二维的，另一个维度是颜色深度）。

```
X_train = X_train.reshape(-1, 3, 32, 32)
X_test = X_test.reshape(-1, 3, 32, 32)
n_samples, d, h, w = X_train.shape # 获取数据集各维度
# 将其转化为浮点并保证数据被归一化。
X_train = X_train.astype('float32')
X_test = X_test.astype('float32')
```

现在，我们就有了熟悉的训练数据集和测试数据集，还有对应的目标类别。这样一来就可以构建分类器了。

11.7.2　创建神经网络

现在我们要构建卷积神经网络。我做了一些调整，找出了一种合适的结构，不过你也可以试验更多（或更少）不同类型、不同大小的层。神经网络规模越小，训练越快。但其规模越大，达成的效果越好。

首先创建神经网络中的各层。

```
from keras.layers import Dense, Flatten, Convolution2D, MaxPooling2D
conv1 = Convolution2D(32, 3, 3, input_shape=(d, h, w), activation='relu')
pool1 = MaxPooling2D()
conv2 = Convolution2D(64, 2, 2, activation='relu')
pool2 = MaxPooling2D()
conv3 = Convolution2D(128, 2, 2, activation='relu')
pool3 = MaxPooling2D()
flatten = Flatten()
hidden4 = Dense(500, activation='relu')
hidden5 = Dense(500, activation='relu')
output = Dense(nb_classes, activation='softmax')
layers = [conv1, pool1,
          conv2, pool2,
          conv3, pool3,
          flatten, hidden4, hidden5,
          output]
```

我们像在正常的前馈神经网络中一样，在最后 3 层使用了稠密层，但是前面的几层是 3 组卷积层与池化层（pooling layer）的组合。

在每对 `Convolution2D` 和 `MaxPooling2D` 层中会执行这样的计算。

(1) Convolution2D 层会通过过滤器，用矩阵变换操作给输入数据打补丁。过滤器是与支持向量机中使用的核算子类似的矩阵，但是要小一些。其大小是 $k \times n$（在上面的 Convolution2D 的初始化函数中指定了 3×3），会在图像中按 $k \times n$ 寻找模式。其结果是卷积特征（convolved feature）。

(2) MaxPooling2D 层接受 Convolution2D 层的结果，从每个卷积特征中找出最大值。

虽然会丢失很多信息，但这确实对图像检测有帮助。如果图像中的对象有几个像素向右偏移，那么标准的神经网络会认为它是一幅全新的图像。相反，卷积神经网络能找出对象，其输出结果与偏移前几乎一样（这当然也取决于其他各种各样的因素）。

图像数据通过这些成对的卷积层与池化层后，特征会进入这个神经网络的稠密层部分。这些特征是元特征，表示图像中抽象概念而不是具体实质。这些元特征通常可以可视化，会产生类似于一小段向上的线这样的特征。

接下来，把这些层组合到一起，构建神经网络并训练它。这次训练花费的时间要比之前长得多。我推荐从 10 轮训练开始，确认整套代码工作正常后再重新运行 100 轮训练。另外，在你确认代码能正常运行并产生预测后，回到前面的代码中创建数据集的部分，去掉（批次循环中的）break 一行。这样，会让代码用全部样本参与训练，而不只是第 1 批次。

```
model = Sequential(layers=layers)
model.compile(loss='mean_squared_error', optimizer='adam', metrics=['accuracy'])
import tensorflow as tf
history = model.fit(X_train, y_train, nb_epoch=25, verbose=True,
                    validation_data=(X_test, y_test),batch_size=1000))
```

最后，用神经网络执行预测并评估结果。

```
y_pred = model.predict(X_test)
from sklearn.metrics import classification_report
print(classification_report(y_pred=y_pred.argmax(axis=1),
      y_true=y_test.argmax(axis=1)))
```

在运行 100 轮后，虽然结果可能还不算是尽善尽美，不过已经足够出色了。如果你有足够的时间让代码（彻夜）运行 1000 轮。虽然准确率会有增长，但对投入时间的回报是递减的。这里有一条（不太好的）经验法则：如果想让错误率减半，就要把训练时间加倍。

11.7.3　组装成型

至此，本章的神经网络代码已经奏效了，我们可以在远程计算机上用训练数据集训练它。如果你是用本地计算机运行神经网络，可以跳过本节。

我们需要把脚本上传到虚拟机中。如前面所述，点击 File|Download 把代码作为 Python 脚本保存到你的计算机中的某处。开启并连接到虚拟机，按之前的方法上传代码（我把脚本命名为 chapter11cifar.py，如果你使用了不同的文件名，只需对应修改下面的代码）。

接下来，把数据集下载到虚拟机中。最简单的方法就是在虚拟机中键入如下命令。

```
$ wget http://www.cs.toronto.edu/~kriz/cifar-10-python.tar.gz
```

这条命令会下载数据集。下载完成后，你就可以把数据解压到 `Data` 文件夹中。请先创建文件夹，然后解压数据。

```
$ mkdir Data
$ tar -zxf cifar-10-python.tar.gz -C Data
```

最后运行示例代码。

```
$ python3 chapter11cifar.py
```

你首先就会注意到代码运行速度得到了极大的提升。在我的家用计算机上，每轮运行需要 100 秒以上。在启用了 GPU 参与计算的虚拟机上，每轮则只需要 16 秒！如果我在自己的计算机上运行 100 轮，差不多要 3 个小时，而在虚拟机中则只要 26 分钟。

显著的速度提升让我们可以更快测试不同的模型。在测试机器学习算法时，单个算法的计算复杂度其实没什么影响，因为一个算法运行只会花费数秒、数分钟或者数小时。如果你只运行一个模型，训练时间也不是很重要，因为在大多数机器学习模型的最常见场景中，也就是做预测时，算法运行速度会相当快。

不过，如果要调整许多参数，你就需要训练成千上万个参数有细微差异的模型。此时，提升速度就是一个不可忽视的问题了。

在花费 26 分钟完成 100 轮训练后，你会得到这样的结果输出。

```
0.8497
```

还不赖！为了进一步改善结果我们既可以训练更多轮，也可以调整参数，比如更多的隐藏节点、更多的卷积层或一个额外的稠密层。虽然一般而言，卷积层更适合计算机视觉问题，不过你也可以试试 Keras 中其他类型的层。

11.8　本章小结

本章着眼于利用深度神经网络，尤其是卷积神经网络，解决计算机视觉问题。为此，我们采用了 Keras 包。它以 TensorFlow 或 Theano 为计算后端，用 Keras 的辅助函数，构建神经网络相对简单。

因为卷积神经网络就是为解决计算机视觉问题而设计的，所以我们无须惊讶于其结果之精确。最终结果显示，在当下的算法与算力的帮助下，计算机视觉的应用是很高效的。

我们还利用启用 GPU 参与计算的虚拟机大幅提升了运行速度，这比我自己的计算机快了将近 10 倍。如果你仍有余力运行这类算法，那么云计算服务商的虚拟机会是一种高效的选择（通常收费低于每小时 1 美元），但是请记得在完成任务后关闭虚拟机。

你还可以扩展本章的内容，通过调整网络结构来使准确率在现有基础上进一步提升。另一种方式是通过创建更多数据来提升准确率。你可以自己动手拍照（这会很慢）或修改现有图片（这要快得多）。你可以用上下翻转图片、旋转、错切等方式修改图片。Keras 为这种需求提供了相当有用的函数，详情请参考其文档。

另一个值得探索的领域是神经网络结构的变化，如更多节点、更少节点、更多层等。你也可以尝试不同类型的激活函数、不同类型的层和不同的组合方式。

本章关注的算法非常复杂。卷积神经网络既需要很长的训练时间，也需要训练很多参数。从根本上来讲，虽然本章用了一个很大的数据集，但数据本身相比之下很小——我们没有用稀疏矩阵就把数据全部加载到内存中了。下一章会介绍一种简单得多的算法，但是其所对应的数据集大到内存难以容纳。这就是大数据的基础，它支撑着数据挖掘在许多行业中的大规模应用，在采矿业、社交网络等行业中都有它的身影。

第12章 大数据处理

现今的各类系统正在生成、记录来自客户喜好、分布式系统、网络分析、传感器以及更多其他源头的信息，因此数据量正在以指数级增长。尽管当前移动端数据的大趋势正在推动这种增长，然而在不久的未来，**物联网**将会接替移动端的位置，把这种增长趋势提升到一个新高度。

这对于数据挖掘而言是一种全新的思考方式。运行时间长的复杂算法要么改良，要么湮没在历史的尘埃中，而那些较为简单且能处理更多样本的算法则会流行开来。举个例子，虽然支持向量机是一种出色的分类器，但它的一些变体不适用于规模非常大的数据集。相反，像逻辑回归这样的简单算法则能从容应对这种场景。

这种在复杂度和分布式之间取舍的问题只是深度神经网络（DNN）被广泛使用的原因之一。你既可以用深度神经网络创建非常复杂的模型，也能很容易地把训练深度神经网络的负载**分布**（distribute）到多个计算机中。

本章会探究以下内容：

- 大数据的挑战与应用；
- MapReduce 范式；
- Hadoop MapReduce；
- `mrjob`，在亚马逊 AWS 基础设施上运行 MapReduce 程序的 Python 库。

12.1 大数据

是什么让大数据与众不同？大数据的拥趸大多会说起大数据的 4V[①]。

- **体量大**（volumn）。我们生成并存储的数据规模在加速增长，未来这种增长趋势还会继续。现今硬盘容量以 GB 计算，过不了几年就要用 EB[②]计算了，而网络吞吐流量也会如此增长。重要的数据会被掩埋在浩如烟海的无关数据中，信噪比将极度恶化。

① 随着大数据的发展，大数据的特性出现了不同的 3V、4V、5V 甚至更多 V 的说法。本书阐述的只是 4V 的一种解释，第 4 个 V 还可以是价值（value）。——译者注

② EB 是艾字节（exabyte）的缩写，1 EB=1024 PB=1024^2 TB=1024^3 GB。——译者注

- **速度快**（velocity）。在体量扩张的同时，数据的处理速度也在齐头并进。近些年新出厂的汽车中有数百个传感器，不停地向车载计算机中输入数据，这些传感器提供的信息会被用来操纵汽车，而分析这些信息只需要亚秒级的时间。这不仅需要海底捞针，从海量数据中找出答案的能力，还要需要迅速找出答案的能力。某些场景中，我们没有足够的磁盘空间来存储数据，这意味着我们还需要决定保留哪些数据以备后续分析。
- **种类多**（variety）。列定义明确的规整数据集只是现今数据集中的九牛一毛。比如，社交媒体上发布的信息包括文本、图像、提及用户、点赞、评论、视频、地理信息等各种字段。简单忽略与模型不匹配的那部分数据会导致这部分信息丢失，但要集成这部分信息又很难。
- **真伪莫辨**（veracity）。随着数据总量的扩大，确定采集的数据是否正确（包括数据是否过期、是否为噪声、是否包含离群值）或者总体上是否有效等问题变得十分困难。因为数据集的可靠性难以人工验证，所以人们很难确认数据集的真伪。同时，外部数据集也更多地融入内部数据集中，这让数据中出现了更多真伪存疑的问题。

与一般的**大量数据**相区别，大数据主要特性可以概括为这 4V。处理这种规模数据的工程问题通常难以解决，更不用提分析它们了。尽管很多能说会道的销售人员对一些产品处理大数据的能力夸大其词，但是工程上的挑战和大数据分析的潜力是很难否认的。

我们之前使用的算法把数据集中的数据加载到内存中，然后再到内存中进行运算。因为在内存内部数据中计算要比在计算时才加载样本快得多，所以这种方式给我们提供了运算速度上的优势（使用计算机内存比用硬盘计算速度快）。此外，我们还可以多次迭代内存中的数据以改进模型。

在处理大数据时就不能把数据加载到内存中了。如果数据能加载到你的计算机内存中，那么你在处理的就不是大数据。在定义大数据问题的诸多方法中，这个问题不失为一种不错的方法。

在查看你创建的数据（比如来自公司内部应用的日志数据）时，你可能草率地把它们直接以非结构化形式放入一个文件中，之后再应用大数据的概念来分析它。最好不要这样做！相反，你应该用结构化的格式保存数据集。4V 概括的是大数据分析中要解决的**问题**，而不是我们的奋斗目标！

大数据的应用

无论是在公共部门还是在私营企业，大数据的应用都很广泛。

人们最经常接触的基于大数据的系统就是互联网搜索引擎，比如谷歌。要运营这样一套系统，在数十亿网站中搜索的任务就要在一秒之内完成。基本的基于文本的搜索并不能解决这样的问题，就连存储所有网站的文本也是一个大问题。要处理这种应用的查询，就需要特别设计、实现新的数据结构和数据挖掘方法。

图 12-1 是大型强子对撞机（LHC，Large Hadron Collider）的一部分，它借助大数据来完成任务，许多其他的科学实验也是如此。大型强子对撞机长度超过 27 千米，拥有 1.5 亿个传感器，可以监测每秒数亿个粒子的碰撞。这项实验每天都会产生 25 PB 的数据，而这还是筛选后的数据量（若不进行筛选，那么数据量可达每年 1.5 亿 PB）。分析体量如此大的数据虽然会革新我们对宇宙的认识，但也成为了工程与分析领域的巨大挑战。

图 12-1

政府也在越来越多地使用大数据追踪人口、商业等种种领域。为了掌握数百万人口和数十亿次的交易（比如商业交易或健康支出）的动向，许多政府部门会寻求大数据分析的帮助。

交通管理也是各国政府特别关注的一个问题，它们通过上百万个传感器追踪车辆，以确定哪些道路最拥堵，并预测新道路对交通状况的影响。这些管理系统在不久的将来也会接入自动驾驶汽车的数据，从而产生更多关于实时交通情况的数据。利用这些数据的城市将能更从容自如地管理交通流量。

大型零售企业也会用大数据来改善消费者体验以及降低成本，这涉及预测消费者需求以修正库存水平、向消费者追加销售他们可能愿意购买的产品，以及跟踪交易以探寻趋势、模式和潜在的欺诈行为。如果一家公司能完成准确的自动化预测，就能以更低的成本达成更高的销售额。

其他大型企业也在利用大数据实现业务自动化和改进产品，其中包括利用大数据分析能力来预测行业未来趋势、跟踪外部竞争者的情况。大型企业还会通过在员工管理中应用大数据来追踪员工的动态，以便发现员工的离职倾向并对其进行及时干预。

信息安全部门则会监控网络流量，通过大数据方法发现大型网络中的恶意软件感染行为，其中包括异常网络流量模式、恶意软件传播迹象和其他反常情况。除此之外，还有高级持久性威胁（APT，Advanced Persistent Threat）这样严峻的安全问题。处心积虑的攻击者会把代码隐藏在大型网络中，以便长期窃取信息或造成长期的危害。要发现高级持久性威胁，通常需要对许多计算机取证，而这一任务仅靠人力难以有效完成。大数据方法则能有效地自动化分析这些取证图像，及时发现感染迹象。

大数据正在被用于越来越多的行业和应用场景，这种势头仍将持续。

12.2 MapReduce

很多概念可以在大数据上执行数据挖掘和通用计算，其中最出名的就是 MapReduce 模型，它可以用于各种各样的大规模数据集中的通用计算。

MapReduce 起源于谷歌，以分布式计算为概念基础，引入了容错机制和可伸缩性。关于 MapReduce 的研究最早发表于 2004 年，自此涌现出成千上万个使用它的项目、实现与应用。

虽然 MapReduce 与很多以往的概念类似，但这不妨碍它成为大数据分析的中流砥柱。

一次 MapReduce 任务分为两个主要步骤。

(1) 首先是映射（`Map`）步骤，即取一个函数和一个包含各项的列表，然后把函数应用到列表中的每一项，如图 12-2 所示。换句话说，我们把各项作为函数的输入，然后存储每次函数调用的结果。

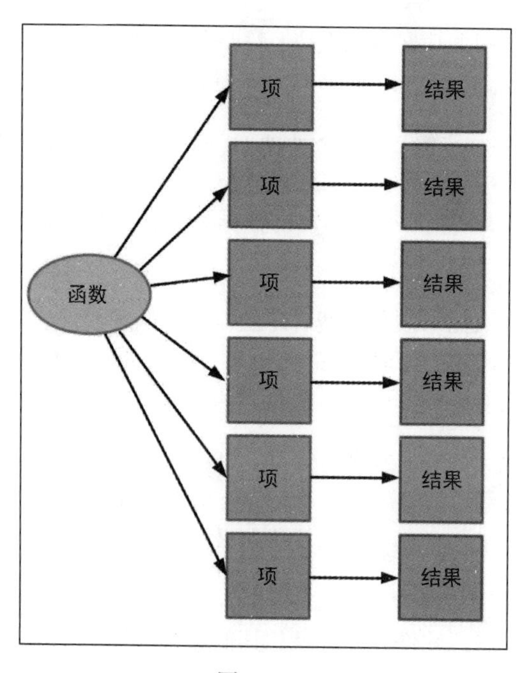

图　12-2

(2) 第二个步骤是约简（`Reduce`），用一个函数把映射步骤产生的结果组合到一起，如图 12-3 所示。对于统计而言，这步很简单，只需把所有数值相加即可。此时的约简函数就是一个加（`add`）函数，它接受上一次计算的和为输入，与新结果相加。

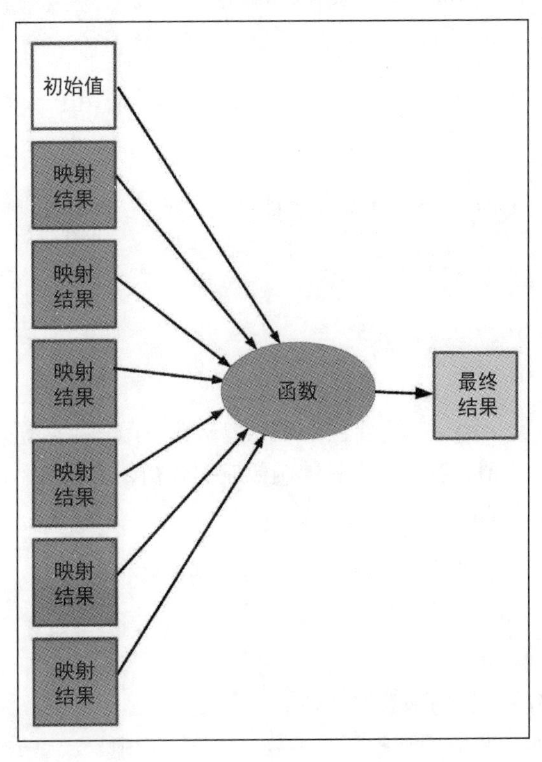

图　12-3

完成这两个步骤后，我们还要转换数据，将其约简为最终结果。

MapReduce 任务会包含许多次迭代，其中某些只有映射任务，某些只有约简任务，而某些迭代中同时存在映射任务和约简任务。请看更具体的例子。我们将首先用 Python 内置函数，然后再使用专门用来执行 MapReduce 任务的工具。

12.2.1　直观感受

MapReduce 主要分为两个步骤：`Map` 步骤和 `Reduce` 步骤。这两个步骤基于函数式编程的概念，把函数映射到列表，然后再约简结果。为解释这一概念，我们会编写代码，迭代列表的列表，求出列表中数值的总和。

MapReduce 范式中还包含 `shuffle` 和 `combine` 两个步骤，这部分将在后面介绍。

首先，在映射步骤取一个函数，然后把该函数应用到列表的各个元素上。返回的结果是一个列表，大小与输入列表的相同，内容是函数应用到各个元素的结果。

开启一份新 Jupyter Notebook，创建嵌套数值列表的列表。

```
a = [[1,2,1], [3,2], [4,9,1,0,2]]
```

接下来，用 `sum()` 函数执行 `map`。这步会把 `sum()` 函数应用于 `a` 中的每个元素。

```
sums = map(sum, a)
```

虽然 `sums` 是一个生成器（被访问时才会计算实际的值），但是上面这步几乎等同于下面的代码。

```
sums = []
for sublist in a:
    results = sum(sublist)
    sums.append(results)
```

`reduce` 步骤稍微复杂一些，因为在这一步要把函数应用于返回列表中的每个元素以及某个初始值。我们要先设置初始值，然后再把具体函数应用到初始值和首个值，接下来再将函数应用于所得结果和下一个值，以此类推。

我们创建一个以两个数值为参数的函数，它会把两个数值相加。

```
def add(a, b):
    return a + b
```

之后，执行约简。`reduce` 的函数签名是 `reduce(function, sequence, initial)`，其中的 `function` 参数就是每步应用到序列的函数。在第一步中，`initial` 的值会被用作首个值，而不是列表中的第一个元素。

```
from functools import reduce
print(reduce(add, sums, 0))
```

结果是 25，是 `sums` 列表中的各个数值之和，也是原始列表中的所有数值元素之和。

前面这段代码的功能类似于下面这样。

```
initial = 0
current_result = initial
for element in sums:
    current_result = add(current_result, element)
```

在这个简单的例子中，如果没有使用 MapReduce 范式，代码就会得到极大的简化，但是，其真正的好处来源于分布式计算。例如，如果我们有 100 万个子列表，而每个子列表又包含 100 万个元素，我们就能把任务分布到许多计算机中计算。

为此，我们要分割数据，把 `map` 步骤分发出去。我们把列表中的每个元素和函数的描述一起发送到其他计算机，这台计算机就会向主控（master）计算机返回结果。

主控会把结果发送给其他计算机以计算 reduce 步骤。我们举的例子是 100 万个子列表，我们就要把 100 万个任务发送到不同的计算机中（完成第一个任务后，可能会重用相同的计算机）。返回的结果会是一个包含 100 万个数值的列表，之后再对其求和。

尽管原始数据中包含 1 万亿个数值，但并未要求一台计算机存储超过 100 万个值，这就是 MapReduce 的用意所在。

词频统计示例

现实中任何一个 MapReduce 实现都会涉及 map 和 reduce 以外的步骤。因为这两个步骤都是用键调用的，所以分离数据并跟踪值是可行的。

映射函数接受键值对，然后返回键/值对的列表。输入与输出的键并不需要互相关联。

例如一个统计词频的 MapReduce 程序，输入键是样本文档的 ID 值，输出键则是具体单词。输入值是文档中的文本，而输出值则是各个单词的频率。我们以空格为标识分割文档，取出其中的单词，然后对每个词和每个计数对使用 yield 语句，统计词频。在 MapReduce 意义下，这里的单词是键，计数是值。

```
from collections import defaultdict
def map_word_count(document_id, document):
    counts = defaultdict(int)
    for word in document.split():
        counts[word] += 1
    for word in counts:
        yield (word, counts[word])
```

要是数据集特别大呢？你可以在遇到新单词时用 yield(word, 1)语句，然后将其在混洗（shuffle）步骤中组合，而不是在映射步骤中对其计数。具体在何处使用这条语句，取决于你的数据集大小、每个文档大小、网络容量等一系列因素。大数据是一个工程上的大问题，为了发挥系统的全部性能，你需要合理地对算法中的数据流建模。

我们可以以单词为键执行混洗步骤，按键给值分组。

```
def shuffle_words(results):
    records = defaultdict(list)
    for results in results_generators:
        for word, count in results:
            records[word].append(count)
    for word in records:
        yield (word, records[word])
```

最后一步是约简，该步接受键值对（本例中的值一直是列表），产生键值对形式的结果。本例中的键是单词，输入列表是混洗步骤生成的计数列表，输出值则是词频总和。

```
def reduce_counts(word, list_of_counts):
    return (word, sum(list_of_counts))
```

我们用 scikit-learn 中提供的 20 个新闻组数据集看一下实际效果。这个数据集虽然算不上大数据，但能为我们展示概念的实际应用。

```
from sklearn.datasets import fetch_20newsgroups
dataset = fetch_20newsgroups(subset='train')
documents = dataset.data
```

然后，应用映射步骤。这里用 enumerate() 函数自动生成文档 ID。虽然在本例的应用场景中文档 ID 没有实际作用，但在它其他应用场景中很重要。

```
map_results = map(map_word_count, enumerate(documents))
```

实际上这步的结果只是一个生成器，不会产生实际的计数。也就是说，它是(word, count)对的生成器。

下一步，执行混洗步骤为词频排序。

```
shuffle_results = shuffle_words(map_results)
```

本质上讲，虽然这是一个 MapReduce 任务，但它只运行在单线程中。这意味着我们没有享受到 MapReduce 的数据格式带来的好处。下一节我们会使用 Hadoop，它是一个实现了 MapReduce 的开源系统，从中我们可以感受到 MapReduce 范式的魅力。

12.2.2　Hadoop MapReduce

Hadoop 是 Apache 的一系列开源工具合集，其中就包含了 MapReduce 的实现。它是大多数场景下 MapReduce 实现的事实标准。该项目由 Apache 软件基金会维护（该基金会也负责与该组织同名的 Web 服务器）。

Hadoop 的生态相当复杂，包含数量繁多的工具。我们用到的主要组件是 Hadoop MapReduce。Hadoop 中还有其他处理大数据的工具，包括下面这些。

- Hadoop 分布式文件系统（HDFS，Hadoop distributed file system），能把文件存储在多台计算机的文件系统中，从而在提供充足带宽的同时，提供稳健的存储能力，避免硬件因损害导致数据丢失。
- YARN，调度应用、管理计算机集群的方法。
- Pig，用于 MapReduce 的高级编程语言。Hadoop MapReduce 是用 Java 实现的，Pig 是此 Java 实现的进一步抽象，它让用包括 Python 在内的其他语言编写 MapReduce 程序成为可能。

- Hive，管理数据仓库、执行查询。
- HBase，一种谷歌 BigTable[①]的实现，是一个分布式数据库。

这些工具解决了包括数据分析在内的大数据实验中可能遇到的各种不同问题。

虽然也有许多 MapReduce 实现不是基于 Hadoop 的，但是它们殊途同归，目标一致。此外，许多云服务提供商有基于 MapReduce 的系统。

12.3　应用 MapReduce

在本例的应用场景中，我们会根据作者对不同单词的用法预测作者性别。我们将通过在 MapReduce 中训练朴素贝叶斯方法来解决这一问题。虽然我们可以用映射步骤来实现最终的模型，也就是为列表中的各份文档执行预测，但是最终模型不需要 Mapreduce。这是 MapReduce 中数据挖掘的常规映射操作，约简步骤则只起组织越策列表的作用，以便我们回溯原始文档。

我们会利用亚马逊基础设施的计算资源来运行这个应用。

获取数据

我们要用的数据是一系列已经标注好的博客文章，其标注不仅包括年龄、性别、行业（工作），有趣的是还包含了星座。这些数据是 2004 年 8 月从 Blogger 网站上采集的，其中有 60 万余篇博客文章，共有 1.4 亿个单词。在做了一些验证工作后，我们（虽然永远也无法真正确定）发现每个博客都很可能只有一个作者。博客文章还附带了发布时间，这丰富了数据集的内容。

请访问 http://u.cs.biu.ac.il/~koppel/BlogCorpus.htm，点击 Download Corpus 下载这份数据。然后将其解压到你计算机上的一个目录中。

这个数据集中每个博客都是一个单独的文件，文件名指出了类别。例如下面就是其中的一个文件名。

```
1005545.male.25.Engineering.Sagittarius.xml
```

文件名以句点分隔了如下各个字段。

- 博客 ID。标识博客的简单 ID 值。
- 性别。所有博客要么标注为 male（男性）要么标注为 female（女性）（这份数据集中没有其他选项）。

① BigTable 是谷歌为管理大规模结构化数据而设计的分布式存储系统，是谷歌的大数据三驾马车之一（另外两个是 GFS 和 MapReduce），它不是传统的关系型数据库。原理详述见谷歌论文 *Bigtable: A Distributed Storage System for Structured Data*。——译者注

- **年龄**。虽然给出了确切的年龄，但也有意按年龄段做了划分，因此只会出现 13~17、23~27 以及 33~48 这几个年龄段（包含两端）中的年龄。这种划分是为了把博客作者的年龄归到有间隔的不同的年龄段中，因为要把 18 岁的作者和 19 岁的作者区分开太难，而且年龄这种信息可能会过时，比如标注为 18 岁的作者其实已经 19 岁。
- **行业**。40 多种行业中的某一种，包括 science（科学）、engineering（工程）、arts（艺术）和 real estate（不动产）。如果博客作者所在的行业未知，则会被标为 indUnk。
- **星座**。12 星座中的一种。

上面所有的值都是博客作者自己提供的，这意味着其中的标注会有一些错误或不一致之处。不过，因为提供了可以不填写的选项，让用户可以免于透露隐私，所以我们可以假定这份数据大致上是可靠的。

每个文件都是伪 XML 格式，其中包含一个`<Blog>`标签和其后的一串`<post>`标签，而每个`<post>`标签前都有一个`<date>`标签。虽然我们可以将其按 XML 解析，但因为这个文件并不是真正的、格式规整的 XML，还包含一些错误（多数是编码问题导致的），所以按行来处理它更为简单。我们可以用一个循环迭代文件中的各行，以读取其中的博客文章。

我们设置一个文件名来测试实际效果。

```
import os
filename = os.path.join(os.path.expanduser("~"), "Data", "blogs",
                        "1005545.male.25.Engineering.Sagittarius.xml")
```

首先创建一个保存博客文章的列表。

```
all_posts = []
```

然后打开文件并读取。

```
with open(filename) as inf:
    post_start = False
    post = []
    for line in inf:
        line = line.strip()
        if line == "<post>":
            # 发现新博客文章
            post_start = True
        elif line == "</post>":
            # 当前博客文章结束，将其添加到博客文章列表中然后开始处理一份新文章
            post_start = False
            all_posts.append("n".join(post))
            post = []
        elif post_start:
            # 把当前博客文章中的行添加到文本中
            post.append(line)
```

如果没有处于当前的博客文章中，就忽略该行。

接下来，抓取每篇文章的文本。

```
print(all_posts[0])
```

我们还可以看看这个博客作者产出了多少博客文章。

```
print(len(all_posts))
```

12.4 朴素贝叶斯预测

现在，我们要用 `mrjob` 来实现朴素贝叶斯算法，处理我们的数据集。从技术上讲，本例是大多数朴素贝叶斯实现的简化版本，其中不包含你可能期待的那些特征，比如平滑小数值。

mrjob 包

`mrjob` 包可以用来创建可以在亚马逊基础设施上轻松运行的 MapReduce 任务。虽然这个名字像是《奇先生妙小姐》[1]系列儿童读物的狗尾续貂之作，但其实它是 Map Reduce Job 的缩写。

用这行命令就可以安装 `mrjob`：**`pip install mrjob`**。作者还需要单独用 **`conda install -c conda-forge filechunkio`** 安装 `filechunkio` 包，但是，是否需要这一步取决于你的系统安装。你还可以查看可以安装 `mrjob` 的其他 Anaconda 通道：**`anaconda search -t conda mrjob`**。

`mrjob` 本质上提供了大多数 MapReduce 任务所需的标准功能。它有一个最令人惊艳的特性，那就是你可以编写一次代码，在本地计算机上测试它（而无须搭建像 Hadoop 这样重量级的基础设施），然后将其可以推送到亚马逊的 EMR 服务或其他 Hadoop 服务器上运行。

虽然它不能巧妙地大事化小，但大大简化了代码的测试——任何本地测试都只需数据集的一部分，而不是完整大小的数据集。相反，`mrjob` 为你提供了一个框架，这样你就能在小问题上进行测试，从而更有信心把解决方案拓展到更大的问题中，分布到不同的系统中。

12.5 提取博客文章

我们首先要创建的 MapReduce 程序能从各个博客文件中提取出博客文章，然后将其存储到不同条目中。因为我们感兴趣的是博客作者的性别，所以还要从中提取性别信息，并与博客文章存储在一起。

---

① 《奇先生妙小姐》（*Mr. Men and Little Miss*）是英国儿童文学作家罗杰·哈格里夫斯（Roger Hargreaves，1935—1988）的系列作品，作品中每个角色的名字都代表其性格特征，并以先生（Mr.）和小姐（Little Miss）来称呼。比如暴躁先生（Mr. Grumpy）、霸道小姐（Little Miss Bossy）等。——译者注

因为我们不能在 Jupyter Notebook 中进行操作，所以要打开一个用于开发的 Python IDE。如果你没有 Python IDE，那么也可以用文本编辑器。虽然 PyCharm 不但学习曲线陡峭，而且对于本章代码而言，有些大材小用了，但作者还是推荐使用它。

作者建议你使用一个最起码有代码高亮和基本变量名自动补全功能（能帮助你发现代码中的笔误）的 IDE。

如果你找不到顺手的 IDE，可以在 Jupyter Notebook 中编写代码，然后点击 File|Download As|Python。把文件保存到目录中，然后按第 11 章所概括的方法运行。

为此，我们不仅要获取环境变量，还需要正则表达式来分割单词，这就需要导入 os 和 re 库。

```
import os
import re
```

然后，导入 MRJob 类，我们将从 MapReduce 任务继承它。

```
from mrjob.job import MRJob
```

随后，创建一个 MRJob 的子类。我们用与之前类似的循环从文件中提取博客文章。接下来，定义映射函数处理文件中的每一行，这意味着我们要在该函数外跟踪不同的文章。因此，我们调用 post_start 并声明类别变量而不是函数中的变量。然后，定义映射函数本身。它接受文件中的一行作为输入，然后用 yield 返回博客文章。在同一次任务中的文件里，行的顺序是有保证的。这让我们可以用上面的类别变量记录当前文章的数据。

```
class ExtractPosts(MRJob):
    post_start = False
    post = []

    def mapper(self, key, line):
        filename = os.environ["map_input_file"]
        # 分割文件名以获取性别（第二项）
        gender = filename.split(".")[1]
        line = line.strip()
        if line == "<post>":
            self.post_start = True
        elif line == "</post>":
            self.post_start = False
            yield gender, repr("\n".join(self.post))
            self.post = []
        elif self.post_start:
            self.post.append(line)
```

我们像之前一样使用 yield 语句，而不是直接把博客文章保存在一个列表中。这让 mrjob 可以跟踪函数的输出。我们用 yield 语句返回性别和博客文章，以记录每篇博客文章中的性别。

函数的其余部分与前面的循环相同。

最后，在函数和类定义之外，设置脚本，使其在被命令行调用时运行 MapReduce 任务。

```
if __name__ == '__main__':
    ExtractPosts.run()
```

现在就可以用下面这条 Shell 命令运行这个 MapReduce 任务了。

```
$ python extract_posts.py <your_data_folder>/blogs/51*
--output-dir=<your_data_folder>/blogposts --no-output
```

注意此处无须输入上方行中的$，这个字符只是用来表示命令要在命令行中而不是 Jupyter Notebook 中运行。

第一个参数是<your_data_folder>/blogs/51*（要记得把<your_data_folder>换成你的数据文件夹的完整路径），它会在数据中抽样（51 开头的文件总共有 11 个）。然后，设置一个新文件夹作为输出目录，将新文件夹放入数据文件夹中，并指定不要输出存储数据。如果不设置最后这个选项，那么运行时输出数据就会被展示在命令行中，这不仅无用，还会显著拖慢计算机的运行速度。

运行这段脚本，我们很快就能提取出每一篇博客文章，并将其存储到输出文件夹中。因为我们只是在本地计算机单线程运行该脚本，所以并没有感受到速度的提升，不过我们确认了代码可以正常运行。

现在我们可以看一下输出目录中的结果。该目录中新增了一些文件，每个文件中按行区分了各篇博客文章，而每行的前面是博客作者的性别。

12.6 训练朴素贝叶斯

既然我们已经提取好了博客文章，就可以在其中训练朴素贝叶斯模型了。直观上该任务就是记录特定性别作者使用某个单词的概率，并在模型中记录这些值。我们通过把这些概率相乘，找出最可能的性别，来为新样本的分类。

本节代码的目的是把语料库中的各个单词输出到文件中，并附带上不同性别使用该词的频率。输出文件大概会是这样。

```
"'ailleurs" {"female": 0.003205128205128205}
"'air" {"female": 0.003205128205128205}
"'an" {"male": 0.0030581039755351682, "female": 0.004273504273504274}
"'angoisse" {"female": 0.003205128205128205}
"'apprendra" {"male": 0.0013047113868622459, "female": 0.0014172668603481887}
"'attendent" {"female": 0.00641025641025641}
"'autistic" {"male": 0.002150537634408602}
```

```
"'auto" {"female": 0.003205128205128205}
"'avais" {"female": 0.00641025641025641}
"'avait" {"female": 0.004273504273504274}
"'behind" {"male": 0.0024390243902439024}
"'bout" {"female": 0.002034152292059272}
```

前一个值是单词，后一个值是能把性别映射到该性别使用该单词的频率上的字典。

在你的 Python IDE 或文本编辑器中打开一个新文件。我们不仅仍需要 `os` 库和 `re` 库，还需要 NumPy 和 `mrjob` 中的 MRJob。此外，我们还需要用来给字典排序的 `itemgetter`。

```
import os
import re
import numpy as np
from mrjob.job import MRJob
from operator import itemgetter
```

我们还会用到 `MRStep`，它代表 MapReduce 任务中的一步。我们前面的任务只有一步，它先被定义为一个映射函数，后被定义为一个约简函数。这里的任务则有多个步骤，先要映射、之后约简然后再次映射并约简。直观上它与前面章节中的流水线差不多，其下一步的输入是上一步的输出。

```
from mrjob.step import MRStep
```

然后，创建搜索单词的正则表达式并对其进行编译，从而发现单词的边界。尽管这种类型的正则表达式比前面几章中做简单分割的正则表达式强大得多，但如果你寻求一种更为精准的分词器，作者建议你参考第 6 章使用 NLTK 或 Spacey。

```
word_search_re = re.compile(r"[w']+")
```

我们新定义一个类来执行训练。本节在这里先提供整段类定义的代码，然后再回顾其中的各个部分，论述其用意。

```
class NaiveBayesTrainer(MRJob):

    def steps(self):
        return [
            MRStep(mapper=self.extract_words_mapping,
                   reducer=self.reducer_count_words),
            MRStep(reducer=self.compare_words_reducer),
        ]

    def extract_words_mapping(self, key, value):
        tokens = value.split()
        gender = eval(tokens[0])
        blog_post = eval(" ".join(tokens[1:]))
        all_words = word_search_re.findall(blog_post)
        all_words = [word.lower() for word in all_words]
        for word in all_words:
            # 单词出现的概率
```

```
            yield (gender, word), 1. / len(all_words)

    def reducer_count_words(self, key, counts):
        s = sum(counts)
        gender, word = key #.split(":")
        yield word, (gender, s)

    def compare_words_reducer(self, word, values):
        per_gender = {}
        for value in values:
            gender, s = value
            per_gender[gender] = s
        yield word, per_gender

    def ratio_mapper(self, word, value):
        counts = dict(value)
        sum_of_counts = float(np.mean(counts.values()))
        maximum_score = max(counts.items(), key=itemgetter(1))
        current_ratio = maximum_score[1] / sum_of_counts
        yield None, (word, sum_of_counts, value)

    def sorter_reducer(self, key, values):
        ranked_list = sorted(values, key=itemgetter(1), reverse=True)
        n_printed = 0
        for word, sum_of_counts, scores in ranked_list:
            if n_printed < 20:
                print((n_printed + 1), word, scores)
            n_printed += 1
        yield word, dict(scores)
```

我们来一步一步地深入代码的各个部分。

```
class NaiveBayesTrainer(MRJob):
```

以上代码用于定义 MapReduce 任务中的步骤，步骤有二。

第 1 步，提取单词出现的概率；第 2 步，比较两个性别，输出其在各个输出文件中的概率。在每个 MRStep 中，定义映射函数和约简函数，它们是 NaiveBayesTrainer 类中的方法（接下来会编写函数本身）。

```
def steps(self):
    return [
        MRStep(mapper=self.extract_words_mapping,
               reducer=self.reducer_count_words),
        MRStep(reducer=self.compare_words_reducer),
    ]
```

首先来看第 1 步中的映射函数。这个函数的目的是以各篇博客文章作为输入，取出博客文章中的单词，然后标记单词出现的情况。因为我们要计算词频，所以返回了 1 / len(all_words)，以便于之后对这些词频求和。这步的计算并非绝对正确，因为我们还需要按文档数量对其做归一化处理。不过因为这个数据集中的类别大小是相同的，所以为方便起见，我们可以忽略这步对最终结果的微小影响。

然后，输出博客文章作者的性别。之后我们会用到它。

```
def extract_words_mapping(self, key, value):
    tokens = value.split()
    gender = eval(tokens[0])
    blog_post = eval(" ".join(tokens[1:]))
    all_words = word_search_re.findall(blog_post)
    all_words = [word.lower() for word in all_words]
    for word in all_words:
        # 单词出现的概率
        yield (gender, word), 1. / len(all_words)
```

虽然上面的示例代码用 eval 简化了文件中的博客文章的解析过程，但作者并不推荐这样做。相反，你应该用 JSON 这样的格式妥善存储或解析文件中的数据。因为具有数据集访问权限的恶意用户可能会在这些 tokens 中插入代码，并在你的服务器上运行这些代码。

在第 1 步的约简函数中，我们对各对性别与单词的频率求和，还把键从组合形式改为单词，而不是组合，这让我们可以在最终训练好模型中用单词进行搜索（尽管如此，我们仍要输出性别以供后续使用）。

```
def reducer_count_words(self, key, counts):
    s = sum(counts)
    gender, word = key #.split(":")
    yield word, (gender, s)
```

因为最后这步不需要映射函数，所以我们也没有添加这个参数。数据会直接以恒等映射的形式传递。不过这步的约简函数会把给定单词的两种性别的词频组合起来，然后输出单词和词频字典。

这步给出了实现朴素贝叶斯所需的信息。

```
def compare_words_reducer(self, word, values):
    per_gender = {}
    for value in values:
        gender, s = value
        per_gender[gender] = s
        yield word, per_gender
```

最后，设置代码，使其在作为脚本运行时调用模型。我们需要在文件中添加这两行。

```
if __name__ == '__main__':
    NaiveBayesTrainer.run()
```

之后我们就可以运行这个脚本。脚本的输入是之前提取的博客文章脚本的输出（如果你愿意，也可以把它实现为同一 MapReduce 任务中的不同步骤）。

```
$ python nb_train.py <your_data_folder>/blogposts/--output-dir=<your_data_folder>/
models/ --no-output
```

输出目录是存储 MapReduce 任务输出文件的文件夹，其中是运行朴素贝叶斯分类器所需的概率。

12.7 组装成型

下面就能用这些概率实际运行朴素贝叶斯分类器了。虽然处理过程本身可以交由 `mrjob` 包运行，以便伸缩计算规模，但这里我们会在一个 Jupyter Notebook 中运行它。

首先，检视上一次 MapReduce 任务中指定的 `models` 文件夹。如果输出文件不止一个，则用下面的命令行工具把 `models` 目录下的文件以附加到尾部的形式合并到一起。

```
cat * > model.txt
```

如此一来，你还要在下面的代码中设置模型的文件名为 `model.txt`。

回到笔记本中。首先，导入脚本所需的依赖。

```
import os
import re
import numpy as np
from collections import defaultdict
from operator import itemgetter
```

我们还需要重新定义搜索单词的正则表达式。如果是在现实中的应用里，作者建议把这个功能实现成中心化的形式。在训练和测试时，提取单词的方法要保持一致。

```
word_search_re = re.compile(r"[w']+")
```

接下来，创建从给定文件名加载模型的函数。模型的参数是嵌套字典，其中第一个键是单词，而作为值的字典则映射性别与概率。我们在这里使用 `defaultdict`，以在键不存在时返回零值。

```
def load_model(model_filename):
    model = defaultdict(lambda: defaultdict(float))
    with open(model_filename) as inf:
        for line in inf:
            word, values = line.split(maxsplit=1)
            word = eval(word)
            values = eval(values)
            model[word] = values
    return model
```

行会被以空格分成两个部分。第一个部分是单词本身，第二个部分则是概率字典。对这两个部分应用 `eval()` 函数以获取实际值。这些值是之前代码中用 `repr` 存储的。

然后，加载实际的模型。你可能需要修改模型的文件名，模型位于上次 MapReduce 任务的输出目录下。

```
model_filename = os.path.join(os.path.expanduser("~"), "models", "part-00000")
model = load_model(model_filename)
```

举个例子，我们可以查看男性和女性使用单词 *i*（MapReduce 任务把所有的单词转换成了小写形式）的差异。

```
model["i"]["male"], model["i"]["female"]
```

接下来，创建一个函数，用模型来预测结果。本例没有实现 `scikit-learn` 的接口，而只创建了一个函数。这个函数以模型和文档为参数，返回最可能的性别。

```
def nb_predict(model, document):
    probabilities = defaultdict(lambda : 1)
    words = word_search_re.findall(document)
    for word in set(words):
        probabilities["male"] += np.log(model[word].get("male", 1e-15))
        probabilities["female"] += np.log(model[word].get("female", 1e-15))
        most_likely_genders = sorted(probabilities.items(),
                                     key=itemgetter(1), reverse=True)
    return most_likely_genders[0][0]
```

值得注意的是我们用 `np.log` 计算概率。朴素贝叶斯模型中的概率值通常相当小。在计算许多统计数值时需要把许多小数值相乘，在计算机精度不够时这就会导致下溢错误，使相乘结果为 0。对于本例而言，这会导致两个性别的似然值为均 0，从而得出错误的预测结果。

为了解决这一问题，我们将计算对数概率。假设有两个值 a 和 b，那么 $\log(a \times b)$ 等于 $\log(a)+\log(b)$。小概率的对数是负值，不过相对而言其绝对值更大。例如 log(0.000 01)约等于−11.5。这意味着我们应该把对数概率相加，而不是冒着出现下溢错误的风险把实际的概率相乘，这两种方式的比较方法是相同的（值越大，似然值越高）。

如果你想从对数概率反推概率，可以采用对数运算的逆运算，求出以自然对数 e 为底的对数概率值次幂。比如若要从−11.5 反推概率，就计算 $e^{-11.5}$，其值约等于 0.000 01。

使用对数概率也有不能表示 0 值的问题（虽然把多个 0 值相乘也不能解决这个问题）。这是因为 log(0)是未定义的。某些朴素贝叶斯实现会把所有单词计数加 1 来规避此问题，不过也有其他解决办法。这是平滑数值的一种形式。在我们的代码中，如果给定性别下没有出现某个词，我们将直接返回一个特别小的值。

前面把所有单词计数加 1 的方法是平滑数据的一种形式。另一种方法则是将其初始化为一个特别小的值，比如 10^{-16}，只要不是 0 就可以！

回到预测函数中。我们将从数据集中复制一篇博客文章来测试它。

```
new_post = """ Every day should be a half day. Took the afternoon off to
hit the dentist, and while I was out I managed to get my oil changed, too.
Remember that business with my car dealership this winter? Well, consider
this the epilogue. The friendly fellas at the Valvoline Instant Oil Change
on Snelling were nice enough to notice that my dipstick was broken, and the
metal piece was too far down in its little dipstick tube to pull out. Looks
like I'm going to need a magnet. Damn you, Kline Nissan, daaaaaaammmnnn
yooouuuu.... Today I let my boss know that I've submitted my Corps
application. The news has been greeted by everyone in the company with a
level of enthusiasm that really floors me. The back deck has finally been
cleared off by the construction company working on the place. This company,
for anyone who's interested, consists mainly of one guy who spends his days
cursing at his crew of Spanish-speaking laborers. Construction of my deck
began around the time Nixon was getting out of office.
"""
```

用下面的代码执行预测。

```
nb_predict(model, new_post)
```

预测结果是 male（男性），对本例而言是正确的。我们当然不会只用一份样本测试模型。我们用文件名开头是 51 的文件训练模型，因为涉及的样本并不多，所以不能期待准确率有多高。

首先要做的就是用更多样本训练模型。我们将文件名以 6 或 7 开头的文件作为测试数据集，然后将其他文件作为训练样本。

在命令行中进入你的数据文件夹（`cd <your_data_folder>`），其中会有 **blogs** 文件夹，复制这个文件夹中的内容到一个新文件夹中。

为训练数据集新建一个文件夹。

```
mkdir blogs_train
```

把文件名开头是 4 或 8 的文件从原始数据集移动到训练数据集中。

```
cp blogs/4* blogs_train/
cp blogs/8* blogs_train/
```

然后为测试数据集新建一个文件夹。

```
mkdir blogs_test
```

把文件名开头是 6 或 7 的文件从原始数据集移动到测试数据集中。

```
cp blogs/6* blogs_test/
cp blogs/7* blogs_test/
```

然后，对训练数据集中的所有文件运行博客文章的提取过程。然而这步计算任务很重，比起用自己的系统，我们更应该采用云服务的基础设施。为此，我们要把解析任务迁移到亚马逊的基础设施上。

像之前一样运行下面的命令行。唯一的区别是，这次用了一个不同文件夹下的输入文件参与训练。在运行下面的代码之前，要删除博客文章文件夹和模型文件夹下的所有文件。

```
$ python extract_posts.py ~/Data/blogs_train --output dir=/home/bob/Data/blogposts_
train --no-output
```

接下来是朴素贝叶斯模型的训练。此处的代码运行需要数小时。除非你的系统性能足够强劲，否则你可能不想在本地运行该代码。如果确实如此，请跳至下一节。

```
$ python nb_train.py ~/Data/blogposts_train/ --output-dir=/home/bob/models/
--no-output
```

我们要在测试训练集中的各个博客文件上测试。要提取这些文件，依然要使用 `extract_posts.py` 中的 MapReduce 任务，只是这次要把输出文件保存到不同的文件夹中。

```
python extract_posts.py ~/Data/blogs_test-output-dir=/home/bob/Data/blogposts_test
--no-output
```

回到 Jupyter Notebook 中，列出所有输出的测试文件。

```
testing_folder = os.path.join(os.path.expanduser("~"), "Data",
                              "blogposts_testing")
testing_filenames = []
for filename in os.listdir(testing_folder):
    testing_filenames.append(os.path.join(testing_folder, filename))
```

提取每个文件中的性别和文档，然后调用预测函数。因为文档数量很多，且我们不想占用太多内存，所以要将该步实现为一个生成器。生成器的 `yield` 语句返回实际性别和预测性别。

```
def nb_predict_many(model, input_filename):
    with open(input_filename) as inf: # 去掉前导和末尾的空格
    for line in inf:
        tokens = line.split()
        actual_gender = eval(tokens[0])
        blog_post = eval(" ".join(tokens[1:]))
        yield actual_gender, nb_predict(model, blog_post)
```

然后，记录整个数据集的预测性别和实际性别。此处的预测值要么是 male（男性）要么是 female（女性）。为了使用 `scikit-learn` 中的 `f1_score` 函数，我们需要把这两个性别转换为 1 和 0。我们先用布尔表达式测试性别是否为女性，然后用 NumPy 把布尔值转换为 `int`。

```
y_true = []
y_pred = []
for actual_gender, predicted_gender in nb_predict_many(model, testing_filenames[0]):
    y_true.append(actual_gender == "female")
    y_pred.append(predicted_gender == "female")
    y_true = np.array(y_true, dtype='int')
    y_pred = np.array(y_pred, dtype='int')
```

现在，用 `scikit-learn` 中的 F_1 score 检验结果的质量。

```
from sklearn.metrics import f1_score
print("f1={:.4f}".format(f1_score(y_true, y_pred, pos_label=None)))
```

结果是 0.78，相当合理。我们可以用更多数据改善效果，不过要处理更多数据就需要性能更加强大的基础设施。

12.8 在亚马逊 EMR 基础设施上训练

我们要用亚马逊的 Elastic Map Reduce（EMR）基础设施来运行数据解析与模型构建的任务。

为此，我们要先在亚马逊存储云上建立一个存储桶（bucket）。在你的 Web 浏览器中访问 http://console.aws.amazon.com/s3 打开亚马逊 S3 控制台，然后点击 Create Bucket。记住存储桶的名称，之后我们会用到它。

以右键点击新存储桶，并选择 Properties。然后，修改权限，为所有人（everyone）授予全部访问权限。一般而言，这不是好的安全实践，而且作者建议你在完成本章内容后修改访问权限。你可以通过设置亚马逊服务中的高级权限允许你自己的脚本访问，同时保护数据免遭第三方访问。

以左键点击存储桶将其打开，然后点击 Create Folder 以创建新文件夹。之后，把新文件夹命名为 **blogs_train**。我们将把训练数据上传到这个文件夹中，然后用云服务处理它们。

我们要在你的计算机上使用亚马逊 AWS CLI，它是操作亚马逊服务的命令行接口。

用下面的命令安装。

```
sudo pip install awscli
```

遵循 http://docs.aws.amazon.com/cli/latest/userguide/cli-chap-getting-set-up.html 的说明为该程序设置凭据。

现在我们要把数据上传到新存储桶中。首先要创建数据集，即所有文件名不以 6 和 7 开头的博客文件。虽然有许多巧妙的方法可以用于复制，但是并没有值得推荐的跨平台方法。因此我们只需简单地复制所有文件，然后从训练数据集中删除文件名以 6 和 7 开头的文件。

```
cp -R ~/Data/blogs ~/Data/blogs_train_large
rm ~/Data/blogs_train_large/blogs/6*
rm ~/Data/blogs_train_large/blogs/7*
```

下一步，把数据上传到亚马逊 S3 存储桶中。注意，这一步不仅会需要一些时间，还会消耗数百 MB 的数据流量。如果目前网速较慢，你就应该找一个网速较快的地方完成这一步。

```
aws s3 cp ~/Data/blogs_train_large/ s3://ch12/blogs_train_large --recursive
--exclude "*"
--include "*.xml"
```

然后，用 `mrjob` 连接到亚马逊 EMR（Elastic Map Reduce）服务。只需要我们提供凭据，它就能完成所有计算。参照 https://pythonhosted.org/mrjob/guides/emr-quickstart.html 上的说明在 mrjob 中设置亚马逊凭据。

之后，稍微调整一下，让我们的 mrjob 能在亚马逊 EMR 服务中运行。我们只需要设置-r 开关参数为 emr 就能让 mrjob 使用 EMR 服务，然后设置输入和输出目录为我们的 S3 容器。因为 mrjob 的默认设置是使用算力有限的单一计算机，所以它即便是在亚马逊的基础设施上运行，仍要很长时间。

```
$ python extract_posts.py -r emr s3://ch12gender/blogs_train_large/--output-dir=
s3://ch12/blogposts_train/ --no-output
$ python nb_train.py -r emr s3://ch12/blogposts_train/ --output-dir=s3://ch12/model/
--o-output
```

在使用 S3 和 EMR 时，你会被收费。虽然通常只会有几美元的支出，不过在持续运行任务或处理更大规模数据集时，请留心费用问题。作者运行过一次规模非常大的任务，总共花费了 20 美元。本例的花费应该会低于 4 美元。尽管如此，你仍可以在 https://console.aws.amazon.com/billing/home 处查看余额并设置收费提醒。

你不需要创建 blogposts_train 文件夹和模型文件夹，因为 EMR 会自动创建它们。实际上如果已经有了这两个文件夹，就会报错。如果你要重新运行本例，只需要给文件夹换个名字，不过两次命令中的文件夹名要一致（第 1 行命令中的输出目录即第 2 行命令的输入目录）。

如果你等不及，也可以在一段时间后停止第 1 个任务，只用目前收集的训练数据。作者建议让这个任务运行最少 15 分钟，最好是 1 个小时以上。如果停止第 2 个任务，就没法产出满意的结果。第 2 个任务的运行时间是第 1 个任务的 2 到 3 倍。

如果你有财力购买更高级的硬件，mrjob 还支持在亚马逊基础设施上创建集群，利用更多性能强大的计算硬件。你可以在命令行中指定集群中计算机的类型和数量，并在集群中运行任务，例如，使用下面的命令用 16 台 c1.medium 计算机提取文本。

```
$ python extract_posts.py -r emr s3://chapter12/blogs_train_large/blogs/ --
output-dir=s3://chapter12/blogposts_train/ --no-output --instance-type c1.medium
--num-core-instances 16
```

此外，你可以单独创建集群，把任务重新附加到这些集群中。要记得，越高级的选项就越会使用到 mrjob 和亚马逊 AWS 基础设施的高级特性。这意味着要想获得高性能的处理能力，就需要深入了解这两种技术。如果运行了更多实例或采用了性能更强劲的硬件，那么你的花费将更高。

现在回到 S3 控制台，从存储桶中下载输出模型并保存到本地，然后返回 Jupyter Notebook，并在其中使用这份新模型。在这里要重新输入代码，区别在于换用了新模型。

```
aws_model_filename = os.path.join(os.path.expanduser("~"), "models",
                                  "aws_model")
aws_model = load_model(aws_model_filename)
y_true = []
y_pred = []
for actual_gender, predicted_gender in nb_predict_many(aws_model,
                                                        testing_filenames[0]):
    y_true.append(actual_gender == "female")
    y_pred.append(predicted_gender == "female")
y_true = np.array(y_true, dtype='int')
y_pred = np.array(y_pred, dtype='int')
print("f1={:.4f}".format(f1_score(y_true, y_pred, pos_label=None)))
```

更多的数据带来了更好的结果，最终结果是 0.81。

如果实验结果在意料之中，请从亚马逊 S3 中移除存储桶，否则你会因占用存储而被继续扣费。

12.9 本章小结

本章着眼于运行大数据中的任务。本章的数据集只有几百 MB，无论以什么标准衡量，都实在太小。由于许多行业的数据集要比它大得多，因而我们需要更强大的处理能力才能完成计算。此外，我们的算法可以根据不同任务来优化，以适应未来的可伸缩性需求。

我们从博客文章中提取词频，以预测其作者的性别。我们用 mrjob 中基于 MapReduce 的实现提取博客和词频。在提取完成后，我们运用朴素贝叶斯方法进行计算，以预测新文章的作者性别。

我们只了解了 MapReduce 的皮毛，还没有充分发挥其在该应用场景下的全部潜力。为加深对此部分内容的理解，请尝试把预测函数转换成 MapReduce 任务，即先用 MapReduce 训练模型，再用 MapReduce 运行模型，以得出预测结果的列表。你也可以用 MapReduce 评估模型，使最终返回的结果只是 F_1 score。

我们可以用 mrjob 库在本地进行测试，之后再自动配置并使用亚马逊的 EMR 云基础设施。你也可以采用其他的云基础设施或者甚至自定义构建的亚马逊 EMR 集群来运行这些 MapReduce 任务，但这样一来，你需要做一些调整才能保证运行顺利。

附录 A

下一步工作

因为在本书的学习中，不仅有很多道路没有探索，有很多选项没有提及，还有很多主题没有充分探讨，所以在附录中，我收集整理了进一步学习的方向，给那些想继续学习以提升用 Python 进行数据挖掘的能力的读者做出了提示。

附录补充了更多关于数据挖掘的学习内容，其中不乏有关扩展之前工作的挑战。有些挑战可能只涉及小幅改进，有些则工作量较大。我已经标记出了那些明显更困难、更复杂的任务。

A.1 数据挖掘入门

本附录中，下面的这些道路可供读者探索。

A.1.1 scikit-learn 教程

URL：http://scikit-learn.org/stable/tutorial/index.html

这是一系列数据挖掘的教程，是 scikit-learn 文档的一部分。该教程覆盖全面，内容详实，包含从对入门数据集的基础介绍到有关最近研究使用的技术的全面教程的一系列内容。因此，虽然通读整部教程着实需要下一番功夫，但这种努力是值得的。

另外，大量算法已经被实现为 scikit-learn 兼容的版本。虽然因为种种原因，这些算法并没有全部包含在 scikit-learn 中，但 scikit-learn 维护了一份包含这些算法的列表，地址为：https://github.com/scikit-learn/scikit-learn/wiki/Third-party-projects-and-code-snippets。

A.1.2 扩展 Jupyter Notebook

URL：http://ipython.org/ipython-doc/1/interactive/public_server.html

Jupyter Notebook 是一个功能强大的工具。要扩展它有许多方法，其中之一就是创建一台服务器来运行笔记本，从而解放你的主力计算机。当你的主力计算机是小型笔记本电脑这样性能较差的设备，却有性能较好的其他计算机可供使用时，这种方法尤为有用。此外，你还可以设置节点执行并行计算。

A.1.3　更多数据集

URL：http://archive.ics.uci.edu/ml/

从互联网上各种各样的数据源中能找到许多数据集，其中包括学术、商业和政府机构提供的数据集。加州大学欧文分校机器学习（UCI ML）库就是最佳选项之一，他们整理了许多标注好的数据集，可以满足你寻找数据集测试算法的需求。请尝试在不同的数据集中应用 OneR 算法。

A.1.4　其他评估指标

评估指标种类繁多，下面给出了著名的几种以供读者研究。

- 提升（lift）指标：https://en.wikipedia.org/wiki/Lift_(data_mining)。
- 分段评估指标：http://segeval.readthedocs.io/en/latest/。
- 皮尔逊相关系数：https://en.wikipedia.org/wiki/Pearson_correlation_coefficient。
- 接受者操作特征曲线[①]下面积：http://gim.unmc.edu/dxtests/roc3.htm。
- 归一化互信息：http://scikit-learn.org/stable/modules/clustering.html#mutual-info-score。

这些指标都是针对特定应用场景开发的，比如分段估计指标会在考虑到段边界的变化的同时，评估文本分割成段的准确率。正确判断评估指标是否适用于当前应用场景是保证数据挖掘任务成功的关键。

A.1.5　更多应用思路

URL：https://datapipeline.com.au/

如果你在寻找更多有关数据挖掘应用场景，尤其是商业应用场景的思路，那么你可以浏览此公司的博客。我会在此定期发布关于数据挖掘应用场景的内容，特别是商业应用场景下的实际成果。

A.2　用 `scikit-learn` 估计器解决分类问题

最近邻算法的朴素实现相当慢，因为它会检查所有数据点对，以找出其中距离足够近的那些。在 `scikit-learn` 中已经实现了一些改良版本。

---

① 接受者操作特征曲线（receiver operating characteristic curve，ROC curve）最早起源于雷达的信号检测理论（signal detection theory，SDT），被广泛应用在医学、心理学等领域中。——译者注

A.2.1 最近邻算法的伸缩性

URL：https://github.com/jnothman/scikit-learn/tree/pr2532

比如，我们可以通过建立 k 维树（kd-tree）加速算法运行（`scikit-learn` 中包含这一方法）。

另一种提速方法是使用局部敏感散列（Locality-Sensitive Hashing，LSH）。这是针对 `scikit-learn` 的一条改进建议，在本书编写时包中尚未包含这一方法。上面的链接是 `scikit-learn` 的一个开发分支，它能允许你在数据集中测试局部敏感散列方法。具体操作详情请参看此分支附带的文档。

请参照 http://scikit-learn.org/stable/install.html 上的方法，克隆仓库，在你的计算机中安装最新版本。请记得要用仓库中的代码，而不是官方的源代码。我建议你在 Anaconda 中安装这种试验性的包，以避免干扰系统中的其他库。

A.2.2 更复杂的流水线

URL：http://scikit-learn.org/stable/modules/pipeline.html#featureunion-composite-feature-spaces

本书之前用过的流水线都只有一条数据流，即将前一步的输出作为下一步的输入。

流水线也遵循转换器和估计器的接口，这使得流水线的嵌套成为可能。这种结构不仅在处理非常复杂的模型时很有用，如果按照上面的链接，将其配合特征联合（feature union）功能使用，还能实现更强大的功能。它可以一次性提取多种类型的特征，然后将其组合在一起形成一份新数据集。

A.2.3 比较分类器

`scikit-learn` 中提供了许多开箱即用的分类器。为具体任务选取分类器需要考虑一系列因素。你可以比较分类器的 F_1 score，观察哪种方法更好，然后探究这些分数的偏差，确定结果是否存在统计显著性。

一个重要因素是这些分类器必须是在相同的数据集中训练与测试的，即其中某个分类器的测试数据集必须与全部分类器的测试数据集一样。随机状态是重现数据集的重要因素，我们用它来确保数据集一致。

A.2.4 自动学习

URL：http://epistasislab.github.io/tpot

URL：https://github.com/automl/auto-sklearn

这有点像作弊，不过这些包会替你试验多种多样的模型，完成数据挖掘实验，让你免于创建用于测试不同类型分类器的大量参数的工作流程，而专注于其他事情，比如特征提取这样至关重要的、尚不能自动完成的任务。

一般的思路是，先提取特征，然后把生成的矩阵传递给自动分类算法（或回归算法）。它会为你搜索甚至导出最佳模型。如果你用的是 TPOT①，它甚至会给出从头创建模型的 Python 代码，并且无须在你的服务器上安装 TPOT。

A.3　用决策树预测获胜球队

URL：http://pandas.pydata.org/pandas-docs/stable/tutorials.html

`pandas` 是一个绝妙的库，因为通常需要写的数据加载功能在 `pandas` 中都已经实现好了。你可以从 `pandas` 的官方教程中了解更多详情。

Chris Moffitt 写过一篇优秀的博客文章，概述了 Excel 的常用操作以及这些操作在 `pandas` 中的相应实现方法，详见：http://pbpython.com/excel-pandas-comp.html。

你也可以用 `pandas` 处理大规模的数据集。在 Stack Overflow 上有一个问题，其中用户 Jeff 的解答就概述了这一过程，详见：http://stackoverflow.com/a/14268804/307363。

另外，有一份不错的 `pandas` 教程，其作者是 Brain Connelly，详见：http://bconnelly.net/2013/10/summarizing-data-in-python-with-pandas/。

A.3.1　更复杂的特征

URL：http://www.basketball-reference.com/teams/ORL/2014_roster_status.html

规模更大的练习！

随着比赛的进行，球队成员会定期更换。如果几名最佳球员突然受伤，那么本来能轻松取胜的比赛就会变成一场硬仗。你可以从篮球参考网站找到球队的球员名单。例如从上面的链接中你就能找到 2013~2014 赛季奥兰多魔术队（Orlando Magic）的名单。所有 NBA 球队的类似数据都能在该网站找到。

编写代码，集成球队调整情况。据此增加新特征能大幅度提升模型性能。不过，完成这项任务需要下点功夫。

---

① TPOT 是一个 Python 自动机器学习包工具，它可以用遗传算法来优化机器学习流水线。详情见官方网站：http://epistasislab.github.io/tpot/。——译者注

A.3.2 Dask

URL：http://dask.pydata.org/en/latest/

如果你既想借助于 `pandas` 的特性又想增强它的伸缩性，那么 Dask 就很合适。Dask 提供了并行版本的 NumPy 数组、Pandas DataFrames 和任务调度。通常，它的接口几乎与 NumPy 或 `pandas` 中的原始实现一模一样。

A.3.3 研究

URL：https://scholar.google.com.au/

规模更大的练习！

如你想象的一样，现今已经有了很多预测 NBA 比赛乃至所有运动项目的研究。请在谷歌学术中搜索“<体育项目>预测”，以查找预测你青睐的<体育项目>的研究。

A.4 用亲和性分析推荐电影

有许多基于推荐的数据集很值得研究，不过每个数据集都有自己的问题。

A.4.1 新数据集

URL：http://www2.informatik.uni-freiburg.de/~cziegler/BX/

规模更大的练习！

有许多基于推荐的数据集很值得研究，不过每个数据集都有自己的问题。例如 Book-Crossing（图书漂流）数据集包含 278 000 余名用户和一百万条以上的评分。其中的一些评分是显式的（用户给出评分），另一些则是隐式的。而这些隐式评分的权重很可能不应该与显式评分一样高。音乐网站 www.last.fm 发布过一份优秀的音乐推荐数据集：https://www.upf.edu/web/mdm-dtic/-/-text-kgrec-music-music-recommendation-dataset?inheritRedirect=true&redirect=%2Fweb%2Fmdm-dtic%2Fdatasets#.XYA2v1IzbDA。

还有一个笑话推荐数据集，见：http://eigentaste.berkeley.edu/dataset/。

A.4.2 等价类变换算法

URL：http://www.borgelt.net/eclat.html

本章实现的 Apriori 算法是最为出名的关联规则挖掘算法，但它不见得是最好的关联规则挖掘算法。等价类变换算法不但更新，而且其实现相对更简单。

A.4.3 协同过滤

URL：https://github.com/python-recsys

若要深入研究推荐引擎，就要探究其他格式的推荐，比如协同过滤。这个库不仅介绍了算法与实现的相关背景，还附带了一些教程。这里有一篇综述文章：http://blogs.gartner.com/martin-kihn/how-to-build-a-recommender-system-in-python/。

A.5 特征与 `scikit-learn` 转换器

在我看来，以下主题也与深入理解如何用转换器提取特征有关。

A.5.1 增加噪声

本书已经介绍了移除噪声以改进特征的方法，不过，向某些数据集中添加噪声也能提升性能。原因很简单，噪声可以强制分类器生成更一般化的规则，防止过拟合的发生（不过如果噪声太多，模型就会过于一般化）。尝试实现一个能为数据集添加给定数量噪声的转换器，并在 UCI ML 的某些数据集中测试，观察能否提升其在测试数据集中的性能。

A.5.2 Vowpal Wabbit

URL：http://hunch.net/~vw/

Vowpal Wabbit 是一个精妙的项目，为基于文本的问题提供了非常快速的特征提取功能。因为它具备 Python 封装的实现，所以我们可以用 Python 代码调用它。请在大规模数据集中试验它的功能。

A.5.3 word2vec

URL：https://radimrehurek.com/gensim/models/word2vec.html

词嵌入（word embedding）因在许多文本挖掘任务中表现出色，而受到研究界和业界的广泛关注。这项技术比词袋模型要复杂一些，其创建出的模型规模也更大。在数据规模较大时，词嵌入是绝佳的特征，而在数据规模更小的某些场景中它也有所助益。

A.6 用朴素贝叶斯算法探索社交媒体

在完成本章内容后，请考虑以下几点。

A.6.1 垃圾信息检测

URL：http://scikit-learn.org/stable/modules/model_evaluation.html#scoring-parameter

你可以用本章的概念尝试创建一种垃圾信息检测的方法，该方法可以在查看社交媒体上发布的内容后判断其是否为垃圾信息。请首先创建一份包含垃圾信息和非垃圾信息内容的数据集，再实现文本挖掘算法，然后评估这些算法。

垃圾信息检测的一个重要指标就是假阳性和假阴性的比率。许多人宁愿收到几条漏网的垃圾信息，也不愿意因垃圾信息过滤器过于激进而错过有用的消息。为达成此需求，你可以使用网格搜索方法并用 F_1 score 准则来对其进行评估。具体操作见上面的链接。

A.6.2 自然语言处理与词性标注

URL：http://www.nltk.org/book/ch05.html

比起其他领域所应用的语言学模型，本章所使用的是相当轻量的技术。比如词性标注有助于消除同形异义词的歧义，提高结果的准确率。NLTK 中就包含这一功能。

A.7 用图挖掘实现推荐关注

完成本章内容后，请阅读下列内容。

A.7.1 更复杂的算法

URL：https://www.cs.cornell.edu/home/kleinber/link-pred.pdf

规模更大的练习！

针对预测包括社交网络在内的图中连接情况的问题已经有了广泛的研究。例如 David Liben-Nowel 和 Jon Kleinberg 就发表过关于此主题的论文，为更复杂的算法提供了更大的空间。详情见上面的链接。

A.7.2 NetworkX

URL：https://networkx.github.io/

如果你将更多地使用图和网络，就值得花点时间深入了解 NetworkX 包，因为其中不但有不错的可视化选项，而且其算法实现也很出色。此外，还有一个叫作 SNAP 的库，它也有 Python 封装的版本，详情见 http://snap.stanford.edu/snappy/index.html。

A.8 用神经网络识别验证码

你可能也会对下面的主题感兴趣。

A.8.1 更好（更坏?）的验证码

URL：http://scikit-image.org/docs/dev/auto_examples/applications/plot_geometric.html

规模更大的练习!

现今一般使用的验证码比本章示例中所识别的验证码要复杂。你可以用下面这些技术创建更多复杂的变体。

- 应用 `scikit-image` 中那些不同的变形（见上面的链接）
- 用不同的颜色以及不好转换成灰度模式的颜色
- 在图像中添加线条或其他形状：http://scikit-image.org/docs/dev/api/skimage.draw.html

A.8.2 深度神经网络

因为这种技术很容易欺骗本章的实现，所以我们的方法需要一些改进。请尝试本书使用过的一些深度神经网络。不过，网络的规模越大，所需数据也越多，因此为了获得良好的性能，生成样本的数量也要多于之前的数千个。生成这些数据集时，会产生大量可独立执行的小任务，这使得并行计算大有用武之地。

扩充数据集的一种好思路是创建现有图片的变体。这类方法同样可以用于其他数据集。你可以对图片进行上下翻转、反常规裁剪、添加噪声、模糊图像和随机把像素涂成黑色等操作。

A.8.3 强化学习

URL：http://pybrain.org/docs/tutorial/reinforcement-learning.html

虽然强化学习已经出现了很长时间，但它正成为数据挖掘领域备受关注的下一个重要领域! PyBrain 中有一些强化学习算法，值得在本章的数据集（或者其他数据集）中试验一下。

A.9 作者归属问题

当涉及作者归属问题时，请阅读以下主题。

A.9.1　增大样本

在安然公司的案例中，本书只使用了整个数据集的一部分。而该数据集中可用数据颇丰。虽然增加作者的数量可能会导致准确率下降，但用类似的方法可以进一步提高准确率。用网格搜索尝试不同的 *n* 元语法值和不同的支持向量机参数，以期在作者数更多时取得更好的效果。

A.9.2　博客数据集

第 12 章中用过的博客数据集提供了基于作者的类别（每个博客 ID 代表一位作者）。在这份数据集中也可以采用类似的方法进行测试。此外，还有性别、年龄、行业和星座等其他类别可供测试。基于作者的方法能胜任这些分类任务吗？

A.9.3　局部 *n* 元语法

URL：https://github.com/robertlayton/authorship_tutorials/blob/master/LNGTutorial.ipynb

另外，还有局部 *n* 元语法形式的分类器。它可以针对每位作者，而不是从整个数据集的全局角度选取最佳特征。本书作者写了一份关于局部 *n* 元语法的作者归属问题的教程，详情见上面的链接。

A.10　聚类新闻文章

请不妨略读下面的主题。

A.10.1　聚类的评估

聚类算法的评估确实是个难题：一方面，我们大概能看出好的聚类簇是什么样的；另一方面，如果我们确实知道什么样的聚类是好的，就应该标注样本并采用有监督的分类器！关于该主题的文章有很多。这里有一个关于该主题的幻灯片，详细介绍了这些挑战：http://www.cs.kent.edu/~jin/DM08/ClusterValidation.pdf。

此外，关于该主题，还有一篇有点老却非常详实的论文：http://web.itu.edu.tr/sgunduz/courses/verimaden/paper/validity_survey.pdf。

`scikit-learn` 包中有大量的评估指标，具体描述见概览页面的链接：http://scikit-learn.org/stable/modules/clustering.html#clustering-performance-evaluation。

使用其中的一些方法，你就能评估出哪些参数会让聚类的效果更好。像在分类任务中一样，使用网格搜索就能从中找出可以使评估指标最大化的参数。

A.10.2 时域分析

规模更大的练习!

本章所开发的代码在几个月内都能重新运行。只要向各个聚类簇添加标签，你就能跟踪随着时间推移仍保持活跃的主题，从时间上纵向掌握当前世界新闻的热门主题。你可以考虑通过调整互信息指标比较聚类簇，前面的 `scikit-learn` 文档中就有相关内容的链接。观察 1 个月后、2 个月后、6 个月后乃至 1 年后聚类簇会出现怎样的变化。

A.10.3 实时聚类

k-均值算法能迭代训练，并随着时间而更新，而不像离散分析那样只能适用于具体的时间窗。有许多方法可以用于追踪聚类簇的每一步移动，例如你可以追踪各个聚类簇中的流行词和每日形心的移动距离。请牢记 API 访问速率限制。要保证算法的结果最新，你可能只需要每几个小时检查一次新数据。

A.11 用深度神经网络实现图像中的对象检测

在考虑用深度学习识别对象时，下面的主题也很重要。

A.11.1 Mahotas

URL：http://luispedro.org/software/mahotas/

Mahotas 是另一款图像处理库，其中包括了更优秀、更复杂的图像处理技术。虽然计算成本更高，但这些技术有助于提高准确率。不过，许多图像处理任务是并行计算的大展身手之地。在研究文献中可以找到更多关于图像分类的技术，这篇调查论文就是一个不错的起点：http://ijarcce.com/upload/january/22-A%20Survey%20on%20Image%20Classification.pdf。

打开以下链接，你还能找到其他图像数据集：http://rodrigob.github.io/are_we_there_yet/build/classification_datasets_results.html。

很多学术及业界网站上有许多图像数据集。链接给出的网站列出了一部分数据集还有在各个数据集中表现最好的算法。要实现一些更好的算法需要大量的定制代码，这么做虽然付出很多，但回报也很可观。

A.11.2 Magenta

URL：https://github.com/tensorflow/magenta/tree/master/magenta/reviews

这个仓库中包含一些值得一读的高质量的深度学习论文，以及对这些论文和其所涉及的技术的深度解读。如果你想深入了解深度学习，那么在展开了解之前请先阅读这些论文。

A.12　大数据处理

以下有关大数据的资源也许会有帮助。

A.12.1　Hadoop 课程

雅虎和谷歌都提供了优秀的 Hadoop 课程。这些课程能覆盖从入门到进阶的需求，它们不强调使用 Python，而关注学习 Hadoop 概念，以及把这些概念应用到 Pydoop 或类似库中以取得优异的成果。

雅虎的教程：https://developer.yahoo.com/hadoop/tutorial/

谷歌的教程：https://cloud.google.com/hadoop/what-is-hadoop

A.12.2　Pydoop

URL：http://crs4.github.io/pydoop/tutorial/index.html

Pydoop 是一个运行 Hadoop 任务的 Python 库。它支持 Hadoop 的 HDFS 文件系统，而 mrjob 也支持该功能。Pydoop 能给你更多关于运行任务的控制权。

A.12.3　推荐引擎

构建一个大规模的推荐引擎可以很好地检验你的大数据技能。Mark Litwintschik 写过一篇不错的博客文章，介绍了用 Apache Spark 大数据技术实现的推荐引擎：http://tech.marksblogg.com/recommendation-engine-spark-python.html。

A.12.4　W.I.L.L

URL：https://github.com/ironman5366/W.I.L.L

庞大的工程！

这个开源的个人助理程序就像是钢铁侠电影中的 JARVIS。你可以用数据挖掘技术为这个项目添加功能，使其学习你日常需要完成的一些任务。虽然这项工程并不简单，但其中潜藏的生产力值得你付出。

A.13　更多资源

以下都是可以从中获取额外信息的好资源。

A.13.1　Kaggle 竞赛

URL：www.kaggle.com/

Kaggle 会定期举办数据挖掘竞赛，这些竞赛通常都有奖金。参与 Kaggle 竞赛可以检验技能水平，处理现实中的数据挖掘问题，是一种高效的学习途径。它的论坛活跃而友善，分享气氛浓郁，你经常会见到比赛排名前 10 的选手发布代码！

A.13.2　Coursera

URL：www.coursera.org

Coursear 上有许多关于数据挖掘和数据科学的课程。其中许多课程很专业，比如大数据处理和图像处理。吴恩达（Andrew Ng）开设了一门著名的综合性课程，是绝佳的学习起点：https://www.coursera.org/learn/machine-learning/。这门课程比本书的内容要高深，感兴趣的读者可以从中找到下一步学习的方向。

如果你完成了上面全部课程的学习，可以尝试关于概率图模型（PGM，probabilistic graphical model）的课程：https://www.coursera.org/course/pgm。

版 权 声 明